辽宁省社会科学基金一般项目资助(项目号：L19BZS002)：
基于历史地图转译的辽宁濒危历史城镇遗产的类型形态学研究

从历史城镇到世界遗产

古城形态与建筑遗产研究

From Historic Towns to World Heritage Sites

Research on Ancient City Form and Architectural Heritage

李冰　苗力　著

U0397308

东南大学出版社
SOUTHEAST UNIVERSITY PRESS
·南京·

图书在版编目(CIP)数据

从历史城镇到世界遗产：古城形态与建筑遗产研究 /
李冰,苗力著. --南京：东南大学出版社,2022.12
　ISBN 978-7-5766-0222-7

　Ⅰ. ①从…　Ⅱ. ①李…②苗…　Ⅲ. ①建筑—文化遗
产—研究—中国　Ⅳ. ①TU-87

　中国版本图书馆 CIP 数据核字(2022)第 152332 号

责任编辑：魏晓平　责任校对：子雪莲　封面设计：毕真　责任印制：周荣虎

从历史城镇到世界遗产：古城形态与建筑遗产研究
Cong Lishi Chengzhen Dao Shijie Yichan：Gucheng Xingtai Yu Jianzhu Yichan Yanjiu

著　　者：李 冰 苗 力
出版发行：东南大学出版社
社　　址：南京四牌楼 2 号　邮编：210096　电话：025-83793330
网　　址：http://www.seupress.com
电子邮件：press@seupress.com
经　　销：全国各地新华书店
印　　刷：江苏凤凰数码印务有限公司
开　　本：787 mm×1 092 mm　1/16
印　　张：15.5　彩插：8 页
字　　数：380 千字
版　　次：2022 年 12 月第 1 版
印　　次：2022 年 12 月第 1 次印刷
书　　号：ISBN 978-7-5766-0222-7
定　　价：78.00 元

本社图书若有印装质量问题,请直接与营销部联系。电话(传真)：025-83791830。

序 一

李冰是我的学生，1996年起，我教过他三年级设计课，他设计功底踏实，做事认真、细致。李冰与苗力自法国学成归国后，长期致力于东北地区历史城镇遗产的形态学研究，治学严谨、深耕不辍。该部著作是其阶段性研究成果，亦是多年耕耘的结晶。1998—2001年间，李冰在我门下攻读硕士学位，在毕业论文写作期间，曾经去云南丽江古城做调研。李冰被古城魅力所吸引，专注地进行设计研究，其硕士毕业设计论文取得了优秀成绩，应该说他是大连理工大学建筑系第一位以硕士研究型设计作为论文结题的学生。也许正是这次的调研与考察，使其与文化遗产研究结下了不解之缘。毕业留校后，李冰得益于"100名建筑师在法国"项目赴法国深造，在里尔建筑学校受到法国城市形态类型学研究的熏陶，其关于圣-欧迈（Saint-Omer）古城更新的设计成果取得了优异的成绩。在巴黎第一大学深造期间，丽江古城亦成为其博士研究的重要内容，在程若望（Thicrry Sanjuan）教授指导下，从人文地理学和社会学层面剖析了建筑遗产和城市形态的生成演变内在机制，其成果获得了同行们的高度评价。同时，苗力亦顺利完成了在法国马恩拉瓦雷城市与国土建筑学校的学业。

李冰对城市历史的研究兴趣在出国以前已初现端倪，曾经发表过相关论文；在法国学习期间，一直专注于该研究方向；回国后，持续关注城市历史环境下的文脉与设计研究；近十年间，主要聚焦辽宁本土古城形态研究。本书中的一系列研究方法，如城墙、产权地块要素的判定等，对我国其他地区古城保护和更新设计具有重要参考价值。

本书的研究内容涵盖城市形态学研究方法与三种不同地域和类型的城市遗产——辽宁历史城镇、山西昭馀古城和云南丽江古城，它们共同构成了本书的主要章节。第一部分城市形态方法研究是作者成果之精华，从城市形态学研究方法切入，探讨城池边界、产权地块和街道形态，以及城市历史地图转译方法。第二部分是关于辽宁历史城镇形态学的研究，列举的案例为庄河青堆子古镇，从民居改造、形态结构、形态演变三个层面展开，综合论述了三个明代辽东卫城经典案例的形态表征，最后将隔海相望的山东古城与辽宁古城进行比较，探索其关联性。第三部分讨论国家级历史文化名城祁县昭馀古城的保护发展与活力提升，重点对其遗产现状进行详尽调查，最终产生了对山西盆地系列古城选址历史演变富有新意的溯源考古。第四部分聚焦丽江古城，利用长期积累的一手资料，从历时性维度观察和梳理大研古城民居改造和遗产保护历程，分析内在动因，探讨纳西原住居民的真实生活状况及其生成原因，尤其关注建筑和城市形态设计之外的城市地理学和社会学动因。

在欧洲城市规划和建设中，深入细腻的城市形态学研究已成为常态，在城市管理和规划机构亦能检索出丰富的信息，为建筑师了解基地信息、启发设计灵感、构建设计理念提供了前期支撑。而在中国，目前地方一些管理机构尚不具备储存信息的条件。中国历史城镇保护工作面临诸多困境和挑战，在中华传统文化复兴语境下，回归历史城镇保护与发展成为重要的议题。如何对待城市遗产与城市肌理，尤其是未列入历史保护名单的历史街区和建筑遗产，是未来发展的难点。保护工作亟须得到社会各界重视，不仅须在方法、策略方面进行深入发掘，亦应充分重视该方向的人才培养，为未来城市建设输送具备专业素养和能力的历史遗产卓越人才。李冰、苗力的这部著作在该领域做出了可喜的尝试。其研究团队多年的成果得以付梓出版，颇感欣慰。期待他们未来继续耕耘，为文化复兴与中华文明的升华作出更大贡献。任重而道远，惟愿砥砺前行！

孔宇航

天津大学建筑学院　教授

2022 年 11 月 30 日于天津大学敬业湖

序二

辨形识城见真情

与李冰和苗力贤伉俪的认识很久了,在与法国相关的各种学术活动中,在世界文化遗产丽江古城、在祁县昭馀古城等,我们均有多次交集。偶尔一次聊起他们研究的视角,说到了城市形态学,说到了产权地块视角等,说着说着,就谈到了研究的艰难。我深深理解这种艰难既有资料匮乏、调查困难之难,更有不被理解、研究无用之难,而后者则更令研究者困窘。但是恰恰因为此,我对两位的坚持油然而生敬意,因此当他们要出版本书的时候,我欣然接受邀请忝为作序。

中国的古代城镇历史研究,往往以城镇结构、整体形态研究为主,而这其中又以重要的都城、府州县城为主,因为有较多的文献资料与考古见证,也不断印证中国特色的"规划的城市"的逻辑。在建筑历史研究领域,虽有颇多对各个文化地域的民居院落的实证研究,但是往往聚焦建筑类型学的研究,旨在辨析建筑特征的流变。但是,在城市整体与民居院落单元之间有一个非常重要的层次,能解析在中国古代大一统的城市规划范式下千变万化的城市形态。这是非规划的,即非统治权力机构和专业人员规划的,看似随意但又很有机的"人为的画境"——肌理,而这又是每个城镇在地性的最突出表现,丰富而又生动。

非常欣喜看到本书的两位作者,对城市形态类型学的理论与方法做了深入的研究,并持之以恒地进行本土化探索,进行适合中国情况的方法论构建。特别难能可贵的是从传统产权地块视角对肌理进行研究,弥补了建筑单体、院落单元与城市整体形态之间的逻辑断层,在我看来,至少在以下三个方面具有重要的启示意义:

首先,正如法国社会学家弗朗索瓦·亚瑟(François Ascher)认为"物质的城市形态是内在社会形态的体现",作者对传统产权地块的推断,解析了肌理形成的机理,为我们更好地理解大一统城市的千变万化提供了重要的观察和研究路径。

其次,中国的古代城镇历史研究经常遇到的问题是古代地图普遍简略抽象、数量稀少,图纸信息很难直接应用于当代的城市研究。同时很多历史城镇经过了几次城市改造,肌理混乱,形态破碎。本书作者创新性提出的历史城市边界、传统产权地块的判定,街道形态的量化分析,以及历史地图转译等方法,为系统完整地进行"在地化"的历史城市形态研究提供了方法论。

第三,虽然当下的历史城镇形态、产权结构等均发生了巨大的变化,也就是空间生成的逻辑发生了质的变化,但是无论是世界遗产还是一般的历史城镇,其在前工业时代形成的传统城市肌理与形态都是独一无二的,是城市特色的基因,是城市保护的重要内容。而本书中提出的院落单元解析方法无疑为当下城市遗产保护与有机更新提出了宝贵的思路。

这本书凝聚了作者及其团队20多年的研究成果，从案例的选择到研究方法的因地制宜，均能看出作者对于历史城镇的热情，对遗产保护与发展的深思，特别是对于本土化研究方法的执着探索。相信本书会对今天历史文化保护传承体系的构建、历史城镇的可持续发展带来更多的启迪。

邵甬

同济大学建筑与城市规划学院　教授

2022年11月28日于上海

目 录

第一章

城市形态研究的
框架与方法

第一节　城市形态的研究框架

一、城市形态类型学研究综述

形态学(Morphology)一词源于希腊语,意指形式的构成逻辑。最早的形态研究是在生物学领域,主要指生物的结构、尺寸、形状及各组成部分之间的关系。城市形态学(Urban Morphology)萌芽于 19 世纪末的欧洲,其目的在于将城市看作有机体进行观察和研究,逐步建立起一套城市发展分析的理论。德国地理学家奥图·施吕特(Otto Schlüter)在 1899 年的城市平面图研究奠定了德英学派的理论基础。法国城市研究学者皮埃尔·拉夫当(Pierre Lavedan)从艺术史角度建立规划思想与风格类型的谱系[1],马歇尔·波埃特(Marcel Poëte)关注城市形态的演变历程及其深层社会经济过程 [2]。1960 年代,城市形态学形成三大学派:源于地理学的英国康泽恩(Conzen)学派、依托于建筑学的意大利穆拉托里-卡尼吉亚(Muratori - Cannigia)学派和法国凡尔赛(Versailles)学派。1960 年,德裔英国地理学家康泽恩(Michael Robert Günter Conzen)提出系列重要概念,建立了基本的城市形态研究框架。杰里米·W.R.怀特汉德(Jeremy W. R. Whitehand)继承并发展了康泽恩学派,于 1974 年创办城市形态学研究小组。1960 年代中后期,意、法两国的研究将建筑类型学和城市形态学相结合,被称为"城市形态类型学"(Urban Typo - morphology)。它对历史文化遗产保护和建筑设计领域都产生深刻影响,侧重对未来设计的启发,主张在设计中延续历史古城和建筑的内在规则与特征。研究对象主要是不同历史时期建筑类型和城市平面形态,强调区分建筑类型,揭示其空间组织法则和内在逻辑。该学派重要学者包括萨维利奥·穆拉托里(Saverio Muratori)、詹弗兰科·卡尼吉亚(Gianfranco Canniggia)及阿尔多·罗西(Aldo Rossi)等。法国凡尔赛学派的学者主要有建筑师菲利普·巴内瀚(Philippe Panerai)、让·卡斯泰克斯(Jean Castex)与社会学家让-夏尔·德堡勒(Jean - CharleDepaul),他们的研究批判地重新审视现代主义的规划原则,强调城市肌理这一介于城市和建筑之间的中介层面的重要性,侧重城市形态要素和社会行为的关系。此外,美国、加拿大、西班牙、澳大利亚、日本等国也对城市形态学的研究做出不同的贡献,主要有美国的凯文·林奇(Kevin Lynch)的城市意向要素[3]、利维斯·芒福德(Levis Mumford)的城市历史研究[4]等。经过众多学者多年的发展,城市形态学的研究方法体系日趋完善,现已成为西方城镇形态研究的基本手段,并

①　LAVEDAN P. Introduction a l'histoire de l'urbanisme[M]. Paris: H. Laurens,1926.
②　POËTE M. Paris de sa naissance à nos jours..[M]. Paris: Auguste Picard,1924.
③　LYNCH K. The image of the city[M]. Cambridge: Technology Press Press,1960.
④　MUMFORD L. The urban prospect: essays[M]. New York: Harcourt, Brace & World, Inc, 1968.

影响到阿拉伯世界、非洲、南美洲等地区。1994 年，英国、意大利、法国等多国学者倡导成立"城市形态国际论坛(International Seminar on Urban Form, ISUF)"，它是包括建筑、规划、地理、历史、社会学在内的多学科学术组织，标志着城市形态学研究进入全新的整合阶段。进入 21 世纪后，城市形态的研究方法在定性和定量方面都有拓展，和多种学科产生了更多的交集。

我国的城市形态研究起步于 1980 年代，最早的学者齐康、武进关注了城市形态的定义、类型、特征及其演变规律①。1990 年代以后的研究关注点逐渐增多，如胡俊对城市结构模式做了研究②、段进等对空间发展与城市外部形态进行了关注③、梁江等对城市中心区形态的模式进行了探讨④等。针对某一城市或者街区形态演变的历史研究从 1990 年代开始出现，这类研究一般采用编年史的研究方式，通过大量的史料分析城市空间发展规律。研究的城镇主要包括常熟⑤、广州⑥、苏州⑦等。另外，国内学者对也中、微观尺度的历史城镇和聚落建筑进行了研究，多采用空间形态学的方法，侧重聚落整体⑧、街巷水网⑨等方面。

20 世纪开始，国外城市形态学相关理论逐渐被引入国内，如美国学者林奇的著作 *The Image of the City* 的中译本对国内城市的研究产生重要影响⑩。沈克宁对于意大利建筑类型学的引入和介绍为本世纪理解意大利的城市形态学派奠定了基础⑪。汪丽君对建筑类型学设计方法进行了持续的关注和研究⑫。进入 21 世纪，国外城市形态研究理论方法继续引

---

① 齐康.城市的形态(研究提纲初稿)[J].城市规划,1982,6(6):16 - 25.武进.中国城市形态:结构、特征及其演变[M].南京:江苏科学技术出版社,1990.

② 齐康.城市的形态(研究提纲初稿)[J].城市规划,1982,6(6):16 - 25.武进.中国城市形态:结构、特征及其演变[M].南京:江苏科学技术出版社,1990.

③ 段进,阳建强,徐春宁.关于深化古城控制性详细规划的几点思考:以苏州古城 9 号街坊试点研究为例[J].城市规划,1999,23(7):58 - 60.

④ 梁江,孙晖.模式与动因:中国城市中心区的形态演变[M].北京:中国建筑工业出版社,2007.

⑤ 王建国.常熟城市形态历史特征及其演变研究[J].东南大学学报,1994,24(6):1 - 5.
胡海波.城市空间演化规律和发展趋势:以常熟为例[J].城市规划,2002,26(4):64 - 68.

⑥ 周霞,刘管平.风水思想影响下的明清广州城市形态[J].华中建筑,1999,17(4):57 - 58.
黄慧明,田银生.形态分区理念及在中国旧城地区的应用:以 1949 年以来广州旧城的形态格局演变研究为例[J].城市规划,2015,39(7):77 - 86.
黄全乐.乡城:类型-形态学视野下的广州石牌空间史(1978 - 2008)[M].北京:中国建筑工业出版社,2015.

⑦ 陈泳.当代苏州城市形态演化研究[J].城市规划学刊,2006(3):36 - 44.

⑧ 陈锦棠,田银生.形态类型视角下广州建设新村的形态演进[J].华中建筑,2015,33(4):127 - 131.

⑨ 王颖.传统水乡城镇结构形态特征及原型要素的回归:以上海市郊区小城镇的建设为例[J].城市规划汇刊,2000(1):52 - 57.

⑩ 林奇.城市的印象[M].项秉仁,译.北京:中国建筑工业出版社,1990.

⑪ 沈克宁.设计中的类型学[J].世界建筑,1991(2):65 - 69.
沈克宁.建筑类型学与城市形态学[M].北京:中国建筑工业出版社,2010.

⑫ 汪丽君,彭一刚.以类型从事建构:类型学设计方法与建筑形态的构成[J].建筑学报,2001(8):42 - 46.
汪丽君,舒平.转变的先兆:对"未来建筑"形态的类型学思考[J].新建筑,2001(5):39 - 42.
汪丽君,舒平.在舒适表象的背后:对西方当代居住建筑形态的类型学思考[J].新建筑,2002(3):50 - 53.
汪丽君,舒平.当代西方建筑类型学的架构解析[J].建筑学报,2005(8):18 - 21.
汪丽君,舒平.设计思想中的形式:对建筑类型学形态创作审美取向的比较研究[J].华中建筑,2008,26(10):15 - 19.
汪丽君,舒平.内在的秩序:对建筑类型学形态创作特征的比较研究[J].新建筑,2010(1):67 - 71.
汪丽君.历史环境的人文解析与再生研究:基于建筑类型学理论的分析[J].天津大学学报(社会科学版),2011,13(6):527 - 530.
汪丽君,刘振垚.人文·场所·记忆:拉斐尔·莫内欧建筑类型学理论与实践研究[J].建筑师,2017(2):68 - 76.

入。谷凯首先把康泽恩学派的理论介绍到国内①,并和怀特汉德、田银生等合作进行中国城市形态的研究②。段进等详尽地梳理了国外的城市形态学的研究状况③。2009 年 9 月,国际城市形态论坛(ISUF)在广州的召开使得更多的国内学者开始重视这个西方理论方法。学界普遍认识到欧洲的城市形态学理论和方法对我国研究的重要启示④。陈飞提出适应中国城市状况的研究框架⑤。法国的重要著作 Formes Urbaines : De L'ilot à La Barre 的中译本介绍了法国凡尔赛学派的重要观点⑥。魏羽力⑦评析了规划师大卫·芒冉(David Mangin)和法国学派的重要人物菲利普·巴内瀚的著作《都市方案》(Projet Urbain),书中强调了城市肌理和地块划分的联系,指出它们对城市未来变迁的适应性。宋峰等学者将英国康泽恩学派的经典著作《城镇平面格局分析:诺森伯兰郡安尼克案例研究》(Alnwick , Northumberland : A Study in Town - Plan Analysis)译成中文,向中国读者展示了康泽恩早期对城市形态研究的重要贡献。蒋正良等梳理了西方建筑学领域的城市形态学研究⑧。邓浩等对城市步行空间的基本特征从形态学角度进行了解读⑨。意大利城市形态类型学派学者穆拉托里的学术贡献也受到蒋正良、邓浩等的关注⑩。陈锦堂等分析了英国、意大利的形态类型学在中国的本土化过程中所面临的优势和挑战⑪。李冰⑫分析了法国建筑学校历史城镇形态分析的教育方法,并从城市历史地图出发对青堆子古镇⑬进行城市形态分析。郭鹏宇等对意大利的第三类型学和形态类型学进行了对比分析⑭。2016 年 7 月,城市形态国际

① 谷凯. 城市形态的理论与方法:探索全面与理性的研究框架[J]. 城市规划,2001,25(12):36 - 41.
② GU K, TIAN Y S, WHITEHAND JWR, et al. Residential building types as an evolutionary process: The Guangzhou area, China[J]. Urban Morphology, 2022, 12(2): 97 - 115.
WHITEHAND JWR, GU K. Extending the compass of plan analysis: A Chinese exploration [J]. Urban Morphology, 2007, 11(2): 91 - 109.
WHITEHAND JWR, GU K, WHITEHAND S M. Fringe belts and socioeconomic change in China[J]. Environment and Planning B: Planning and Design, 2011, 38(1): 41 - 60.
WHITEHAND JWR, CONZEN M, GU K. Plan analysis of historical cities: A Sino - European comparison[J]. Urban Morphology, 2016, 20(2): 139 - 158.
③ 段进,邱国潮. 国外城市形态学研究的兴起与发展[J]. 城市规划学刊,2008(5):34 - 42.
④ 田银生,谷凯,陶伟.城市形态研究与城市历史保护规划[J].城市规划,2010,34(4):21 - 26.
张蕾. 国外城市形态学研究及其启示[J].人文地理,2010,25(3):90 - 95.
⑤ 陈飞. 一个新的研究框架:城市形态类型学在中国的应用[J].建筑学报,2010(4):85 - 90.
⑥ 巴内瀚,卡斯奉,德保勒.城市街区的解体:从奥斯曼到勒·柯布西耶[M].魏羽力,许昊,译. 北京:中国建筑工业出版社,2012.
⑦ 魏羽力. 地块划分的类型学:评大卫·芒冉和菲利普·巴内瀚的《都市方案》[J]. 新建筑,2009(1):115 - 118.
⑧ 蒋正良,李兵营. 西方建筑学领域的城市形态研究综述[J]. 青岛理工大学学报,2008,29(5):68 - 74.
⑨ 邓浩,宋峰,蔡海英. 城市肌理与可步行性:城市步行空间基本特征的形态学解读[J].建筑学报,2013(6):8 - 13.
⑩ 蒋正良. 意大利学派城市形态学的先驱穆拉托里[J]. 国际城市规划,2015,30(4):72 - 78.
邓浩,朱佩怡,韩冬青. 可操作的城市历史:阅读意大利建筑师萨维利奥·穆拉托里的类型形态学思想及其设计实践[J]. 建筑师,2016(1):52 - 61.
⑪ 姚圣,陈锦棠,田银生. 康泽恩城市形态区域化理论在中国应用的困境及破解[J].城市发展研究,2013,20(3):1 - 4.
⑫ 李冰,苗力. 法国里尔建筑与景观学校"历史城镇形态分析"课程教学及启示[C]. //2016 全国建筑教育学术研讨会论文集,2016:492 - 497.
⑬ 李冰,苗力,刘成龙,等. 从历史地图到城镇平面分析:类型形态学视角下的青堆子古镇形态结构研究[J].新建筑,2018(2):128 - 131.
⑭ 郭鹏宇,丁沃沃. 走向综合的类型学:第三类型学和形态类型学比较分析[J].建筑师,2017(1):36 - 44.

论坛在南京举行，再次在中国掀起城市形态学研究的热潮。

综上所述，20世纪后半叶，国内的城市形态研究开始了建筑、规划、地理学领域的早期学术探索，成果相对较少。21世纪以来，欧洲的城市形态学研究开始被引入国内，并逐渐受到关注。研究成果主要分两类：一类集中于欧洲城市形态学重要学派理论的介绍和深入分析；另一类侧重案例城镇或地段的城市形态学研究，其中结合欧洲城市形态学视角的研究逐渐增多。中国主办的两次城市形态学国际论坛显示了广州和南京两地的学者及研究团队对西方城市形态学研究框架和方法给予了更多的关注。虽然少数学者开展了城市形态学的中国本土化探索，但是尚处于萌芽阶段，成果有限，针对中小规模历史城镇的研究亟待研究拓展。

二、从教学课程设置透视法国形态研究框架

法国的形态类型学派诞生于1960年代晚期，被称为凡尔赛学派（Versailles School），是欧洲城市形态类型学的一个重要分支。他们在建筑与基地的关系方面进行较多的类型分析，侧重研究结果对未来设计的启发，这种研究方法被逐渐纳入法国建筑院校的教学体系。在历史传承上，这一教学体系受到欧洲学者萨维利奥·穆拉托里、阿尔多·罗西、亨利·列斐伏尔（Henri Lefebvre）等人的影响，同时，美国的理论家凯文·林奇的城市形态元素及研究方法、法国城市历史学家皮埃尔·拉夫当的城市历史演变方法都被融到教学当中。相关的课程以现场调研和图解分析为主要手段，在历史古地图的基础上结合当今的城市卫星图，在不同尺度和层级上进行系统、深入的分析研究，其成果能够准确、直观地反映历史城镇形态特征和演变。

国内建筑院校的传统教育体系中，对历史城市形态分析这一领域比较薄弱。城市历史地图资源的匮乏、对产权地块的研究不够重视等因素，也构成了这项研究的软肋。在历史文化遗产加速消失、历史城镇研究日益受到重视的今天，对历史城市的形态分析和研究显得必要而且紧迫。近些年，国内一些高校的研究团队和学者已经在引入欧洲城市形态类型学和国内案例研究方面做出了积极的探索。

法国里尔建筑与景观学校的"历史城镇形态分析"专业设计课程教学始于1996年，其主要研究方法深受欧洲城市形态类型学研究的影响[①]。笔者作为法国总统项目交流学者在法国里尔建筑与景观学校全程介入整个课程，本节对这一教学过程做梳理总结，希望法国学校的研究和教学方法对国内的相应领域有所启示和借鉴。

（一）课程设置

"历史城市研究及历史街区的改造设计"是法国里尔建筑与景观学校建筑学五年级上学期的专业设计工作坊（atelier）的研究方向之一，课程研究目标城市位于法国里尔市西北约60千米的圣-欧迈（Saint-Omer）古城。课程教学由一名主持教授和一名助理教师负责。对历史古城和城市设计方向感兴趣的学生在开学初进行申报选课，学生人数控制在20人左

---

① LEJARRE P . Construire dans l'ancien：Atelier d'architecture —5ᵉ année Lejarre/Treiber［M］// L'annuel 2000/2001. Lille：Ecole d'Architecture de Lille，2002.

右。一学期共 21 周(含 2 周圣诞节假期),每周 1 次课,每次一整天 8 学时。

　　课程分为城市分析和方案设计两部分,持续一学期。对历史城市肌理和文脉的分析是该课程重点,它占总课时的 2/3,约 12 周,设计阶段占最后的 7 周。

　　城市分析工作是一项独立的研究工作,其涵盖范围很广,可概括为历史、地理、城市和建筑形态四个领域。研究的工作方法和思维模式都注重条理的清晰和逻辑的严谨。这项工作和人文学科的研究类似,需要学生先放下建筑师的激情,对城市进行耐心细致的调研、资料搜集、分析整理和图表的绘制工作。城市分析的具体内容包括古城的历史沿革、地理特征及演变、道路和街廓、产权地块和建筑类型(表 1-1)。每个研究方向分配 3~4 名学生合作。其中产权地块的研究工作量庞大,前期的历史和地理小组成员后期被重新分配到产权地块研究团队中。

表 1-1　"历史城市研究及历史街区的改造设计"工作坊的研究方向分类

序号	研究方向	研究内容
1	历史沿革	记录城市及周边区域的形成、城市扩张的主要阶段,通过图像、平面进行分析研究
2	地理特征及演变	① 等高线、水流、运河、护城河、港口区域; ② 城墙、主要建筑、主要街道
3	道路和街廓	① 图解表示道路的诞生年代; ② 道路等级,包括:边界、城门、主要机关; ③ 道路的组织方式; ④ 道路类型:宽度、行道树、道路形态; ⑤ 朝向、路网界定出的街廓大小及形状、街廓和道路的成因、街廓和道路的现状形态; ⑥ 广场、道路、公共机构、边界
4	产权地块	① 产权地块的组织方式(划分的疏密、划分的一般规律、产权地块在街廓内部的形态); ② 产权地块与道路的关系; ③ 产权地块的演变(根据旧地籍册判断增大/减少); ④ 产权地块的功能(公共机构建筑,居住与其他功能混合,居住、办公、商业、其他服务业等活动); ⑤ 产权地块的几何类型:四边形、旗帜形、网格形、条形、锯齿形……; ⑥ 街廓内部的地块类型:街廓周边、街廓内部、入口数量; ⑦ 大小尺度:建筑面积及沿街立面; ⑧ 建筑与院落:地籍册中的建筑与空地、建筑层数与建筑密度、地块整体剖面、建筑的方位
5	建筑类型	① 建筑与空地(虚与实的关系),院落的数量; ② 建筑布局(门厅、走廊、楼梯间); ③ 建筑空间行进次序; ④ 注明建筑类型的特征(大致建造年代、大小及形态、建筑主体、楼梯间的形状和方位、立面的组成、建造方式)

(表格来源:Le programme de l'atelier d'architecture Marin/Schauer/Treiber,5ᵉ année,2003—2004.)

(二)实地调研

　　实地调研是研究分析工作的重要组成部分,贯穿整个研究过程。课程教学安排至少五次必需的调研,每次都有不同的工作重点(表 1-2)。

表 1-2　"历史城市研究及历史街区改造设计"工作坊的调研日程安排

次数	时间	调研方式	调研内容	作业
1	第 1 周	自行调研	城市印象记录；课上按照研究方向分组，讲解研究方法，布置调研任务	绘制城市印象图（城市公共空间形态 A1 图纸若干，透视图手绘，其他图手绘或电脑绘制）
2	第 2 周	教师带队	重点空间现场讲解，集体评图	根据评阅意见修改图纸及文字
3	第 5 周	自行调研	根据研究方向分组，进行主题专项调研	绘制专项调研成果（分析图＋文字）
4	第 6 周	教师带队	专项调研方法讲解，集体评图	根据评阅意见修改图纸及文字
5	第 7～10 周	自行调研	根据研究需要，利用非课上时间，进行补充调研	城市形态分析研究，绘制分析图，撰写文字说明，根据老师意见修改

（表格来源：李冰根据课程设计进程记录绘制）

第一次调研侧重对古城的感性认知，这种认知基于美国城市理论家凯文·林奇的"城市意向"理论，学生需要将圣-欧迈古城的空间印象用速写记录，并将分析成果制成 A1 的图纸若干，课上进行汇报。学生的感性认知主要集中在古城中有特色的城市公共空间，包括道路、边界、区域、节点、标志物等[①]。学生身临其境地感受城市空间的特点，用速写记录，分析城市空间构成原理。这次调研老师并不带队，但是要提前向学生布置明确的调研任务，并做特别的讲解和答疑（图 1-1）。

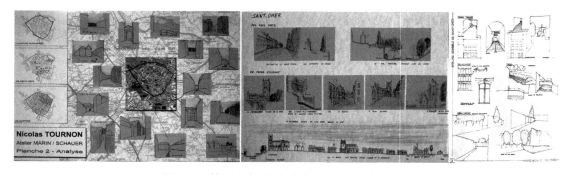

图 1-1　第一次参观（城市感知）的部分学生作业

（图片来源：李冰拍摄，2003 年 10 月）

第二次调研由教师带队，对圣-欧迈古城的重点空间、地段和建筑进行现场讲解，同时还参观古城规划部门的城市历史展厅，通过沙盘模型和展板了解古城的各种信息。按照课程的进度，第三、四、五次参观是对不同的分析对象（街廓、道路、建筑类型等）进行有针对性的调查记录。

（三）图解分析

城镇的形态是城市分析研究的主要方面，包括城市的道路和街区、产权地块和建筑类型。

---

① 　林奇.城市意象[M].方益萍,何晓军,译.北京：华夏出版社,2001.

而历史和地理则是研究的切入角度和环境背景。教师在不同的方向都安排了明确的分析工作。

在法国,丰富的历史地图资源给城市分析工作提供了极大的方便。学生们通过历史资料和历史地图的查询,将圣-欧迈古城各方面信息图形化,将城市形态要素的历史演变过程用平面图解直观、清晰地展现出来(图1-2)。这些工作包括古城的轮廓、主要道路、街廓系统、道路节点、道路的平面类型、街道剖面分析等等。研究的过程需要用卫星图、现状测绘图等将历史地图中的重要信息进行准确定位并绘制。

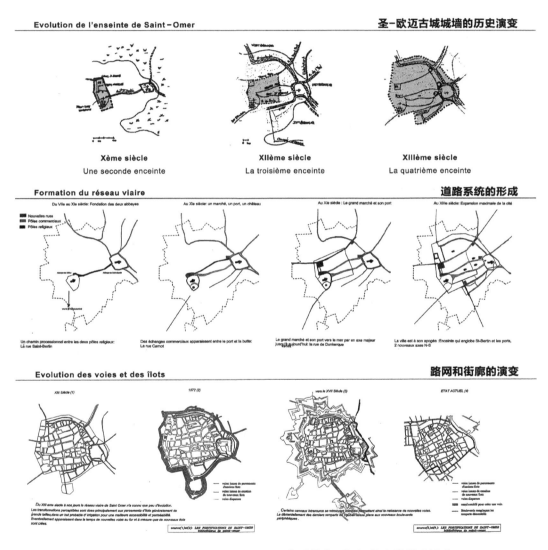

图1-2 圣-欧迈古城分析成果——古城轮廓、道路、街廓的历史演变

(图片来源:Les recherches morphologiques de la ville de Saint-Omer:
Les travaux d'étudiants de l'Atelier d'architecture,5ᵉ année,2004.)

产权地块是欧洲土地私有产权制度下的土地划分单元,它是介于建筑和城市的过渡尺度,是城镇形态研究的基本单元。每个产权地块内包括建筑和非建筑的院落空地,众多不同形状的产权地块组成了街廓,建筑外墙或院墙成为地块之间的明确边界。对产权地块的分析研究是城镇形态分析的重点,其工作量很大。因此,在这个阶段,全班学生将重新分组,数目庞大的街廓均分给学生进行产权地块的形态研究。

在圣-欧迈古城,产权地块通常呈长条形,短边面向街道,建筑临街布置,自家后院位于地块内部。产权地块和建筑的整体集合形成了典型的欧洲城市肌理。教师按照地块内建筑的平面、户型、层数、屋顶等方面进行归类,再确定各类型中最经典的街廓进行细致的地块研究。学生需要在选定的研究目标街廓中逐户调研,对每户的入口、内部走廊、楼梯的位置做标记,最后汇总归纳成平面图解[图1-3(a)]。

建筑形态的类型研究是分析工作的最尽端,它对古城内纷繁多样而又统一协调的建筑进行归类,归类的依据包括建筑高度、屋顶形态、建筑进深、入口位置等[图1-3(b)]。

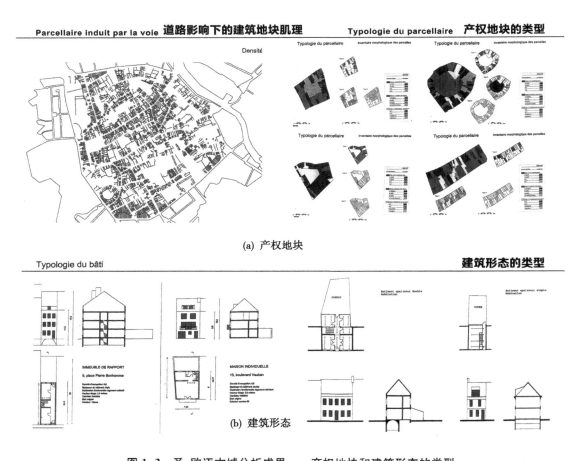

(a) 产权地块

(b) 建筑形态

图 1-3　圣-欧迈古城分析成果——产权地块和建筑形态的类型

(图片来源：Les recherches morphologiques de la ville de Saint-Omer：
Les travaux d'étudiants de l'Atelier d'architecture, 5ᵉ année, 2004.)

(四) 课程设计

城市街区的改造设计在学期的最后 7 周,是城市设计和建筑设计相结合的设计训练。所选基地街廓毗邻古城的发源地，现状主要被工业厂房、空地、停车场和一所幼儿园占据。这里建筑形态混乱，历史城市的肌理丧失。指导教师要求学生尽可能地找到设计构思与前面的分析研究之间的恰当的联系，但不能是对历史建筑形式的简单模仿，应该从更深层次体现原有城市文脉。而且方案应具有当今的时代特征，以区别古城形成的历史时代，这是欧洲和世界遗产保护界的共识。即便对进行了城市历史文脉分析的法国高年级学生，这个要求仍具有相当的难度。在教师的引导下，没有任何学生的方案出现对欧洲历史建筑外观的模仿。在众多的学生作业中，最高分的设计是从城市设计角度复原被破坏的历史街区肌理和尺度，而建筑的外观则完全是现代风格，材料和色彩与周边的历史街区相呼应（图 1-4）。

SITE ET ENVIRONNEMENT 基地环境　　MORPHOLOGIE DU QUARTIER 城市肌理　　PRINCIPE CACHE DANS LE SITE 修复肌理

ETAT ACTUEL DU SITE　基地现状　　　　　MAQUETTE FINALE DU PROJET　方案模型

图 1-4　历史街区改造基地环境和优秀学生作业

（图片来源：① Google Maps；② Les recherches morphologiques de la ville de Saint-Omer：Les travaux d'étudiants de l'Atelier d'architecture，5ᵉ année，2004；③ 李冰模型摄影）

（五）小结

从法国里尔建筑与景观学校的"历史城镇形态分析"课程设计教学，可以看出历史城镇形态分析是一个充实、全面、深入的研究工作。它有足够的课时安排，给学生足够的时间深入研究，学生和老师有足够的时间交流学习。这个实实在在的研究工作并不是方案设计的附属和陪衬。前期充分研究为以后的建筑设计、城市设计、历史街区改造工作提供了可靠的历史依据、充实的理念源泉和严谨的逻辑架构。在教学过程中，教师随时向学生讲授与历史传统和城市遗产相关的最先进的理念和共识，从而使遗产保护、尊重历史的正确观念深入人心。对历史的尊重并不意味着束缚学生的创造力，教学过程训练学生在尊重历史文脉的前提下运用开阔自由的设计构思去解决历史城市文脉背景下所面临的城市和建筑问题。

由于历史城镇形态分析的研究内容繁杂，因此，教学过程中，有些学生对研究的内容提出质疑，希望这项研究先预判这个成果是否对设计有所帮助，从而主观地将一些研究内容省略。而教师的回答是：这项工作是设计的前期基础研究，设计者和研究者完全可能是不同的主体（政府机构、设计事务所等）。在不同的设计任务和研究任务下，不同的设计师和研究者都能够从这项基础研究中获得自己需要的信息。人为地预判必然会极大地减少研究工作的价值，并降低研究质量。通过分析研究和设计整套过程的训练，学生们才能够更好地理解其价值。因此，学生的工作需要耐心和细心，将头脑中的分析转化为研究成果。这些成果作为圣-欧迈古城规划管理部门的文档原始资料的一部分，为未来的建筑设计和城市规划提供了翔实的工作基础，它能够帮助设计师和规划师迅速而完整地了解古城的各种信息，在此基础上提出精彩且符合古城历史文脉的设计方案。

通过方法的传授和观念的输入，法国里尔建筑与景观学校的这一课程设计激发了很多学生对历史遗产的修复改造的兴趣。每一届都会有学生在毕业以后报考专门的历史建筑遗产的修复改造的培训学校继续深造学习①。

三、形态类型学方法的本土化探索

源于欧洲的城市形态学研究是欧美学者进行城市分析的基本方法，城市形态类型学是城市形态学与建筑类型学结合的综合研究框架，它作为基本的城市分析方法在建筑类学校被传授，并为世界各地所普遍接受、传播和发展。21世纪起，城市形态类型学的研究方法受到国内学者的关注，德英学派以及意法学派的城市形态研究，被不同程度地介绍到国内，并少量地进行了城市案例分析研究。与传统的中国城市形态研究相比，城市形态类型学更加系统和全面，能够更大限度地梳理史料，分析实物，挖掘并呈现城市形态的特征信息。当下对城市形态类型学本土化的探索尚处萌芽阶段，研究成果亟待充实。

意法学派的城市形态类型学采用的研究方法中，城镇平面图分析法（town plan analysis）、类型学分析法（typological analysis）是典型的特色研究方法。但是，这些方法如果直接应用到中国的城市形态研究，尤其是中小型历史城镇，会遇到相当大的限制，主要包括历史资料有限、实物建筑遗存匮乏、产权地块信息缺失等等。笔者研究团队经过多年的研究，探索出应对现状问题的系列特殊方法。

---

① 原文题目为"法国里尔建筑与景观学校：历史城镇形态分析课程教学及启示"，发表于《2016全国建筑教育学术研讨会论文集》，2016(10)：492－497。作者：李冰，苗力。文章在本书编辑过程中有所调整。

城池边界判定法

保存完整的中国历史城墙并不多见,而史料地图中的城墙通常只是象征性的图示,不满足当代研究和实践的要求。但城墙的痕迹,如马道、城门、护城河等,会在之后形成的城市形态中有特殊呈现。笔者团队经过多年的考察和研究,总结出城墙及城门定位的方法,包括地名判断法、岔路定位法、护城河识别法、墙基肌理法、高差推断法等。这些技术方法从研究实践中归纳总结得出,共同构成城池边界的判定方法。

传统院落识别法

产权地块是城市形态类型学研究的基本单元,是连接宏观的城市和微观的建筑的媒介,是城市肌理的核心要素之一。我国传统城市中的产权地块对应的是传统院落,但这一要素在我国的城市形态研究中并未引起足够的重视。史料记述的缺乏、产权地块现状的杂乱、管理部门资料的不完善,并不能满足研究和实践的需求。经过多年的探索,借助历史图、测绘图、航拍图、实景图等手段,笔者团队分析总结出判断古城传统院落界线的方法,包括平面推测法、立面判定法、现场访谈法等。

历史地图转译法

城市历史地图是古城镇研究不可或缺的基础资料,而中国中小城镇历史地图数量稀少,绘图抽象简略。运用当今技术手段,结合现场调研验证,对历史地图进行现代转译,最大限度地将历史信息准确地转译、重绘到城镇地图中,这是解决历史地图缺失的有效手段。笔者团队总结的历史地图转译技术手段主要包括叠图优化法、比例恢复法、逆向校对法等系列方法。它们是开放的体系,接纳后续研究的修正和完善。

第二节　历史城池边界的判定方法

城墙界定了历史城池的范围,构筑了城池的形态,而且记录了古代政治制度、军事等级、营建技术、地域风情以及环境变迁等历史信息。在城市的现代化转型过程中,城市空间的开放性不可避免地与失去军事防御功能的城墙产生矛盾,导致大多数古城的城墙由于各种原因逐渐消失,历史城镇的边界变得模糊不清。现代高密度土地开发模式使得古城空间逐渐被吞噬,凝聚着历史文脉的古城在现代社会中濒临消失。

以辽宁、山西、河北和山东四省为代表的明清古城,是我国北方古代城市建设的典范,其空间形态是传统城市营建思想与自然环境、地域文化相结合的空间物化结果①。当下,无论是城市形态学、历史地理学、城市考古学等对于古城的学术研究,还是逐步兴起对古城的保护热潮,判断城墙边界以确定古城范围是首要的基础性工作。本节正是以此为出发点,借助卫星影像、史料地图、现场调研等方法,提出对古城研究有参考价值的城池边界识别方法。

一、城池边界的定位原则

(一)整体性原则

古城研究应是一种整体性的系统研究,不能仅仅关注城池本身,还要连同其历史渊源、山川地貌、政治制度以及其他历史形态、文化内涵等社会因素综合考虑。城池层面,首先应系统地研究整个城墙的防御系统,包括角楼、瓮城、女墙、马道、庙宇、护城河②③等,还要与城市街区、街廓、交通等研究相结合,从整体与部分相互依赖、相互制约的关系中揭示城池边界的特征和演变规律。

(二)准确性原则

准确性是学术研究的基本要求。古城遗产最好的鉴定物就是构成其形态的一砖一瓦,但在我国大多数古代城池中,由于各种原因的长时间的破坏,多数城墙已经支离破碎、所剩无几,城池边界的研究过程中依托实地调研所得到的信息往往不够。所以还必须广泛地查阅史料和地图,并与卫星影像进行矫正叠合,以保证其判定结果的准确性。

二、城门位置的确定方法

本节基于对十余座明清北方城池的实地调研,在客观、合理的前提下,以整体性和准确

---

① 许芗斌,杜春兰,赵娟.明清时期重庆城池空间形态特征分析[J].中国园林,2017,33(4):125-128.
② 陈晓虎.明清北京城墙的布局与构成研究及城垣复原[D].北京:北京建筑大学,2015.
③ 苏芳.西安明代城墙与城门(城门洞)的形态及其演变[D].西安:西安建筑科技大学,2006.

性为基本原则,总结出一些运用地理信息与城市形态快速判定城池边界的研究方法,可以大幅提升古城边界相关研究的效率。同时,本节还通过大量的实际案例分析,运用多种方法相互佐证,证明了这些方法的普适性与准确性。

（一）地名判断法

1. 关厢识别法

古城的起源首先是人口在城内主要道路的两侧聚集,城市人口的增长导致居民从拥挤的城里溢出,城市用地向城门外沿道路扩张,人口大多聚居于交通方便的城门外,形成关厢。从古至今,关厢的命名一般均带有"关"字眼,因此,根据"方位词＋关"的命名方式可以推断城门的位置。

以山西省吕梁市汾阳市为例,如图 1-5 和图 1-6 所示①,1968 年的汾阳可以清晰地看到"五座连城"的城关轮廓与街巷布局,城墙以及瓮城尚未完全拆除,建筑轮廓密集饱满,从其规模形制中足以见得当时古城一片繁华的景象。因此,汾阳关厢的命名便伴随着城池的繁荣而定义为北关、西关、东关、大南关等。再例如山西省晋中市祁县古城的边界也可通过卫星图中北村、东关村、南关村这样的地名或位置名来判断。

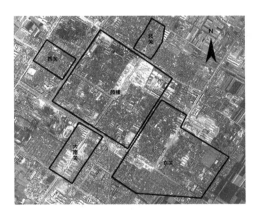

图 1-5　山西汾阳 1968 年 11 月卫星图 　　　图 1-6　山西汾阳 2008 年 5 月卫星图

（图片来源：美国国家地质勘探局,　　　　　［图片来源：耿钱政、牛筝绘制,底图为
网址 http://www.usgs.gv.）　　　　　Google Earth 卫星图（2005 年）］

河北省境内带有这种地名标注的古城还有：衡水市武邑县的东关村、西关村、南关村、北关;衡水市深州市的北街关村、南街关村、西街关村、东街关村;石家庄市正定古城的东关村、西关村、南关村、北关村;石家庄市赵县的东关村、西关村、南门村、北门村;邯郸市广府古城的南关、东街村等。衡水市比较特殊,除了具有北门口村、东门口村、南门口村等关名之外,还可以在卫星影像图中看出其"新旧分离"的城市形态:新城区开发在滏阳河西侧,而古城区保留在滏阳河东侧,这种建设方法使得古城的边界更容易识别。

---

① 本节配图除特殊标注,均为笔者以 Google Earth 卫星影像为底图绘制。

辽宁省的古城大多设有两至三道城门，所以相对来说其关厢也偏少。例如葫芦岛市兴城市仅有北关村和南关村；锦州市义县仅有东关村和西关村等。在鞍山市海城市地震之前，牛庄古镇的发展也比较繁华，形成了北关村、南关村、东关村、西关村等历史地名。

综上所述，城门外的关厢地区均保留了一些名称记载。二十世纪五六十年代，随着老城门逐渐被拆除，城里城外连成一片，关厢的概念被人们逐渐淡化，但是卫星影像图中带"关"字的地名或村落名，一般表示这个位置与古城城门具有密切的历史联系。

2. 路名识别法

一座城市的历史和发展过程，也可以通过其街道名称的变化来追根溯源。以山西、河北、山东、辽宁四省为例，如山西汾阳的北门街、西所街、鼓楼北路、鼓楼东路以及一些小的巷道如东岳庙巷、王知府巷等，山西祁县的西大街、南大街、小东街以及一些带有商业氛围的城隍庙街，金融老街等，河北广府古城的广府大街，山东济南的南门大街，山东聊城因古城中心的光岳楼而形成的楼西大街、楼北大街、楼东大街等，辽宁义县的南街、北街、西街、东街以及南关大街、西关大街等，辽宁盖州市因老城中心的钟鼓楼而命名的北关街、南关老街等均记载着城市的发展历史。

街道名称在卫星影像图中不如城门外关厢的肌理形态那么一目了然，但在一定程度上也能反映古城的历史。考究古城街道名称的由来，大致可以分为如下几方面：以方位、地理位置命名；以庙桥命名；以古衙门、名人姓氏命名；以街道职能命名；以中心建筑物命名。可以说，依据地名判断城门的位置是最简单、最便捷的渠道。

（二）岔路定位法

城市内部的中心街道与城门共同勾勒出古城内的空间布局，这些街道多规划严整，为棋盘状十字相交。而缺少规划的城外的道路则更多地体现出自发性，在城门处形成分叉的斜路，即以城门为节点，形成"Y"或"V"字形两条路通向周边。因此，通过城门外道路的形态也可以推断城门的位置。

1. 复州古城

以辽宁省大连市瓦房店市复州古城为例，复州古城原有三个城门，东城门是现在仍留存的一个，其余两个由于各种原因已被毁，但根据城外道路的方向依然可以推断出原城门的大致位置。如图1-7所示，通过2005年复州古城的卫星图可以发现北、东、南三个城门外均有两条分叉道路，通

图1-7　复州古城城门岔路

[图片来源：耿钱政、牛筝绘制，底图为Google Earth卫星图（2005年5月）]

向周边的城镇或村落,与古城内棋盘状道路体系截然不同,城门的位置得以被快速地判断出来。

2. 义县古城

辽宁省锦州市义县北依大凌河,南连锦州市。早期历史地图记载从永清门出城后是南关大街,随着古城的发展,之后逐渐形成了图 1-8 中通往南关大街的两条分叉路。图 1-9 是 2004 年的义县古城卫星影像图,对比三张图可以发现义县古城原熙春门(东城门)外又增加了两条分叉路。

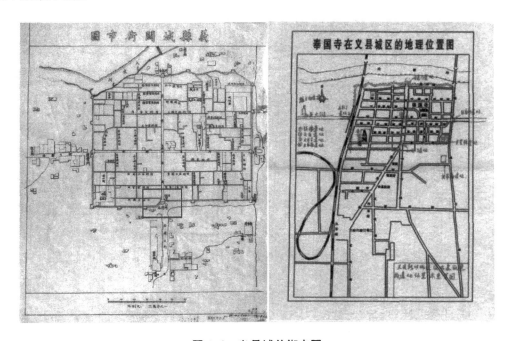

图 1-8　义县城关街市图

[图片来源:天津蓟县、辽宁义县等地古建筑遗存考察纪略(2)—建筑文化考察组]

3. 盖州古城

辽宁省营口市盖州古城的顺清门(东城门)外有两条比较宽的岔路,同其他古城一样,均是通往东边村落的主干路,如图 1-10 所示。但该城南门外的岔路与其他古城相比,数量更多,形成了多条类似枝权形式的小支路,这些支路在古代被称为"头道楞子、二道楞子、三道楞子、四道楞子",这四道楞子,即是四条南北向道路,跨过护城河通至南侧的大清河。

纵观这些古城的城门,依据交通、城墙宽度、街道布局等不同的分类标准而与城墙形成不同的位置关系。城门外"Y"或"V"字形岔路的产生是随着城池的扩张、城市的发展逐渐形成的。虽然岔路的大小和宽度因城而异,但形态和方向总体上具有相似的特征。

此外,除了城门外道路分叉以外,城池边界的四个方位角处一般也会形成分叉路,而且大多情况下比城门外的分叉岔路要宽,级别要高。以盖州、熊岳和复州古城为例(图 1-11~图 1-13):盖州古城东北角两条斜向延伸的"Y"字形道路原为两条流入护城河的河流渠道,

图 1-9　义县古城城门岔路

[图片来源：耿钱政、牛笭绘制，底图为 Google Earth 卫星图（2004 年 4 月）]

图 1-10　盖州古城城门岔路

[图片来源：耿钱政、牛笭绘制，底图为
Google Earth 卫星图（2018 年 1 月）]

图 1-11　盖州古城城角岔路

[图片来源：耿钱政、牛笭绘制，底图为
Google Earth 卫星图（2018 年）]

图1-12　熊岳古城城角岔路
[图片来源：耿钱政、牛筝绘制,底图为
Google Earth 卫星图(2018 年)]

图1-13　复州古城城角岔路
[图片来源：耿钱政、牛筝绘制,底图为
Google Earth 卫星图(2005 年 5 月)]

现局部发展为城市干路;辽宁省营口市熊岳古城东北角的两条城市主干道,将老城区与新城区相连;复州古城西南角的岔路在 2005 年的历史影像中最为明显,随着城市的发展,在更多、更宽的道路的衬托下弱化了它的实用性与可识别性。

综上所述,无论是城门还是城池边界的四角,其道路形式一般多呈"Y"字形或"V"字形,斜向通往周边。因此,观察城门外道路的形态变化也是判断识别古城边界的一种重要方法。

三、城墙位置的确定方法

(一)护城河识别法

古代城池沿水而兴,依河而建,以水为邻。护城河作为古城的第一防护系统,还可以连通城外河道,为城池提供水源,这就使得护城河与城墙(城门)往往相伴而生,成为城墙消失后,古城边界最为明显的标志。护城河整体的空间意象常常有强烈的方向性和连续性,其水体的形态影响了古城空间格局的组织形式,形成了诸如方形、圆形、不规则形等城址类型①。

1. 广府古城

河北广府古城坐落在华北平原腹地的永年洼中央(图1-14),这里水网密集、土地平坦,是我国北方农耕文明的重要发源地,已有 2 600 多年的历史②。广府古城的四周均有宽阔的护城河环绕,护城河水面广阔,不仅方便交通运输,还在城市中发挥了巨大的环境生态效益。广府古城在地理上更像是坐落于广阔的湖面中心的小岛,因而城池边界清晰明显。与

① 吴庆楠.老城区护城河保护研究[D].郑州：郑州大学,2011.
② 熊天智.荆州城墙带状公园城门区景观设计研究[D].广州：华南理工大学,2016.

之类似的还有坐落在东昌湖中的山东聊城古城（图1-15），两城同处于华北平原，距离仅110千米，地形地貌相近，均是名副其实的"北方水城"。

图1-14　广府古城卫星图

[图片来源：Google Earth（2017年7月）]

图1-15　聊城古城卫星图

[图片来源：Google Earth（2017年9月）]

2. 济南古城

环绕山东济南古城的护城河河道宽10～30米，全长6 900米，众多泉群在北侧汇入护城河河道并流向大明湖，这是国内唯一河水全部由泉水汇流而成的护城河（图1-16）。尽管济南古城墙早已被拆除，但护城河仍然源远流长，成为泉城特色标志区"一城、一湖、一环"的重要组成部分，宛如一条玉带将济南古城区清晰地界定出来，成为历史文化名城济南最具有标示性的城市空间①。

3. 盖州古城

在确定辽宁盖州古城边界的便捷方法中，除了平面肌理突变的确定方法之外，护城河识别法也是得以应用的重要方法。例如在盖州古城中，明代建

图1-16　济南古城卫星图

[图片来源：Google Earth（2018年10月）]

设的护城河与城墙唇齿相依，在城池体系中既起到了重要的军事防御作用②，又具有地下水出露、改变水路网络、保卫城池、排洪排涝、运输通航等重要意义。至今护城河的东段和南段仍得以完整的保留，起到了保护古城空间边界的重要作用。

一般情况下，我国的古代城池形制大多方正，而在自然地理形态复杂的区域，护城河的

---

① 孟凡辉.济南护城河风貌保护与发展[D].济南：山东大学，2008.
② 吴左宾.城水相依，据水为安：明清西安城市军事防御体系研究[J].建筑与文化，2016（3）：185-187.

修建也多遵循"依附地形、结合自然水系"的原则①。护城河反映并界定了城池外围的空间形态格局,圈定一个古城的大致范围,基于城市历史护城河的走向以及保留的外部空间形态,还能反映古城格局的特征。然而,城墙与护城河之间往往有一定距离,更为确切地判断城墙的位置,还需要使用墙基肌理法和高差推断法。

(二) 墙基肌理法

古城城墙拆除后,其原有城墙基础并未损坏,古城在此基础上直接建造房屋,因此形成具有均匀宽度的特殊城市肌理,它包括一致的建筑、院落和道路体系。在卫星图上,它们和毗邻的原有城市肌理显现出明显的不同,因此,这一特殊肌理成为判断城墙位置的方法。

1. 祁县古城

山西祁县古城起源于北魏时期,经历千余年更新沉淀,形成现如今"一城、四街、二十八巷、四十大院"的格局。整个古城近似方形,仅在东南角有缺,平面形态如纱帽,遂称"纱帽城"。祁县宅院多出自巨贾之家,规格、形制较高,庭院重重且细腻精美,其建筑形态以北方汉族居住的四合院为主。古城部分图底关系特色明显(图 1-17),传统格局层次分明,街巷空间脉络清晰,具有中国典型传统城市的肌理。因此,综合比较图底关系与图 1-18 所示的现状卫星图,在古城边界模糊的情况下亦可根据建筑、院落、街道所形成的传统肌理推断古城的边界:古城内深色屋顶的四合院形式与城外排列整齐的独院形成鲜明的对比;古城内的街巷纵横交错,房屋错落有致,而古城外新建的道路规矩细直、整齐划一,线性排列的房屋大小相同,风格简单一致。这种建筑肌理的变化是大多数古城普遍显现的特征。

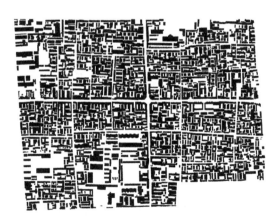

图 1-17　祁县古城图底关系

(图片来源:祁县历史文化名城保护规划)

图 1-18　祁县古城肌理

[图片来源:耿钱政、牛笒绘制,底图为
Google Earth 卫星图(2008 年 3 月)]

2. 盖州古城

辽宁盖州古城边界的确定,可以根据建筑肌理或道路的变化推断出一个近似方形的城

---

① 吴庆楠.老城区护城河保护研究[D].郑州:郑州大学,2011.

池边界。盖州古城目前除几个历史区域和历次规划所划定的空地外，其余都是传统的四合院民居，形成了一个建筑密度大于外部空间的较为密集、细腻的肌理格局①。其中，护城河附近线性排列的建筑肌理最为明显，如图 1-19 所示，一横排和一纵列房屋均建在原南城墙和东城墙的墙基上，宽度一致，排列整齐。这些房屋内邻的笔直道路即是盖州古城内仍然存在的南马道和东马道。

3. 复州古城

辽宁复州古城保留着"方城十字街"的传统格局，古城东北片区仍存有一片老建筑肌理，与周边新建的板式居民楼形成鲜明对比。城东侧有两条笔直的南北向道路，互相延伸正好穿过留存的城门洞，因此可以推断此处是东城墙的边界。建筑肌理变化最为明显的是西侧城墙附近。如图 1-20 所示，宽度一致、竖直整齐的居民房屋即为原西城墙的位置。经过实地考察，笔者发现这列房屋均以城墙的墙基作为地基，所以每排建筑大小均匀，宽度相同，是肌理突变最典型的体现。

图 1-19　盖州古城肌理变化

［图片来源：耿钱政、牛筝等绘制，底图为
Google Earth 卫星图（2010 年 4 月）］

图 1-20　复州古城肌理变化

［图片来源：耿钱政、牛筝等绘制，底图为
Google Earth 卫星图（2018 年 3 月）］

（三）高差推断法

古城通常选址在地势高于周边处，以有利于向城外排水，避免雨季或者极端天气引起的城市内涝。城墙内外高差的形成通常是最大限度地利用自然地形、减少城墙建造的成本的结果。无论是人工拆除还是自然损毁，城墙消失以后，道路通连的部分，通常为从城内向城外降低的坡道。没有交通联络的部分，城内外的高差一般是地块的天然边界。这一高差因此可以成为判定城墙位置的依据。

1. 盖州古城

辽宁盖州古城的城墙东面和北面尚存部分残余，城墙的内外有近乎 5～6 米的高差。很

---

① 李炎炎.盖州古城历史风貌的保护与更新研究［D］.沈阳：沈阳建筑大学,2014.

多民居以城墙墙基为基础,直接把房屋建在城墙上。由于城墙曾经作为军事防御体系的重要组成部分,因此城墙形体厚重,十分高大,建于其上的民居高出墙下民居3～4米,形成明显的高差突变。如图1-21所示,A、B、C、D四点的海拔高度分别为15米、11米、13米、11米,结合由A点至C点的建筑肌理可以确定此高差处即为城墙的具体位置,在实地调研中城墙内外的高差确实非常明显(图1-22)。

图1-21 盖州古城城墙内外高差

[图片来源:耿钱政、牛筝绘制,底图为 Google Earth 卫星图(2017年3月)]

图1-22 盖州古城墙内外高差实景

(图片来源:李冰拍摄,2017年9月)

2. 熊岳古城

辽南重镇熊岳古城的城内道路呈"鱼骨状",古城的四角略成弧形内收。绥德门(北城门)现保存较好,西城墙北端残存城墙长约8米,残高约2米,被当地居民砌于房墙内,东城墙残存长约有100米,可见青砖构筑的墙体,最高残存约2.5米,部分墙体被当地居民利用成为房屋的山墙,形成如图1-23所示大小一致、宽度相同且竖直排列的建筑肌理。

同盖州古城类似,熊岳古城的一些也民房直接修建于残存的城墙之上,显得比周围房屋稍高一些。如图1-23所示,在判断南城墙位置时,图中四点的海拔自西向东依次为18米、17米、18米、19米,根据城内地平一般比城外高的特点,可以判断古城墙即位于海拔为17 m位置的附近,再结合此处南北两侧道路的走向更能确定这一高差处即为原城墙所在的位置。

(四)遗址识别法

很多城墙随着岁月的流逝逐渐消失,其原因包括人为的拆除和自然的损毁。从卫星图上看,有些城墙的位置并未建设建筑,但呈现模糊的线状形态,有些城墙在卫星图中完全找不到痕迹,只有实地考察才能获得准确信

图1-23 熊岳古城城墙内外高差

[图片来源:耿钱政、牛筝绘制,底图为 Google Earth 卫星图(2017年3月)]

息,这种方法称为遗址识别法。因此,可根据城墙现有遗迹信息推断城墙的位置,这种方法称为遗址识别法。

1. 开原老城

辽宁省北部的铁岭市开原老城是明代辽东镇最北端的军事卫城。其城墙绝大部分已经消失,现存少量的古城墙遗迹为土堆。由于其城市化程度较低,城墙附近区域多为农田,原有的城墙砖已经完全消失。城墙内部的夯土基础已经被居民改种农作物,在卫星图上显示为模糊的痕迹(图1-24),可以在一定程度上作为推断城墙的依据,但是最终需要现场校验确定。

图1-24 开原老城——遗址识别法

[图片来源：左图李冰拍摄,2017年；右图Google Earth 卫星图(2017年9月)]

2. 祁县古城

山西祁县古城的城市化程度较高,古城的城墙消失以后,被新的城市建设淹没。从卫星图上已经完全无法识别。但是,通过现场调研可以发现,古城南面偏西的小学操场入口处,一些残存的城墙遗迹与后期的建筑混杂在一起(图1-25)。这些信息经过准确定位后,可以为历史城墙的位置判定提供重要线索。

图1-25 祁县古城——遗址识别法

[图片来源：左图李冰拍摄,2017年；右图Google Earth 卫星图(2017年3月)]

四、小结

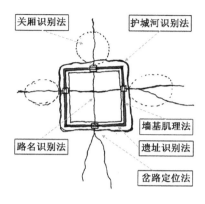

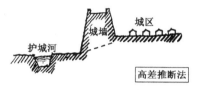

图 1-26　城池边界判定方法示意

（图片来源：李冰绘制）

城墙界定了中国历史城市的空间实体，是中国古城最重要的标志与符号，承载了城市千百年来发展的历史与记忆。如今这些城墙大多已经消失，因而确定其原本的位置是进行古城研究的基础工作。本节以辽宁、山西、河北和山东等北方四省的明清古城为例，基于对大量古城实地调研的经验与规律总结，详细阐述了如何依据卫星影像图等地理信息，包括城关命名、道路分叉、肌理突变或高差变化等特点快速判断古代城池的边界（图 1-26）。

综上所述，在研究某历史古城边界时，可按如下步骤进行初步判断与相互验证：首先看城关的命名，确定城门大致方位，使用岔路定位法划定城门的具体位置和范围；其次根据护城河位置，划定城墙的大致走向，然后对比护城河附近突变的建筑肌理、线性道路以及高差突变来确定城墙的具体位置。

本书总结的判断方法是基于辽宁、山西、河北和山东北方四省的现存古城的应用型研究方法，是一个可以不断补充完善的开放性方法。它是对历史地理学、城市形态学与建筑类型学理论研究的应用拓展，是康泽恩学派（Conzen School）中城市边缘带理论在中国的应用实践，将有助于提升我国众多古城保护与研究工作的效率与准确性①。

① 原文题目为"基于地理信息判断历史城池边界的方法研究"，发表于《2018 中国建筑学会建筑史学分会学术年会》，2018：618 - 625。作者：耿钱政，李冰，牛笙。文章在本书编辑过程中有所调整。

第三节　传统产权地块的判定方法

　　产权地块是城市形态学研究的关键要素之一，是土地产权性质的物化形态，是土地买卖、批租和开发的基本单元[①]。在历史城镇保护与更新、规划控制管理以及形态理论研究中，产权地块都具有不可替代的特殊地位，它是反映历史城市肌理的形成机制及其社会经济因素的根本要素之一[②]。1987 年，国际古迹遗址理事会（ICOMOS）通过的《保护历史城镇和城区宪章》（《华盛顿宪章》）指出，历史城市的保护关键要素之一就是要保护"由街道和地块定义而成的城市形态"。住宅是城市中数量最多的建筑类型，"改善住宅是遗产保护的基本目标之一。而且，这些文化遗产，无论其等级多低，均构成人类的记忆。对它们的损害会威胁到历史城镇和历史街区的原真性"[③]。历史城镇整体性保护和居住建筑保护的国际共识，使得产权地块的形态学研究成为历史城镇和街区保护更新的重要基础。

　　21 世纪以来，中国的传统文化复兴热潮使得社会各层面对历史城镇的保护和城市肌理的传承日益关注，历史城镇形态的缝合修补以及新城建设也需要从城市的历史遗产中寻找文化源泉。传统的产权是连接宏观历史城镇与传统建筑的媒介，是建筑历史保护的基本单元，是历史城镇文化的重要特征之一。但国内大部分古城的史料往往缺乏产权地块信息的记录。当下国内历史城镇中，居民自发改造或者商业开发使得原汁原味的历史院落及民居建筑逐渐消失，历史城镇形态肌理微观层面的研究物证迅速减少。在史料和实物遗存匮乏的情况下，作为城镇形态研究基本单元的历史街区传统产权地块的判定和识别具有特殊的重要性和紧迫性。

　　辽宁省内的中小型历史城镇是这种情况的典型代表。由于历史原因，传统地块院落分解为多户共有，民居的自发改造使得院落与建筑的形态和风貌混乱而琐碎。本节正是以此类传统城镇的历史街区为研究对象，将卫星图、测绘图、现场调研作为辅助手段，以现有历史建筑遗存为依据，对产权地块轮廓进行综合判定研究。这是系统整理产权地块形态信息的基础和前提，可以为遗产保护和街区更新建立清晰的工作框架。主要方法包括平面推测法、立面判定法和现场访谈法。首先，在古城现状测绘图的基础上进行全面分析、合理推测，形成初步的地块平面划分图；再通过现场立面判定和调研访谈，对阶段性成果图纸进行有针对性的核实、校正和补充。上述工作方法能够使研究者迅速熟悉调研地段的院落地块

---

① 梁江，孙晖. 城市土地使用控制的重要层面：产权地块：美国分区规划的启示[J]. 城市规划,2000,24(6)：40-42.

② 魏羽力. 地块划分的类型学：评大卫·芒冉和菲利普·巴内瀚的《都市方案》[J]. 新建筑,2009(1)：115-118.

③ ICOMOS. Charter for the conservation of historic towns and urban areas（Washington Charter）[EB/OL]. [2011-10-12]. https://www.icomos.org/charters/towns_e.pdf.

信息,明确现场调研的思路和目的,极大地提高历史城镇研究的效率和准确度。

一、研究综述

城市形态学发源于 1960 年代的欧洲。在其研究框架中,产权地块是城市平面形态研究的基本要素,其形态学研究能深度展现城市形态微观层面的肌理特征。英国的康泽恩认为以产权界定的地块是土地利用的基本单元,与街道、建筑基底平面一起构成平面布局的要素(plan elements)[1]。法国凡尔赛学派学者菲利普·巴内瀚认为产权地块与土地问题的研究密切相关,是公共与私有区域的表达,它和街道、建筑物一起构成城市肌理的三要素[2][3]。由于土地所有制的延续性,产权地块的信息一直延续至今。这为历史城镇和建筑遗产保护及更新、城市肌理的延续提供了详细的基础信息。

2000 年以后,国内学者对产权地块进行了一系列的探索。早期的梁江、孙晖等学者提出产权地块对城市土地使用控制的重要性,并以美国为例分析其对城市形态和开发建设的重要影响[4]。康泽恩学派的著名学者杰里米·怀特汉德开展了我国平遥古城的形态学案例研究[5]。国际城市形态论坛(ISUF)曾于 2009 年和 2016 年在我国召开,西方城市形态学理论的引入极大地促进了我国的城市形态研究,愈来愈多的学者开始关注产权地块,并在广州[6][7][8]、南京[9]、上海[10]、天津[11]等多地开展了城市案例研究,主要涉及近代大都市的重点历史街区。

综上所述,在当下中国的城市设计、历史遗产保护等领域中,产权地块愈发受到重视。受限于需要从当时的地图资料中获得历史产权地块信息,目前国内已经开展的产权地块相关研究主要集中在近代大都市,关于传统中小城镇的产权地块研究成果并不多见。

---

① 康泽恩. 城镇平面格局分析:诺森伯兰郡安尼克案例研究[M]. 宋峰,许立言,侯安阳,等译. 北京:中国建筑工业出版社,2011.
② 菲利普·巴内瀚(1940—),法国建筑师、著名城市形态学者,凡尔赛学派奠基人,他认为城市肌理三要素分别为街道(rue)、产权地块(parcel)和建筑物(bâti)。参见苏苏. 西安明代城墙与城门(城门洞)的形态及其演变[D]. 西安:西安建筑科技大学,2006.
③ PANERAI P, CASTEX J, DEPAULE J C. Formes urbaines: de l'îlot à la barre[M]. Marseille: Éd. Parenthèses,2012.
④ 梁江,孙晖. 城市土地使用控制的重要层面:产权地块:美国分区规划的启示[J]. 城市规划,2000,24(6):40-42.
⑤ GU K, WHITEHAND J W R. Urban conservation in China: problems and needed research[C]//Beijing Forum Conference on the Harmony of Civilizations and Prosperity for All: A Pluralistic Development Model for Human Civilization. Beijing,2007:7-22.
⑥ 张健. 康泽恩学派视角下广州传统城市街区的形态研究[D]. 广州:华南理工大学,2012.
⑦ 姚圣. 中国广州和英国伯明翰历史街区形态的比较研究[D]. 广州:华南理工大学,2013.
⑧ 黄慧明,田银生. 形态分区理念及在中国旧城地区的应用:以 1949 年以来广州旧城的形态格局演变研究为例[J]. 城市规划,2015,39(7):77-86.
⑨ 董亦楠,韩冬青,沈旸,等. 适于传统街区保护再生的"类型学地图"绘制与应用:以南京小西湖为例[J]. 建筑学报,2019,42(2):81-87.
⑩ 杨春侠,史敏,耿慧志. 基于城市肌理层级解读的滨水步行可达性研究:以上海市苏州河河口地区为例[J]. 城市规划,2018(2):104-114.
⑪ 杨旭,郑颖. 近代历史街区中街廓及产权地块的形态与规划机制研究:以天津原法租界为例[J]. 南方建筑,2018(1):4-8.

二、产权地块研究的困境

欧美国家的城市建立了详尽的资料记录和地图查询系统，产权地块更是必备信息，土地所有制的延续性使得各个城市的产权地块清晰、翔实，形成了土地的租赁、买卖、管理、开发的基础信息，并向公众开放。与之相反，国内城镇形态研究基础资料的匮乏、遗产实物的式微，构成了当下产权地块微观形态研究的瓶颈。国内城镇的产权地块信息比欧洲少得多，而中小城镇的历史地图资料比之近代大城市更显不足（图1-27）。地方志中的历史地图不仅数量稀少，而且信息量有限，通常只有简单的城市路网及重点建筑，没有准确比例，更不包括产权地块层级的信息。面对纷繁复杂且规模庞大的历史城区，如果缺少史料的支撑，庞杂的现场调研将使得相关研究进展缓慢。

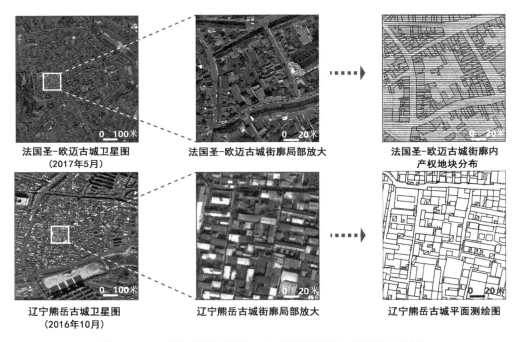

图1-27　法国圣-欧迈古城与辽宁熊岳古城产权地块信息比较

（图片来源：仇一鸣绘制，圣-欧迈古城源图片引自 https://lecadastre.com/plan-cadastral/saint-omer-62765/，熊岳古城相关文件由熊岳镇规划局提供）

历史城镇的经济衰败和基础设施不足带来青年人口的外流和原住人口的老化，了解自己城镇及民居历史的原住民愈发稀少。无人居住的历史民居因缺乏修缮而迅速衰败，有人居住的传统民居经常被使用者施行造价低的功能性维护更新[①]。尽管很多居民的自发更新并未拆除原有建筑，建筑基底平面未发生变化，但是建筑表面或屋顶材料的更换使得具有一定历史价值的民居建筑原有外观消失。这些做法虽未完全摧毁传统城镇形态研究的可

---

① 李冰，苗力，刘成龙，等. 从历史地图到城镇平面分析：类型形态学视角下的青堆子古镇形态结构研究[J]. 新建筑，2018(2)：128-131.

行性,但给产权地块的判定增添了相当的难度。

三、概念界定与研究方法

(一)院落单元：传统产权地块推断的概念界定

产权地块一般指以所有权为单位的土地范围,地块权属可为私有或公有。从城市肌理视角来看,产权地块反映的是传统城市街区的尺度和空间虚实关系,它与院落的尺度、形态、空间序列、入口方位等因素紧密相关,这些因素构成城市肌理的特征(图1-28)。

| 122　建筑数量 | 35 691平方米　街廓总面积 | 1 289米　街廓周长 | 29 721平方米　建筑占地面积 |

6米<L<12米

12米<L<14米

14米<L<20米

20米<L<53米

建筑基底面积　　非建筑面积　　产权地块数量　　　　　　　　L＝沿街立面宽度
29 721平方米　　5 970平方米　　71

图1-28　巴黎克里希街41—53号街廓产权地块形态分析

(图片来源:JALLON B,NAPOLITANO U,BOUTTE F. Paris haussmann: modèle de ville[M]. Paris: Editions du Pavillon de l'Arsenal,2020:121)

中国历史城镇的传统产权地块对应一进或多进(多跨)传统院落。研究中涉及的传统产权地块的判定是指对传统单一的院落单元判定,而不是回溯到历史某一时期真实的产权状况。原因如下:其一,产权本身是随着时间而不断改变的动态概念,是不断更新的基础数据系统,史料地图的匮乏使得历史产权状况缺乏史料支撑。其二,在院落的建造初期,不同的历史原因可能会带来地块形态的变化扩张(或萎缩,通常为院落的数量和组合方式),但不带来建筑体量和院落尺度的重大改变,因此并不影响历史城镇形态肌理的特征研究。

(二)逆向思维法：传统产权地块判定方法的生成

1950年代后中国进行土地所有制改革,大多数家族院落变成了多户共居的"杂院"。1978年以前,在"先生产、后生活"的思想下,国家对城市住宅建设的投资不足。随着城市人口的增长,人均居住面积逐年下降,从1950年的4.5平方米每人降到1978年的3.6平方米每人[①]。因此,越来越多的人口依旧居住在面积有限的院落中。居民逐渐开始在自己房前的空间建造临时构筑物,包括卧室、库房、厨房等。原来开敞的院落被侵占,成为狭窄的通道,连通院落入口与户门。岁月的流逝使得传统建筑变得破败,部分经济宽裕的居民通过

① 吕俊华,彼得·罗,张杰. 中国现代城市住宅1840—2000[M]. 北京:清华大学出版社,2003.

改变朝向、增大面积、增加外保温等方式对住房进行翻新或改建（图1-29）[①]。

大量小尺度的传统建筑基底和空地形成迥异于现代街区的密集图底关系，但这只是表面现象。历史城镇的形态研究关注的信息主要包括产权地块的大小、地块内部院落的数量、院落入口的位置、内部建筑的信息（位置、数量、朝向等）。院落与建筑的变化能够体现在现状的院落形态中。例如：私人加建的构筑物使得原本统一的灰瓦屋顶变得割裂，体现了住户自发改造以满足防水需求的变化；未拆除的正房与两侧的厢房依旧体现院落中轴对称的格局；院落边界异常密集的建筑使得院墙若隐若现。这些都展现了产权地块边界的典型平面特征。本节拟根据这些传统院落的历史演变特征，逆向推出传统产权地块的边界，并论述相应的判定方法。

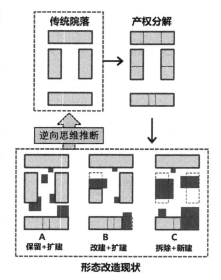

图1-29 院落演变示意图

（图片来源：仇一鸣绘制）

四、传统产权地块推断方法的实证研究

历史城镇产权地块的推测方法主要分为平面推测法、立面判定法和现场访谈法三类。平面推测法借助的工具包括CAD（计算机辅助设计）现状测绘平面图、航拍图以及不同年代的卫星图。由于中国的历史城市地图信息并不包括产权地块这一层级，所以不涉及历史地图引发的产权地块分析。居民的自发改造导致传统建筑形态发生改变，因此必须通过现场调研对变化的建筑遗存进行直观了解和分析，并结合访谈信息，对原有院落的特征信息做出专业判断和合理推测（图1-30）。本节将传统民居的坡屋顶要素归为立面判定法的屋面材料判定法，这一工作通常分为两步：首先根据卫星图资料进行初步判断，再到现场考察核实不确定的信息。

（一）平面推测法

如前所述，历史城镇的产权地块信息在平面图中通常会有相对明确的体现，具体表现为院落地块的边界（院墙）、轴线和内部路径。每个信息都可能独立成为推断地块院落的依据，实践中也常有两个或更多信息可同时佐证判断的情况发生。

1. 地块边界推测法

在现有资料中，CAD现状测绘图是最为准确的基础图纸，可将其与谷歌历史卫星图对照，分辨历史建筑基底平面，甄别加建建筑，形成推测传统院落的图纸资料。在院落演变的

---

① LI B，XING Z，MIAO L，et al. Threats to normal vernacular architectural heritage of historical cities in China：a case study of historical cities and towns in Liaoning province[C]//MILETOC，VEGAS F，CRISTINI L，et al. Garcia ERITAGE 2020（3DPast | RISK-Terra）International Conference，Valencia，Spain. Gottingen：Copernicus Publications，2020：773-780.

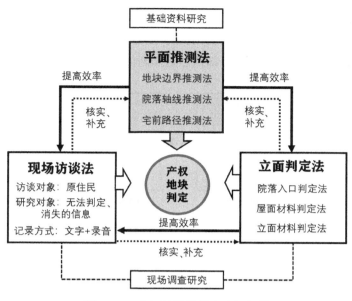

图 1-30　产权地块推断方法框架图

（图片来源：许宏超绘制）

过程中,产权界线会对有形的建造物产生影响,在平面上若隐若现。院落边界两侧的加建或者改建可能被拆毁,甚至于部分院墙变为通道,但产权边界形成的连续性线条在平面中始终存在。这实质上是康泽恩学派提及的定置线（fixation）[1]的微观类型。院落边界两侧相对密集的建造物成为历史产权地块边界的判定线索（图 1-31）。

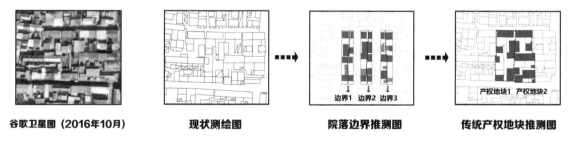

谷歌卫星图（2016年10月）　　现状测绘图　　院落边界推测图　　传统产权地块推测图

图 1-31　地块边界推测法

（图片来源：许宏超绘制）

2. 院落轴线推测法

绝大多数情况下,中国传统院落建筑布局都呈中轴对称关系。南北向的正房中间为堂屋兼厨房,东西向大多布置 1～2 间穿堂卧室;东西朝向的厢房通常为 3～5 开间。排除居民自发加建的干扰,正房加上对称的厢房能够很快确定传统院落的范围。在厢房基底平面保存完好的院落中,这种明确的轴线关系特别有助于传统院落地块的判断（图 1-32）。当院落

---

① "Fixation"中文译为定置线或固结线。康泽恩将其定义为"一个强有力的、往往具有保护性的线性地物"。参见陈晓虎.明清北京城墙的布局与构成研究及城垣复原[D].北京：北京建筑大学,2015.

的使用权分解后，东西朝向的新建厢房极为罕见。因为东西朝向的厢房不受住户青睐，经常在改造中转变为南北朝向的正房，民间称为"调正"。尽管现状外立面可能已面目全非，平面上基本仍呈对称布局的厢房（即便被"调正"）却依然是推测传统四合院地块的重要依据之一。

谷歌卫星图（2016年10月）　现状测绘图　院落边界推测图　传统产权地块推测图

图 1-32　院落轴线推测法

（图片来源：仇一鸣绘制）

3. 宅前路径推测法

20 世纪中叶以后，传统的独户院落被拆分为多户，以迅速解决居民居住问题。因而，原有院落入口变成多户公共入口，院落中间常形成一条通往各户的狭窄胡同，两侧则被加建出的空间占据并砌墙围合，每户门前常各自形成新的独立小院，院内建造卧室、库房、厨房等空间。在此过程中，部分传统厢房甚至正房可能被改造或拆除重建。经过几十年的演变，严谨对称的传统院落建筑布局可能已消失，而这条公共的宅前路则变成识别传统院落的重要平面特征。根据产权地块在街廓中的不同位置，宅前路径可分为侧入、背入、

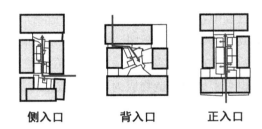

侧入口　背入口　正入口

图 1-33　传统院落内部宅间道路的三种类型

（图片来源：许宏超绘制）

正入三种情况（图 1-33）。南北走向、由南面正入口进入的宅前路径最为常见。宅前路径是院落公共空间最大限度被压缩的结果，因此，从平面图中的路径向其周边拓展，可以寻找到传统院落的痕迹（图 1-34）。

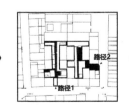

谷歌卫星图（2018年2月）　现状测绘图　院落路径推测图　传统产权地块推测图

图 1-34　宅前路径推测法

（图片来源：仇一鸣绘制）

（二）立面判定法

平面图纸能够反映现场调研不易识别的建筑平面布局信息,而实地调研则能直观地获得建筑立面和屋面的特征,从而判断建筑的建造年代、改造状态等信息。因此,在平面推测基础上的现场调研可对图纸推断的准确性进行核实,并大大提高现场调研的效率。

1. 院落入口判定法

院落门楼的历史遗存可以作为推断传统院落的要素之一。根据笔者研究团队的调研总结,东北传统院落主入口以南向为主,其他朝向的入口少量存在(图 1-35)。大多数门楼位于院落中轴线上,少量北入口位于院落边角。院落入口通常分为两大类:一是位于院墙临街中轴线上的传统门楼,这些入口精致考究,采用条石基础,青砖墙身,门头多为硬山顶或闷顶两种形式;也有少量受清末民国时期西洋建筑风格影响的特殊形制;二是临街建筑的中心或者角落上的入口门洞,以南向居多,也有少量在北向临街处(图 1-36)。

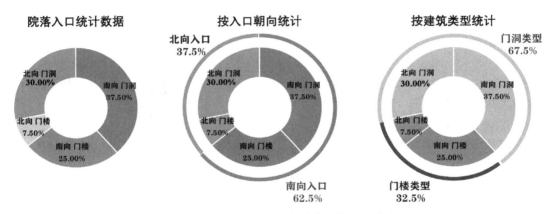

图 1-35　辽宁义县古城现存传统院落入口统计图

(图片来源:许宏超绘制)

2. 立面材料判定法

业主的更换和居住人口的增加都会带来功能调整或一定程度的建筑改造,其涉及的建筑材料以及建造方式会随时代更替发生技术演进,但调整和改造一旦完成,又在相当长的时间内具有一定的稳定性。因此,始于 20 世纪初甚至更早的民居院落遗存,会留下不同时代的改造痕迹。对它们的解读可以为溯源最初的合院住宅原型提供一定帮助。

辽宁地区的传统民居建筑外墙多为木材、青砖和石材:木结构体系一般体现在屋檐下的梁头、椽子、门、窗等处;墙身大部分为青砖和精细的白灰勾缝;窗台下的墙身和基础为条石或毛石。1950 年代以后,红砖逐渐变得流行,用于建筑墙体的砌筑,且砖缝变宽,通常为 1 厘米左右厚度的水泥砂浆。与传统建筑相比,建筑材料质量与施工工艺都明显下降。很多情况下,建筑表面不再暴露真实的砌筑材料,而是做各种面层处理,如麻面水泥、水刷石、面砖等。因此,同一栋建筑内的户间分隔会出现不同的改造做法,但建筑屋面、木梁、建筑体量等连续性要素并没有发生改变,依旧暗示着传统建筑曾经的整体性。

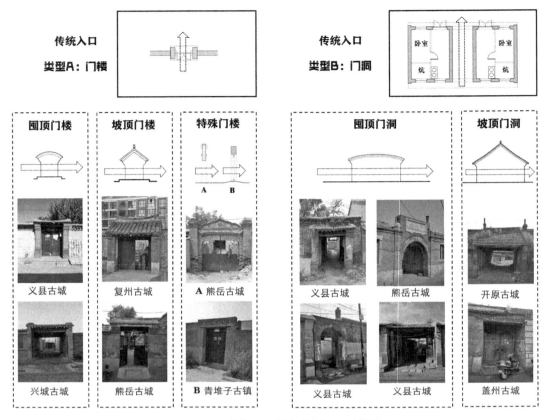

图 1-36 院落入口判定法（彩图见插页）

（图片来源：邢振鹏绘制）

现场调研能够从当下的建筑立面逆向推测原有建筑的体量，继而综合判断传统产权地块的范围（图 1-37）。

3. 屋面材料判定法

硬山双坡屋顶和囤顶是辽宁地区传统民居屋顶的两种最常见形式。屋顶内部为木结构，囤顶屋面材料是抹灰泥，坡顶的屋面材料是传统的灰瓦。传统的瓦屋面需要定期对屋顶进行检查修补，但东北地区传统建筑业日趋衰落，传统建筑材料和工匠越来越少，这大大增加了采用传统方式修补屋面的费用。中原或南方地区的传统瓦匠相对较多，但聘请外地的瓦匠师傅会增加交通和住宿成本，而老城区居民大多是老人或贫困人口，他们通常没有意愿和能力负担这笔额外的费用，转而用廉价的方式解决屋顶漏雨问题，传统建筑的美学价值也因此受到削弱。例如最近十几年兴起的彩钢板被越来越多地用在传统建筑屋面覆面材料上，甚至出现直接在屋面上涂抹防水砂浆的做法。

住户的个人喜好、资金多少及建筑维修年代的差异经常体现在传统建筑屋面的改造上。原本统一的传统民居屋面被不同的屋面材料分割成多个部分，与内部的分户对应。例如，近 10 年，盖州古城的屋面大多换成了蓝色彩钢板屋面，而青堆子古镇更多应用的是红色彩钢板。这些做法与古镇的传统风貌格格不入，也给传统院落的辨别带来难度。但如屋檐底部连续的木梁结构、连续屋脊、两端的墀头等信息遗存仍可为整理院落早先的产权地块信息提供一些线索（图1-38）。

图 1-37　立面材料判定法

（图片来源：仇一鸣绘制）

图 1-38　屋面材料判定法

（图片来源：许宏超绘制）

（三）现场访谈法

尽管正房与厢房围合而成的四合院是中国传统民居的经典形态，但有的传统院落并未建造厢房，这与当初院落建造者的财产状况、使用意愿以及地块特征等因素紧密相关。产权地块的不同特征演变成多样的院落形态，它通常体现在院落大小、有无厢房、单进或多进院落、有无跨院、有无菜园等方面。这些复杂的因素导致仅从平面图上很难判定其是否为传统院落，尤其是经过重大改造或者已经消失的传统建筑。因此，现场调研和访谈是必要的判定步骤。以笔者研究团队在辽宁省义县古城通过实地调研确定的地块轮廓为例，每个地块包括测绘图、推测图和调研复原图三类，情况各不相同。其中，张家宅仅能判断北侧临街和东侧两个边界，其余边界与传统院落形态有出入，暂时定为虚线，需要现场验证。宋公馆的现状为三个院落，通过现场调研得知，历史上的院落曾占有两个并排的院落；尽管推测图无法获得历史产权信息，但是，推测的结果并不影响传统院落形态特征的判定。田家宅在图纸推测过程中易与西侧的邻居归为一户，但是调研发现这个历史院落是面宽很窄的特殊案例。高家宅地块界线的图纸推测和现场调研完全吻合，同时现场调研得知院落南面的临街建筑已经消失。

基于平面图推测的访谈在一定程度上减少了现场工作量，也极大地提升了判定的准确度。访谈的过程还能发现已消失或无法判断的地块类型。例如，在义县古城的院落调研案例中发现最常见的院落入口（正门）是南向中轴线上的门楼或门洞，北向入口及非中轴线入口（偏门）也有一定数量的存在；这些传统院落共同构成了传统地块的主导类型。

五、传统产权地块推断方法的应用

在传统城镇地块形态混乱的现状下，判定传统院落地块的边界是院落地块形态研究的前提。国内已经有历史城市开始进行小规模、渐进式的更新探索以及城市地块的微观形态学研究①。当下辽宁省境内的古城历史街区保存现状令人担忧，历史城镇的形态保护及相关研究迫在眉睫。下文以义县古城西南的广胜寺塔历史街区为例进行历史院落地块的形态推断方法的应用（图 1-39）。

图 1-39　义县古城广胜寺周边历史街区实景与平面

（图片来源：邢振鹏绘制）

---

① 田银生.城市形态学、建筑类型学与转型中的城市[M].北京：科学出版社，2014.

　　义县古城曾是明代辽东地区重要的军事卫城之一,是辽西北端的军事要塞。义县古城西南角遗存的广胜寺塔建于辽开泰九年(1020年),2013年成为全国重点文物保护单位。塔高约42.6米,是古城内历史景观的制高点,其周边的历史街区形态保存较为完整。如能确定历史院落准确轮廓,便可在此基础上进行景观视线恢复等后续工作。以广胜寺塔南面东西走向的马圈子街为例,历史街道界面大多由两侧的院落或建筑外墙组成。基于古城的平面测绘图,综合运用前文提及的判定方法,对把握较大的院落形态进行推测;少量不能下定论的空置地块或者非传统院落地块,通过现场调研进行针对性地核实(图1-40)。现场调研还发现,广胜寺塔西南面的院落为1949年以后新形成的院落。因此,可以推判广胜寺塔的西南片区在历史上为古城边缘地带,尚未形成居住区。历史发展中的人口增加使得该街区的院落逐渐增多。

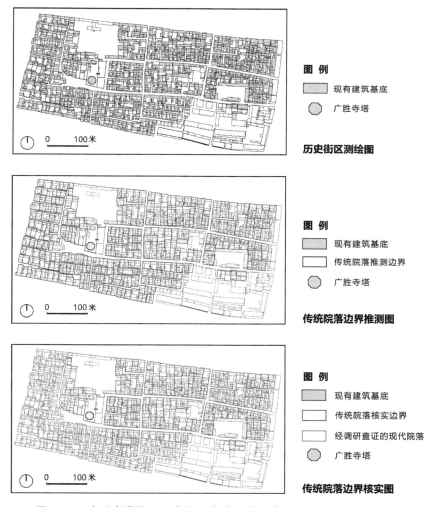

图1-40　广胜寺塔周边历史街区传统院落地块形态判定(彩图见插页)

(图片来源:许宏超绘制)

六、小结

（一）判定方法总结

城镇平面图是城市形态学的研究基础①，建筑基底平面是相对稳定的形态要素。虽然现状地块及建筑的形态发生了很多变化，但是地块的形态特征在建筑基底平面图中依旧会有相当程度的延续，对其规律的研究是进行平面判断的理论基础。现状平面中隐藏的地块边界、中轴对称的建筑布局、院落分解之后演变而成的内部路径，都为传统产权地块提供了判断依据，继而提高了地块形态判定的效率。

建筑基底平面图欠缺垂直维度的特征信息，如建筑的立面、屋面材料、入口门楼或者门洞等，这些信息容易被居民进行不同程度的改造。未被改造的建筑遗存是现场调研判断传统产权地块的重要依据。

传统建筑要素的消失或者改动过大都会给现场判断带来困难，历史卫星图分析以及现场访谈是解决困难的重要手段。访谈的过程能够发现已经消失或者无法判断的地块类型，提前推测平面图基础上的现场访谈将大大减少工作量，并提升信息的准确度。

（二）判定方法评价

研究步骤：进行传统产权地块的判定方法之前，需要对目标历史城镇的现状有一定了解，并且在当地政府获得基础测绘资料之后、进行的第二次调研之前进行初步平面推测，再通过第二次调研进行现场判定，包括立面判定和现场访谈。

1. 适用范围

本节的传统产权地块判定方法适用于有不同程度历史遗存的院落，建筑保存完整度越高，推断的速度和准确性越高。在历史遗存完全消失的院落地块，建筑遗产保护已经失去意义，但是对历史城市肌理的恢复有相当大的帮助，能够获得普通的观察无法获得的历史信息。

2. 研究局限

历史的产权地块形态是一个动态的变化过程，它受到历史、社会乃至个体等多种因素的影响。本节的结论推测图与真实的状态必然会存在一定的距离，它和意大利学者绘制的类型学地图具有相似之处，即"属于一种诠释性研究，不苛求图纸绘制的绝对精确，而更加注重空间关系"②，是微观形态研究的方法探索，但是并不能完全还原传统产权地块的权属关系，少量特殊类型的产权地块信息并不影响历史城市整体的肌理形态。本节的研究对建筑和城市的遗产保护和历史街区的更新实践依然具有重要的基础意义。

（三）判定方法的意义

本节最大限度地挖掘历史遗存和现存史料的学术价值，探求城市形态的微观特征。根

---

① 段进,邱国潮.国外城市形态学概论[M]. 南京：东南大学出版社,2009.
② 董亦楠,韩冬青,沈旸,等.适于传统街区保护再生的"类型学地图"绘制与应用：以南京小西湖为例[J].建筑学报,2019,42(2)：81-87.

据城市形态演变的主要规律,按照逆向思维方法推测地块在建造初始时期的形态特征,并且在现场调研中,尽可能地补充特殊地块信息,构建相对完整的城市形态历史信息库。本节的研究对历史城镇和历史街区的整体性保护和更新实践具有重要意义,本节的研究方法使得庞杂的基础调研工作变得清晰且高效,本节的研究结论为城市的地块形态研究提供了基础信息。本节研究的实质是对城市形态学研究在中国本土化应用的实践尝试,是适应中国建筑与城镇历史遗存和史料不足困境的研究方法探索,是对国际城市形态类型学研究的完善和补充①。

---

① 原文题目为"史料及遗存匮乏困境下的传统产权地块判定方法研究:以辽宁中小历史城镇为例",发表于《新建筑》,2022(1):102 - 108。作者:李冰,苗力,仇一鸣,许宏超。文章在本书编辑过程中有所调整。

第四节　街道形态的量化分析方法

一、街道形态分析的问题和研究案例选取

源于欧洲的西方城市形态学研究从 20 世纪初诞生，到 20 世纪下半叶发展趋于完善。1994 年国际城市形态论坛成立①，为其发展提供了国际交流平台，也标志着多学科交叉成为当今研究的趋势。

街道系统是城市形态学的重要组成部分，法国城市形态学者菲利波·帕纳亥等将其和地块、建筑共同作为城市肌理的三要素②。街道系统的平面研究始终停留在物质形态层面，很难直接解读形态以外的活力状况。

空间句法于 1970 年代由伦敦大学比尔·希列尔（Bill Hillier）提出，为城市空间形成以及不同城市空间的安排提供思路，强调城市空间与社会经济活动相关性③。该理论将城市中的街道抽象为互相联系的轴线，从街道轴线的形态分析拓展至城市非形态层面的量化图示。传统城市形态研究侧重实地调研与资料分析，分析城市的空间结构及其形态演变。空间句法理论对轴线模型拓扑关系④的图示化分析，侧重量化分析，能直观表达城市空间结构相对应的活力中心等非形态特征，对传统形态学的街道系统研究具有特殊的启发意义。

从 1960 年代末至 2013 年，辽宁盖州古城历史片区被大片拆毁，用于建设住宅区和商业区。古城与新城的共存是辽宁地区乃至全国范围内古城发展的缩影。因此，本节基于空间句法理论，结合史料研究和实地调研，揭示盖州古城及其周边城区的街道形态演变特征，为古城城市形态的量化研究和活力研究做出探索。

盖州市隶属于营口市，是辽东地区重要的军事卫城⑤，也是东北地区重要的历史港口与商贸古城。现状古城为明代修建的盖州卫城⑥，东、西、南三面开设城门，明洪武九年（1376 年）古城向南扩展，保留原有东门（顺清门）、西门（海宁门），新开南门（广恩门），原有南门为钟鼓楼⑦。1960 年代末以后，尤其 1980 年代以后，交通发展和城市更新导致了古城大片街区

---

① 段进,邱国潮.国外城市形态学概论[M].南京：东南大学出版社,2009.
② PANERAI P, DEPAULE J-C, DEMORGON M. Analyse urbanie[M]. Marseille：Editions Parenthèses, 2012.
③ HILLIER B, HANSON J . The social logic of space[M]. Cambridge：Cambridge University Press, 1984.
④ 拓扑关系是指图形元素之间相互空间上的连接、邻接关系并不考虑具体位置。
⑤ 明代辽东十二座卫城,对应"明代三司制度"中的都指挥使司下卫指挥使司所在城市,即金州卫城、盖州卫城、海州卫城、复州卫城、沈阳中卫城、义州城、开原城、铁岭卫城、锦州城、广宁前屯卫城、广宁右屯卫城和宁远卫城。
⑥ 崔艳茹,冯永谦,崔德文. 营口市文物志[M].沈阳：辽宁民族出版社,1996.
⑦ 曲强. 盖州市志[M].沈阳：辽宁科学技术出版社,2008.

被拆除,城市街道的尺度、形态发生改变,但主要街道保持了原格局。

　　通过卫星图和历史地图等资料的研究可见,盖州古城的城市发展可分为三个重要阶段,即历史古城阶段(1930年代前)、缓慢发展阶段(1960年代)和快速扩张阶段(2000年后至今)。1930年代的古城内发展较完善,南城厢已有相当规模;1960年代,古城开始被零星地破坏,古城周边区域开始零星扩张,为城市缓慢发展阶段;1980年代后,全国城市进入快速扩张期,盖州古城周边快速拓展。本节选取不同发展阶段的古城及周边新城的街道系统作为研究对象。

二、街道系统的空间句法变量分析

　　根据已获得的历史地图与卫星图资料,将街道转换为互相连接的轴线①,建立轴线模型(图1-41)。运用空间句法软件Depthmap对古城各时期街道系统进行量化研究。

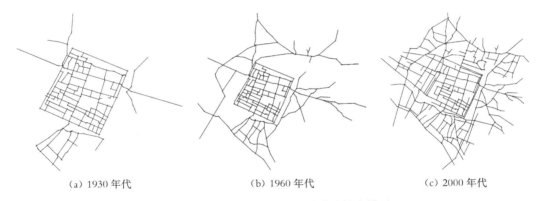

(a) 1930年代　　　　　　　(b) 1960年代　　　　　　　(c) 2000年代

图1-41　盖州古城不同时期的道路轴线模型

(图片来源:杜楠华绘制)

　　本节着重分析古城街道系统的演变,强调对街道交通情况、古城活力中心、区域整体联系的研究。整合度的高低代表某一街道可达性的强弱,反映该街道活力的理论状况②;选择度的高低代表某一街道交通潜力的大小;协同度的高低代表某一街道与整个系统间联系的好坏。因此将整合度、选择度、协同度作为本节的主要研究要素。

(一)整合度分析

　　整合度,表达某一轴线和整个系统的可达性关系,体现某一街道空间对其他街道具有的相对的可达性与渗透性优劣,标志单纯因街道系统网络结构而形成的活力区,反映城市街区活力差异③。整合度高则说明该街道基于几何关系的可达性好、活力高。

　　表1-3为盖州古城各时期全局整合度数据值对比。1930年代,全局整合度均值为

---

① 在轴线选取方面,为保证对比分析的准确性,根据民国十九年(1930年)县城图中表达的信息,主要选取古城内部的主要街巷,部分产权地块的内部街道不列入分析范围内。

② 张愚,王建国. 再论"空间句法"[J]. 建筑师,2004(3):33-44.

③ 郑晓伟,权瑾. 基于空间句法的西安城市网络拓扑结构优化研究[J]. 规划师,2008,24(12):49-52.

1.02，数值在 0.89～1.37 区间的轴线数目共有 89 条，占总轴线数目的 61.38%，说明该时期全局整合度的数值集中在中等偏高位置，即古城街道系统中大部分街道分布合理，可达性较好。

表 1-3　盖州古城全时期全局整合度数据统计

时 期	轴线数量/条	全局整合度		
		平均值	最小值	最大值
1930 年代	145	1.02	0.43	1.61
1960 年代	235	0.70	0.35	1.03
2000 年代	345	0.84	0.53	1.31

（表格来源：杜楠华根据 Depthmap 软件计算数据绘制）

1960 年代，全局整合度均值为 0.70，相比于 1930 年代，该数值大幅降低，街道系统可达性下降。该时期能贯通古城并连接城厢的街道仅有位于古城北部且连通东、西门的红旗大街，与其他街道连通不畅是可达性下降的主要原因。

2000 年代，全局整合度在 0.53～1.31 之间，均值为 0.84。相比于 1960 年代，该时期街道系统整合度质量及可达性均在提高。城北辰州路的北延、林荫路的西延，城南长征大街的西延逐步加强了古城内外的连通性，古城内外交通连接不便的缓解是街道系统可达性提升的重要原因。

图 1-42 为盖州古城各时期全局整合度轴线图。1930 年代可达性较好区域在中部偏南一带。1960 年代古城的西、东关厢的发展，使可达性较好的区域北移。值得说明的是，该时期各城厢区之间的交通由环城马道解决，其整合度数值较高。2000 年代，古城北部区域快速发展，路网与建筑密度的增加使得可达性较好的区域继续北移。

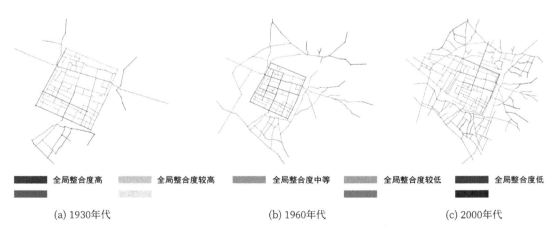

▇ 全局整合度高	▨ 全局整合度较高	▨ 全局整合度中等	▨ 全局整合度较低	▇ 全局整合度低

(a) 1930年代　　　　　　　　(b) 1960年代　　　　　　　　(c) 2000年代

图 1-42　盖州古城各时期全局整合度轴线图（彩图见插页）

［图片来源：杜楠华绘制（Depthmap 软件生成）］

（二）选择度分析

选择度反映了城市空间中"过境交通"，即某条道路被其他道路穿行的频率。相对于整合度而言，选择度更强调与其他道路的连接情况[1]。选择度高则说明该街道通向其他道路的交通潜力大，与其他街道连接情况好。

从数值（图1-43）上看，1930年代盖州古城各时期全局选择度的均值为718.61，1960年代为1 925.41，2000年代为2 488.57，该区域街道系统选择度持续增高，但增长逐渐变缓。1930至1960年代，古城外新建主要道路增多，带动整个路网结构的选择度快速加大；1960至2000年代，路网基本结构比较完善，在此基础上逐步密集，交通选择度增幅降低。

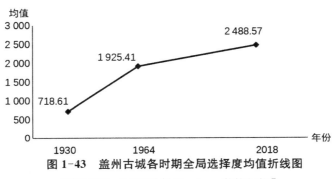

图1-43　盖州古城各时期全局选择度均值折线图

[图片来源：杜楠华绘制（Depthmap软件生成）]

（三）协同度分析

协同度是指局部空间与整体空间之间的协同程度，其数学定义为全局整合度（数列1：Integration［HH］）与局部整合度（数列2：Integration［HH］R^3）的相关度[2]。R^2为相关系数[3]，是协同度的量化表征。图1-44为盖州古城各时期协同度散点图，相关系数均在0.5以上，这说明古城街道系统的局部整合度与全局整合度在各个时期均有较好的互动关系，但相关系数的数值逐年降低。随着时间的推移，各散点逐渐远离回归线，局部与整体协同性逐年减弱。具体来讲有两种可能性：第一，它代表城市中产生了与全局关联性较弱的局部空间，这个局部空间的交通状况却比较通畅，如设有环行路的封闭式居住小区；第二，城市产生了自身交通系统不佳的局部空间，于盖州来讲，城市的扩张接触到了自然要素，如城北山脉及南部河流。

三、古城形态的演变特征

本节运用空间句法理论对不同时期盖州古城街道系统进行量化分析，总结出盖州古城

---

[1]　曹凯中.泉州城市街道空间组织及其历史沿革研究［D］.深圳：深圳大学，2011.

[2]　段进，希列尔，邵润青.空间句法与城市规划［M］.南京：东南大学出版社，2007.

[3]　相关系数是最早由统计学家卡尔·皮尔逊（Karl Pearson）设计的统计指标，是研究变量之间线性相关程度的量（来源：百度百科）。R^2的值介于0至1，0表示两数列毫无关联，0.8以上表示两数列高度相关，但不是绝对相关。

活力中心北移（图1-45）、街道系统逐步完善、"超尺度"区域增加的演变特征。该理论未考虑经济、政治等社会因素对城市形态的影响，与城市发展实际情况可能存在差异。因而必须通过实地调研、史料研究等方式对其研究成果进行校核，得出准确结论。

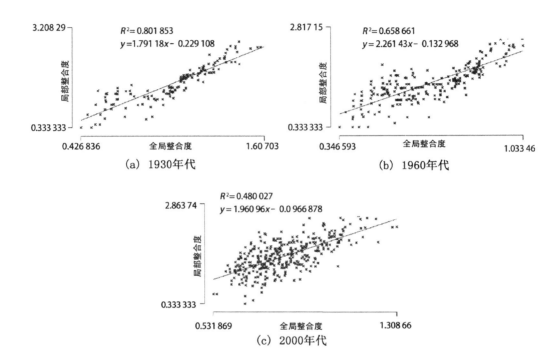

图1-44　盖州古城各时期协同度散点图

［图片来源：杜楠华绘制（Depthmap软件生成）］

(a) 1930年代　　　　(b) 1960年代　　　　(c) 2000年代

图1-45　盖州古城活力中心北移示意图

注："磁性中心"由刘易斯·芒福德提出，指为城市的不断发展提供集聚性作用的区域[1]。图中大清河码头、盖州火车站分别为1930年代、1960年代古城发展的"磁性中心"。

（图片来源：杜楠华绘制）

---

① 芒福德. 城市发展史：起源、演变和前景[M].宋俊岭，倪文彦，译.北京：中国建筑工业出版社，2005.

（一）活力中心北移

1. 第一阶段

明清时期的盖州为该时期辽东地区重要的贸易港口，商船在西河口溯大清河而上，直达南关外，经贸活动非常活跃[①]，因此南城厢有多条放射状支路，周边建筑也较为密集。受南部港口经济活动的影响，活力中心并不在方城的正中心，而是古城内偏南靠近南门一侧，与空间句法对这一时期的量化结论吻合。

2. 第二阶段

清光绪八年（1882 年），俄国人在盖州城西 4 千米左右的位置修筑铁路及火车站[②]，古城西门因而成为连接古城与车站的重要节点，古城西侧交通日益繁荣。贯通古城东西门的干路位于古城中部偏北，它的繁华带动了古城活力中心向北移动。直至 1960 年代，这一空间经济结构没有大的变动，盖州的城市化范围仍然以古城内为主。空间句法在这一时期的活力中心位于横向干路与古城南门中间的位置，与当时历史信息的推断一致。

3. 第三阶段

随城市建设速度的加快，盖州古城周边新建区域迅速扩大。纵轴辰州路向北延伸，与城外干路连接，城北交通不畅的问题得到解决，周边新城建设崛起，带动古城的活力中心进一步北移。从实地调研结果来看，古城活力中心位于古城东西向红旗大街及与其相交但偏西的南北向街道。此范围大于空间句法的计算结果（东西主路红旗大街以及南北主轴的辰州北路一带）。由于火车站的影响，红旗大街更西一侧依旧繁华，但此次空间句法计算的范围中心为盖州古城，范围边界地带的计算结果与实际调研情况产生偏差在情理之中。

（二）街道系统逐步完善

由全局整合度的变化（表 1-3）可知盖州古城内部街道系统开放性逐渐增强。1930 年代城厢区发展有限，而古城内街道系统可达性较好。1960 年代古城外路网快速发展，但城内街道基本未变，仅辰州南路和红旗大街通过三个城门与古城外衔接，古城内外交通不畅。2000 年代辰州路北延，长城大街、林荫路西延等加强了古城内外的衔接，交通不便的状况得到缓解。

古城街道系统选择度均值呈增长趋势（图 1-43），说明街道系统的整体连接情况变好。选择度均值增速变缓，结合资料分析发现 1930 至 1960 年代，古城外路网的发展以形成大的路网结构为主；1960 至 2000 年代，在大的道路结构基础上，中小尺度路网逐步密集完善。

（三）"超尺度"区域增加

盖州古城局部与整体的协同性逐年减弱，这表明城市中出现了与全局关联性较弱的区域。近些年封闭式居住小区、待开发空地等"超尺度"区域的出现是协同性减弱的主要原因。"超尺度"区域在城市发展过程中易形成孤岛，弱化与城市整体的交通关联。盖州古城

① 杨庆昌，沙迹. 辽东古邑：盖州城[M]. 长春：吉林文史出版社，2013.
② 王郁云. 盖平县志[M]. 影印本. 台北：成文出版社，1974.

传统肌理呈现出路网密集、地块尺度较小的特征。2000 年以后的城市建设过程中，大片拆除古城的历史街区导致了超尺度街区的增加，不利于城市交通的通畅。

四、小结

本节运用空间句法对盖州古城街道系统进行道路系统拓扑关系的研究，探讨城市形态的活力、可达性、交通通畅程度，是古城街道系统形态量化研究的补充。但是这种量化分析是基于数学模型的理论分析，所得论断需要与史料查询及实地调研等信息进行校核。校核本身也是深入分析形态特征的有效手段，校核结果能帮助导向真实的结论，其研究深度是传统的城市街道系统形态研究所不能达到的。[1]

---

[1] 原文题目为"基于空间句法的古城街道形态演变分析：以盖州古城为例"，发表于《城市建筑》，2020（2）：7-10。作者：李冰，杜楠华，苗力。文章在本书编辑过程中有所调整。

第五节 历史地图转译的研究方法

一、史料地图研究的问题与研究案例的确定

城市类型形态学起源于 1960 年代的欧洲,它融合了城市形态学和建筑类型学的研究方法,在欧美国家已成为分析理解城市空间形态的重要工具。这一研究框架基于大量历史资料,并和现场考察相结合,综合发掘并整理城市形态的特征,将历史信息转化为能够直接服务于当代社会城市发展和遗产保护的基础资料。21 世纪初,国内学者注意到它的巨大意义和价值,将其引入中国,并展开了部分城镇形态的案例研究。但是,以形态类型学方法分析中国城市充满了挑战。中国古代城市地图普遍简略抽象,且数量稀少,图纸信息很难直接应用于当代的城市研究。历史地图资源及史料的欠缺、历史城镇遗存的消失,一方面说明了历史城市形态学研究的紧迫性和必要性,另一方面给历史城镇的形态分析造成困难。美国地质勘探局(United States Geological Survey,USGS)历史卫星图为古城形态研究提供了重要历史信息。1960—1970 年代间,中国很多古城及其周边地段尚未出现大规模的城市化,原始的古城轮廓和街道形态清晰可辨。它们为城市地图史料的研究提供了相当准确的形态特征。

熊岳古城是辽宁境内极少数城市形态遗存比较完整的古城之一,但却面临着环境破败、城墙消失、历史民居建筑损毁、居民自发的破坏性改造等威胁。古城的修复、保护与更新等实践需求促使熊岳古城的城市形态研究刻不容缓。

本书基于 USGS 卫星图及现有的历史地图,对熊岳古城的城市要素进行对比和梳理,将古城历史地图进行现代转译绘制,准确定位其城墙、街巷以及重要建筑,还原熊岳古城的历史功能布局,系统地梳理熊岳古城形态特征,为濒危的辽宁地区历史城市遗存提供直观且详尽的基础图文资料,以期为古城的历史城镇保护和更新应提供策略指导。

辽南古镇熊岳始建于辽代。辽太祖在天显三年(928 年)大迁徙移民时,将"卢州"及其附郭"熊岳县"[①]连人带地名一起迁到现在的熊岳城址,在原汉晋时期平郭县的西北修建了土城堡,熊岳城就此诞生[②]。熊岳城曾是辽东半岛重要的历史驿站,是地方经济、交通和军事重镇,是东北现存整体城镇肌理保存相当完好且为数不多的历史城镇之一,具有重要的历史文化价值。不同于方城十字街的常见古城形态,熊岳古城呈现出南北单轴主街和非规

① 位于今吉林省延边朝鲜族自治州南部的和龙市。县城与州城同在一处,称为"附郭"。
② 阎海. 辽南重镇:熊岳城[M]. 长春:吉林文史出版社,2013.

则轮廓的独特城市结构，是辽宁历史城镇形态学研究的重要古城类型。

二、历史地图的转译路径

（一）研究综述

历史地图的研究主要集中在历史地理学和城市规划学两个学科。历史地理学的研究成果丰富，主要侧重古地图的起源①和制作技术②的研究。例如赵锴、姜莉莉探究古地图图纸实物的复原与校正方法，分析了古代舆图坐标体系与现代地图的关系③。

21世纪以来，中国城市规划学者的研究展现了对历史地图研究的兴趣。相关研究主要通过构建历史地图转译的工作框架，深入分析城市历史空间环境，探究城市空间形态演变的内在机制。其研究内容包括理论型研究、应用型研究和数字化研究。理论型研究侧重梳理中国古代各历史时期地图的特点类型，强调文献与图像研究相结合，通过基于"历史城市数据库"的定量分析以及结合地理信息系统等现代研究工具，推进历史城市研究的广度和深度④。应用型研究侧重当代城市规划服务，以具体的城市研究为例，通过构建历史地图转译分析框架对历史城市空间形态演变进行梳理和研究，并分析其发展和演变的内在规律。如李建、董卫以杭州为例探讨古地图的图形和文献信息纳入现代城市空间系统的方法⑤。严巍、董卫基于历史地图信息构建"城市历史文化空间梯度网络"，以期引导城市空间发展和管理⑥。而数字化研究则借助GIS、空间句法等数字化技术手段对历史地图进行定量化的数字分析和转译，从系统的几何或数字逻辑关系分析城市整体空间格局变化⑦。

综上所述，历史地图相关研究主要侧重整体区域性历史地图的解读和分析，而对单个城镇道路、功能布局和建筑的研究有待进一步的推进。此外，大多数研究集中在中原及南方等历史资料及建筑遗存相对丰富的地区，而东北地区历史城市遗存相对匮乏，基础研究和保护工作明显不足，古城镇形态研究更显重要且迫切。

（二）历史地图的转译路径

欧洲几个世纪以来丰富、详尽而准确的历史地图资源为城市形态学的研究提供了方

① 黄桂蓉. 试论中国地图的起源与发展[J]. 南方文物，1997(4)：10.
　王红旗. 重新复原山海经地理图：解读四千多年前的地理考察报告[J]. 地图，1998(1)：4.
　卢良志. 中国古地图起源探讨[J]. 测绘学院学报，2002，19(3)：227-229.
② 丁传礼. 我国古地图的绘制[J]. 测绘通报，2001(1)：3.
　殷春敏. 中国传统地图画法的魅力[J]. 地图，2004(6)：4.
　牛汝辰. 中国测绘与人文社会[M].北京：中国社会出版社，2008.
　成一农.《广舆图》绘制方法与数据来源研究(一)[C]//中国社科院历史所明史研究室. 明史研究论丛：第十辑.北京：故宫出版社，2012.
③ 赵锴，姜莉莉. 古地图复原与校正方法实验研究[J]. 地球信息科学学报，2016，18(1)：11.
④ 杨宇振.图像内外：中国古代城市地图初探[J].城市规划学刊，2008(2)：83-92.
⑤ 李建，董卫.古代城市地图转译的历史空间整合方法：以杭州市古代城市地图为例[J].城市规划学刊，2008(2)：93-98.
⑥ 严巍，董卫.历史城市时空信息梯度网络构建方法及应用研究：以洛阳老城为例[J].建筑学报，2015(2)：106-111.
⑦ 张赫，陈天，程功，等. 基于历史地图数字化分析的城市空间特色演变研究[J]. 城市发展研究，2013，20(7)：6.
　谭瑛，张涛，杨俊宴.基于数字化技术的历史地图空间解译方法研究[J].城市规划，2016，40(6)：82-88.

便。而中国的城镇历史地图数量相对稀少，绘图方式抽象、简略，缺少详尽准确的信息。因此，运用当今的技术手段，结合现场调研对历史地图的信息进行现代转译，最大限度地将历史信息准确地还原绘制到城镇地图中是本书研究的必要前提。历史地图转译的方法主要包括叠图优化法、分类提取法、比例恢复法、逆向校对法等。叠图优化法是指将历史地图、测绘图、不同年代的卫星图叠加到一起，反复提炼和优化历史信息的方法。比例恢复法是将已经确定的道路或者建筑置入准确的地图中，修正历史地图中的比例失调部分，继续深入判断其他历史信息的方法。逆向校对法是将已知的建筑或街道代入历史地图中，从"街道－建筑"和"建筑－街道"双向校对不确定的建筑或者街道信息的研究方法。这些方法是笔者研究团队在历史城镇形态的研究中所进行的本土化探索。研究的目的在于将历史信息融入城市现状图形体系中，准确重绘带有历史信息的城市地图，为历史城镇的保护、更新和建设提供重要的基础资料（图 1-46）。

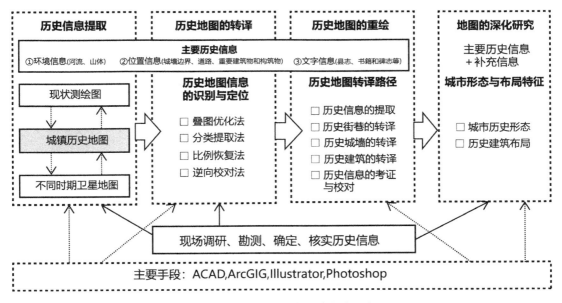

图 1-46　历史地图转译研究的思路

（图片来源：李冰、仇一鸣绘制）

1. 作为重要史料的 USGS 卫星图

近 20 年以来，卫星科技的迅猛发展使得卫星图成为城市形态研究的重要手段。而这一时期的中国，恰逢大拆大建的城市快速发展阶段，可供实地调研的历史城市肌理正在迅速消失。美国地质勘探局于 2017 年底公布了 1960—1970 年代间的中国历史卫星图（图 1-47）。这一时期的中国城镇尚未迅速发展，绝大多数历史城镇形态依旧保留完整，展示了中国城镇飞速发展之前的真实面貌，蕴含很多珍贵的历史信息。目前，越来越多的国内学者利用这一新的史料工具进行城镇形态研究。

图 1-47　1967 年的熊岳历史卫星图

（图片来源：美国地质勘探局数据库 http://www.usgs.gov）

2. 历史信息的提取

目前可以查到的熊岳城历史地图主要包括《熊岳古城平面图》[①]（图 1-48）和 1967 年卫星图。从《熊岳古城平面图》中可以读出四类要素：环境、城墙、街巷和重要建筑。环境要素是指熊岳古城周边的山体（望儿山和景辉山等）、河流（熊岳河和辽东湾海）、周边乡村和周边道路（中东铁路支线和南北公路）的大致方位及名称信息。与传统的历史城市地图绘制手法一致，图中山体采取中国山水画的意向，并不表达真实的距离、形状和比例。《熊岳古城平面图》中熊岳城城墙呈规整的方形，南北设二门，南城门外设瓮城，东侧开口。图中的河流、山脉、海洋与古城的距离和真实距离相差很大，省略的信息为农田或荒地。从道路要素中可看出城内路网整体形态呈鱼骨状，南北大街为主轴，东西横向道路与之相连。图中的道路缺少准确的距离和比例，需要利用叠图优化法和比例恢复法，将已经确定的道路或

---

① 作者许忠恕（1928 年—），营口市熊岳人，当地画师，历经一年的时间绘制《熊岳古城平面图》，图中描绘了民国时期熊岳城的城市形态布局，并标注重要的历史信息。

者建筑置入准确的地图中,修正比例失调的道路。《熊岳古城平面图》中的重要建筑信息主要为建筑名称及其位置,但缺失院落层级的形态信息。查阅史料可以补充部分建筑的建造时间和功能信息,而建筑和院落的形态则必须从当代的专业测绘图中获取。

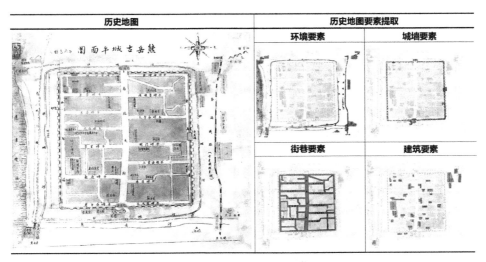

图 1-48　历史地图信息的分类提取

(图片来源:仇一鸣绘制)

3. 历史街巷的转译

街巷系统是历史城市地图表达的重点内容之一,因而是历史地图转译工作的首要步骤。对街道系统的正确认知有利于城墙形态的精准确定。从《熊岳古城平面图》中获得熊岳城街巷的名称及位置,借助比例恢复法和叠图优化法,将其叠加至 USGS 历史卫星图中,可以很容易发现《熊岳古城平面图》和 USGS 历史卫星图在比例和形态方面的差距(图 1-49),但是大多数道路的分布和位置一致,少数的街巷在城市的发展中发生改变或消失。另外,《熊岳古城平面图》中还表达了当时的街巷名称以及临街重要建筑命名,一般建筑位于街北,入口朝南。如牟家住宅南侧街巷名为牟家愣子,这有助于进一步判定相关的历史建筑位置。

4. 历史城墙的转译

城墙是古城形态的标志性元素,但是很多城墙已经湮灭在城市发展的浪潮之中,对其进行复原定位是古城空间形态以及历史地图转译研究的重要内容。根据目前的史料,历史上的熊岳曾修筑城墙,城外设护城河(图 1-50),但现在的熊岳城墙已几乎完全消失,只在民居中剩下少量比较隐蔽的遗迹。由于《熊岳古城平面图》中的城墙信息简略抽象,无法精准定位到现代地图中,因此历史地图的转译研究必须通过前文提过的系列特殊方法准确定位城墙[①]。熊岳城的城墙定位研究包括田野调查法、墙基肌理法和高差推断法。

---

① 见本章第二节相关内容。

图 1-49　熊岳城历史地图的街巷要素

（图片来源：仇一鸣绘制）

图 1-50　熊岳古城的城墙和护城河

（图片来源：https://kknews.cc/agriculture/rymmy64.html）

　　城墙内侧的重要空间要素为环城马道,外侧毗邻城墙。城墙拆除后,马道大部分能够保留下来以延续交通功能,这是城墙位置判定的重要线索。从熊岳古城的既有平面图中可以发现马道的位置,初步判定大部分城墙的位置(图1-51A)。从图1-51中可以看出,由于东北角、西南角和西部的马道中断,暂时无法确定对应的城墙位置。另外,根据马道形态直接推断的城墙,在东北角、东部、西北角的位置出现比较剧烈的转折,不符合城墙整体简洁的筑城原则。因而,需要寻找其他方法确定马道缺失部分以及异常部位的城墙形态(图1-51B),第一章第二节提及的特殊研究方法成为城墙进一步定位的重要依据。

図 A　　　　　　　　図 B　　　　　　　　図 C

图1-51　城墙判定步骤

(图片来源:仇一鸣绘制)

　　从历史地图的东北角可以看出,有东北方向的道路直接连通城墙的东北角,现有的CAD测绘图中也能发现这一特征。于是,东北角的城墙大致按照各自的方向伸展正常连接,没有特殊的变形。现场调研发现古城东北角斜向支路起始点的街边有一棵古树,可以判定树下不可能有城墙基础,根据历史地图,古树只能位于城内。因此,东北角处的城墙位置可以确定如图1-52A所示。另外,现场调研发现,东侧临街的王家院落内部有传统的正房和厢房遗存各一栋,厢房面向西,背面墙体为城墙砖遗址。因此可以确定两点信息:第一,王家院落背靠城墙修建,位于城墙内侧;第二,院落东侧的分户线为东侧城墙的内侧。继而,可以推导出分户线向南向北延伸为东侧城墙的西面内墙(图1-52B)。紧邻城墙跟的传统院落意味着东侧的马道并非紧邻城墙,和历史地图的信息有出入。因此可以得出两种论断:第一,最初的东马道和城墙紧邻,城墙边的院落在相对晚的历史时期出现;第二,此地带的城墙与马道在建城后的早期即已出现。在没有更多历史信息佐证的条件下,本书将调研发现的建筑遗存信息作为历史地图转译的依据,对历史地图信息进行更正。

　　古代城市遗址的大型设施,如城墙、城门、河渠、干道等,以及其相关历史环境通常能在现代城市中留下遗痕，常反映为地形的起伏[1]。古代城建的地面标高遵循内高外底的原则，以避免城内积水。城墙拆除以后，连通城内外的街巷会出现相对较急的坡，以连接二者的高差。熊岳古城的西南角落，发现这种坡道街巷的位置，标高低的一侧为城外，坡道较高的位置推测为城墙的范围（图 1-52C）。从此处城墙位置向北继续延伸，连接现有巷道，持续确定西侧南段城墙的位置。将 1967 年的历史卫星图和当下的卫星图叠加，能够发现城内小学校西面的边界城墙（图 1-52D）。至此，城墙整体初步确定。

最后，需要结合现场调研信息以及历史地图信息，利用逆向校对法对城墙的位置进行核实。历史地图中古城西北角的胡仙堂位于城墙脚下，而现场考察的胡仙堂位于西北侧马道的北侧，可以判断城墙在胡仙堂的北侧，于是，西北城墙位置必须北移（图 1-52E）。

5. 历史建筑的转译

历史地图中的建筑信息，通常为建筑名称和位置点。经过转译后的历史建筑信息包括建筑及其院落的平面形态和准确定位。如果历史地图中绘制的建筑和周边道路关系明确，一般能够大致定位建筑所在街巷的方位，但具体地块的落位需要现场调研，并结合 CAD 测绘图确定位置和院落的轮廓（图 1-53）。待确认的建筑信息可以分为四类。第一类建筑通过既有的图纸和历史地图对照，比较容易准确定位，如绥德门、小红楼商会等。第二类建筑是历史建筑保存较为完好，现场调研可以直接确认的建筑，如黄品三宅、粮草舍、关帝庙等。第三类建筑的特点是历史地图位置模糊，史料信息稀少，但是实地走访能够直接观察到部分建筑遗存的痕迹和位置，可以大致判别部分历史建筑及其院落的形态，如警察署、道林寺、南府焦宅等。第四类建筑经历了改建、扩建或拆除，不容易找到实物遗存或者知情的访谈人。这类建筑需要经过详细的资料考证和信息核实，大致判别其所在的位置，通常只能获得部分信息，如牟宅、北府那宅、大成东车楼等。

6. 历史信息的考证与校对

历史上的熊岳古城是驿站，在古代中国城镇体系中级别较低，相关的图纸和史料文字描述相对匮乏。现有史料结合实地调研成为佐证和校对历史地图转译的关键，有时甚至能够发掘一些历史地图未注明的历史信息。

熊岳古城呈现南北向主路的鱼骨状结构，功能为传递信息的古驿站。因此，可以判断熊岳古城的诞生一定是因为其发达便利的交通，南北主街一定是连接其他地点的交通要道。但是城南的熊岳河截断了这一交通，古城南门外并没有直接的桥梁连接南岸。现有的熊岳河大桥位于南门外西侧约 300 米处，与古城西侧外环路直接连通，历史地图中表达的也是这座桥梁。城市主要道路从河道北岸突然起始，这与古代城市形成的逻辑相违背。同时，熊岳古城的诞生因素中并不包含港口贸易，因此也排除了港口贸易衍生道路这一可能性。

---

① 张剑葳,陈薇,胡明星.GIS 技术在大遗址保护规划中的应用探索:以扬州城遗址保护规划为例[J].建筑学报,2010(6):23-27.

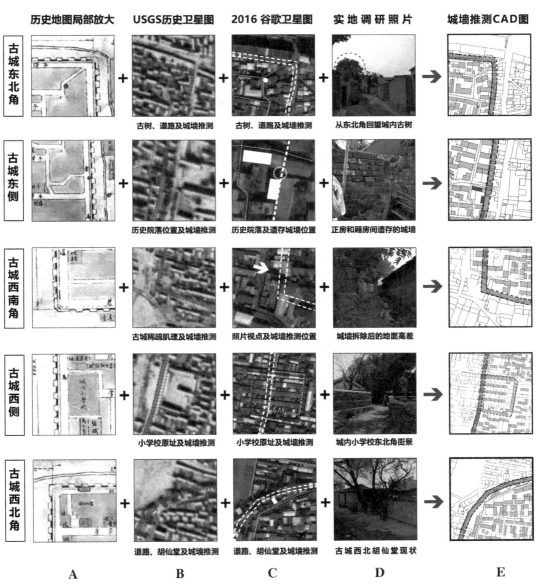

图 1-52　熊岳古城城墙位置的实证和判定（彩图见插页）

（图片来源：仇一鸣绘制）

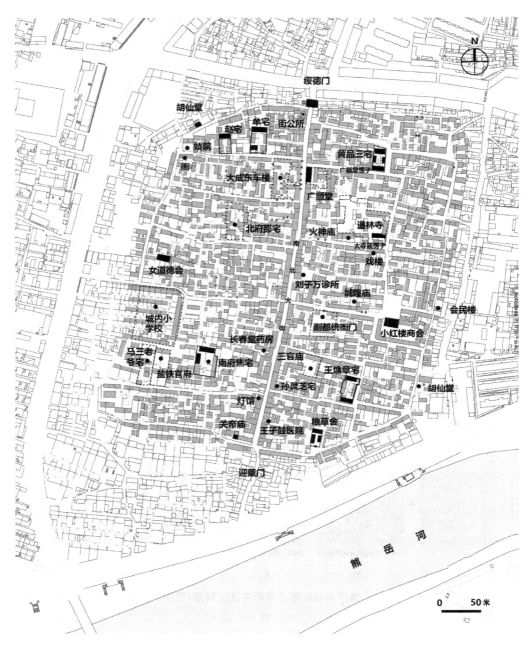

图 1-53 熊岳古城历史地图建筑信息转译

（图片来源：仇一鸣绘制）

通过 USGS 历史卫星图的研究可以发现,熊岳城南北大街向城外延续,图中城内南北大街直接延伸至城南的熊岳河北岸。而正对面的南岸有明显的道路,而且向东西两侧斜向分开(图 1-54)。因此,可以判定历史上必然有桥梁连接河流两岸的道路,向北经过熊岳古城,历史上的桥梁才能保证熊岳主街的交通便捷,从而符合古城的驿站功能。从"伪满洲国"时期的历史照片能看出,那时的熊岳城南门外的熊岳河上也没有桥通过,当时的人大多借助马车通过泥泞的河道(图 1-50)。经过采访了解到,历史上的熊岳河水面较宽,在熊岳城南门正南方曾有圆木桥,规模不大,经常被大水冲垮,经历过多次重修,但每次修建的位置会略有偏差,现已不复存在①。通过实地调研了解到熊岳城南曾修筑熊岳河桥,但现今已无迹可寻。古城西南侧的辽南大街的熊岳河大桥是现代修建的,城市交通不再经过老城内的南北主街,因而过境交通并未对熊岳古城造成破坏,这是熊岳古城能够保存至今的重要原因之一。这一历史桥梁是熊岳古城的重要信息之一,值得补充到历史地图之中。

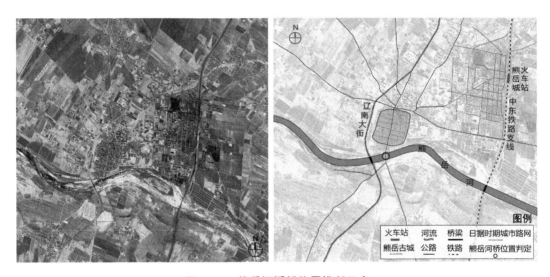

图 1-54　熊岳河浮桥位置推断示意

[图片来源:左图:USGS 卫星图(1967 年);右图:仇一鸣根据 USGS 卫星图(1967 年)改绘]

三、古城形态与布局特征

通过对历史地图的研究,将所有获得的信息在当代测绘图中准确定位,能够重绘出比较完整的历史地图(图 1-55)。在此基础上,可以进一步分析熊岳古城的整体形态和建筑布局。

(一)熊岳古城的形态特征

与大多数传统城镇方格网状的城市布局不同,熊岳古城的道路并非传统正交的网格系

---

① 笔者于 2019 年采访通晓熊岳历史的老人陈振殿,证实熊岳河桥的存在以及部分细节信息。

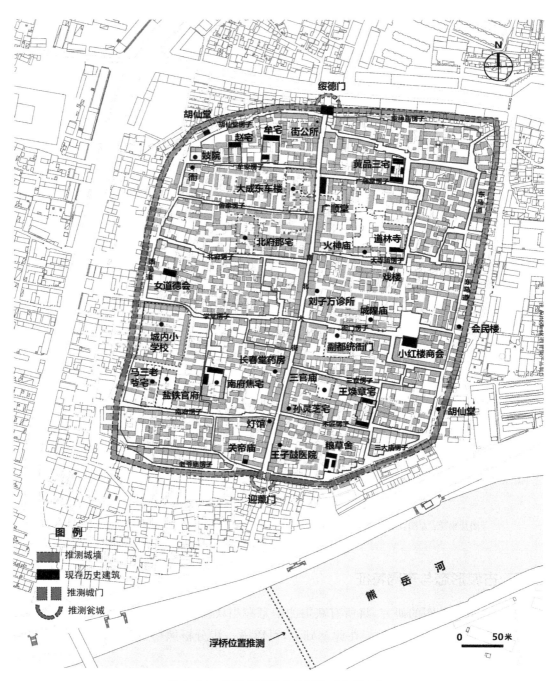

图 1-55 熊岳古城历史地图的现代转译图

（图片来源：仇一鸣绘制）

统，城中仅有南北两座城门，由南北主街串联，门外设瓮圈[①]。这种布局形式便于直接通过主街进行消息及货物传递和邮驿中转，城墙和瓮城是驿站的保护要素。经过现代转译以后的熊岳古城历史地图，可以总结其形态特征：熊岳城墙介于方形和椭圆之间的不规则形态，城内道路结构呈"鱼骨状"，以南北向的和平街为主轴，东西横向发展11条支路，将城区划分为多个矩形为主的街廓，这一总体形态一直延续至今。

通过转译前后两张地图的对比，还能发现街道的界面并不是完全的整齐划一，只是保持了大致的通畅。曲折的界面丰富了街道的景观，反映了更为近人的空间尺度。以院落为单元的轻微形体变化并不影响街道的交通顺畅，这是历史街巷兼顾使用和景观美学的重要特征，是古城公共空间不同于现代城市的魅力所在。每一个院落的界面都保持完整平直，以确保建筑内部空间得到完整使用。毗邻的院落产生轻微的错落，无论是有意为之还是顺应自然地形使然，都体现了古人兼顾院落尺度和街道公共尺度的营造智慧。

（二）民国时期的古城建筑布局

转译后的历史地图提供了详尽精确的历史建筑信息，连通南北两城门的南北大街两侧是城内最主要的商贸中心，集中布置商业和服务功能的建筑，如心顺堂药铺、灯观、王子鼓医院和大成东车楼等。而城内主要的府衙（副都统衙门）和庙宇（城隍庙、三官庙和火神庙）主要分布在古城的东侧。城内居住功能所占比重最大，大型住宅院落主要分布于古城西侧，避开了官府和寺庙比较集中的东侧。而且，重要的大型院落主要分布在非核心区，如城内北部保留至今的黄品三宅[②]、牟宅。据此，能够推测当年的古城中心为商业、市政、居住等多种功能占据，几乎没有大片的土地建造大型院落，于是，土地充裕且安静的非中心地带成为建造大型府宅的首选（图1-56）。

四、小结

中国的城市历史地图大都比较抽象和简略，其中的信息都不能直接应用于研究以及实践。针对史料中普遍存在的这一问题，本节探讨了将历史地图中的历史信息转译为现代工具可以测量、定位、应用的当代信息的方法，选取辽宁境内保存相对完整的熊岳古城作为案例古城，详细解析历史地图转译的方法和过程。转译的步骤包括历史街巷、历史城墙和历史建筑，转译方法可以总结为叠图优化法、比例恢复法、逆向校对法等，深入城墙的确定方法主要以第一章第二节提到的高差推定法、遗址推断法、墙基肌理法为主。转译的过程还可能发掘补充地图中没有的历史信息。最后，通过分析转译后的历史地图，总结出熊岳古城的形态和建筑布局特征，街道景观体现了兼顾功能使用、景观美学、院落尺度和公共尺度的营造智慧。地图中的历史信息按照功能的分布有天然的均衡性，这是社会经济发展和建

[①]　古代的城门外常设有瓮城，但由于熊岳古城的瓮城规模稍小，被当地居民称为"翁圈"。源自：熊岳镇政府，《熊岳古城调查报告》，2018。

[②]　如今被称为光华四合院，院落形态保存较为完好，局部稍有改动。

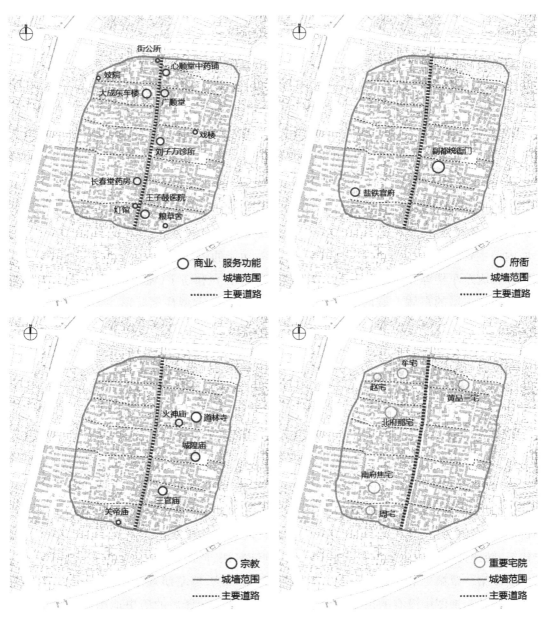

图 1-56 民国时期熊岳城功能布局

（图片来源：作者自绘）

设选址自然平衡的结果。其当代意义在于对于古城建筑的修缮、保护、旅游开发等而言，利用这一特点，通过合理规划，能均衡地提升古城的活力。

通过叠加城市的现状测绘图、不同年代的卫星图、历史城镇现状调研以及史料信息，可以在一定程度上弥补历史地图的不足，并使城市历史地图蕴含的信息变得准确和细腻。基于 USGS 历史卫星图的历史地图转译研究是城市形态类型学在中国本土化研究的城市形态学研究方法探索。转译后重绘的古城地图揭示了熊岳古城的整体历史价值，为岌岌可危的辽宁古城提供基础资料和研究方法的支撑，继而有助于古城的保护和更新，使其转向历史文脉延续和传统文化复兴的可持续发展之路。①

---

① 原文题目为"基于 USGS 卫星图的熊岳古城历史地图转译研究"，被 2022 中国城市规划年会录用待刊。作者：李冰，仇一鸣。文章在本书编辑过程中有所调整。

第二章

地方历史城镇
辽宁历史城镇研究

第一节　辽宁传统古镇的建筑遗产

14 世纪下半叶，明朝初年，出于军事防御的需要，中国北方边境兴起了中国历史上罕见的大规模军事防御城市建设高潮。明政府在最东端的辽东镇（今辽宁省境内长城以南地区）修建了一系列军事防御城镇[①]。它们历史悠久，延续至今，成为这一地区重要的历史及文化载体。在中国历史上，辽宁地区曾是中国广袤疆域的内部地区，也曾是北方少数民族和中央政权交替地带，军事纷争不断。辽宁地区是中国最后一个封建王朝——清朝的发祥地[②]。

40 多年来，中国经历了快速城市现代化进程，这些历史城镇并未得到应有的重视和有效保护。部分历史遗存保护较好的城市，拥有很多超过百年历史的乡土建筑以及保存较好的城市总体形态[③]。这些历史城市遗存成为历史城镇形态及演变的活化石。然而，它们大多数未被列入各级保护名单而受到保护，很少被研究，其历史、文化、美学价值被严重忽视，其改造或拆除通常并不符合遗产保护的要求。

针对辽宁境内尚有历史街区遗存的古镇，本节从原真的乡土建筑、被改造的建筑以及被拆除和新建的建筑三部分进行梳理，阐述其所面临的威胁，继而从技术、认知、社会、制度四个层面深入分析，总结并提出策略建议。这项工作的研究方法结合了历史卫星图像的比较和实地调查。在 21 世纪初，美国地质勘探局（USGS）公布了冷战时期中国城市的卫星地图，当时大多数中国历史城市还没有被大规模拆除。这些地图有助于寻找过去 40 多年中的重大城市变化。

一、辽宁民居建筑遗产概况

在中国辽宁省范围内的历史城镇中，包括民居、行政、商铺、宗教建筑的几乎所有类型的建筑都是合院式空间结构。院落通常呈矩形，在地形允许的情况下尽量南北朝向布置，建筑以坐北朝南的正房为主，以东、西厢房为辅。也有部分院落只由两栋建筑，平行或垂直围合而成。院落入口一般位于南侧正中，也有少数院落入口的位置和朝向比较灵活，可以

---

① 王贵祥. 明代城市与建筑：环列分布、纲维布置与制度重建[M].北京：中国建筑工业出版社,2013.
② 耿钱政. 城市形态学视野下的明代辽东卫城研究[D].大连：大连理工大学,2019.
③ 耿钱政,李冰,苗力. 辽宁省的明代卫城形态特征研究：以盖州古城、开原老城及兴城古城为例[J]. 城市建筑,2018 (36)：96-98.

从南北向的正房进入，或从侧面的院墙直接开门①。入口是精心设计的砖木结构的双坡屋顶或囤顶，建筑平面的开间从最少的三开间到最多的七开间不等。辽宁民居建筑的立面风格受满族和汉族民居的综合影响，内部结构为木构架梁柱体系，侧面为山墙，极少开窗，屋面形态以双坡或者弧形为主（图 2-1）。常用的建筑材料为灰瓦、青砖、条石。这些构成了统一和谐的历史城镇景观。

图 2-1　辽宁省历史民居的传统元素

（图片来源：李冰、邢振鹏摄影，2016—2019 年）

---

① LI B，LI YQ，MIAO L，et al. Exploring the status and strategy of traditional residences transformations of ancient town in Liaodong Peninsula：a case study of Qingduizi[C]// UIA 2017 Seoul World Architects Congress，Sep 3-10，2017，Seoul，Korea：146.

二、正在消失的遗产

1960 年代至 1970 年代，"文化大革命"后，辽宁的历史城镇并没有全部被拆除。美国地质勘探局的历史卫星图向我们展示了这些历史古镇曾经相对完整的形态(图 2-2)。新中国的经济发展战略将城市住宅建设定义为消费资料的生产，属于基本建设中的非生产性建设，在国民经济中一直处于次要地位，而工厂等生产型空间则受到鼓励。直到改革开放前，住宅建设的发展缓慢[1][2][3]。人口的自然增长，并没有得到相应的居住空间，传统的城市院落变得愈发拥挤。1980 年代以后的中国，经济迅速崛起，城市建设快速蓬勃地发展。破败且拥挤的传统城市空间被大量拆除，取而代之的大多是整齐划一的现代板式住宅。当时最紧迫的任务就是解决百姓的居住问题，拆旧建新则被认为是通行的办法，到了 21 世纪，这种做法由于还能够给地方政府带来收入而受到更广泛的推行。

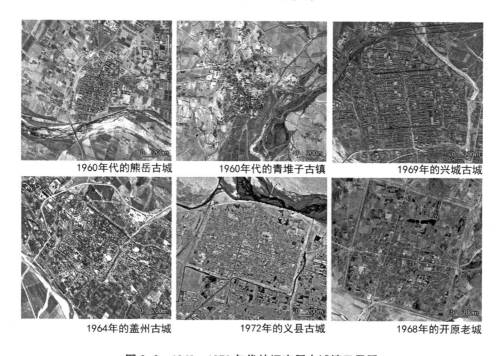

图 2-2　1960—1970 年代的辽宁历史城镇卫星图

(图片来源：https://www.usgs.gov/)

21 世纪以后，大部分的城市，尤其是大城市解决了百姓的居住难题，并进行了城市现代化建设。少量历史城市，比如兴城，由于完整地保留了古城的城墙以及城市肌理，成为辽宁早期的旅游城市之一。尽管当时辽宁其他城市也拥有众多历史遗存，但是百姓和政府对其

① 吕俊华,彼得·罗,张杰. 中国现代城市住宅 1840—2000[M]. 北京：清华大学出版社,2003.
② 黄全乐.乡城：类型—形态学视野下的广州石牌空间史(1978—2008)[M].北京：中国建筑工业出版社,2015.
③ 薛凤旋. 中国城市及其文明的演变[M].北京：世界图书出版公司,2019.

熟视无睹。由于各种原因，漠视遗产、拆旧建新一直在城市发展中占有主导地位。从对待乡土建筑的方式上看，辽宁的普通建筑遗产可分为没有干预、居民自发干预和政府与开发商干预三种情况。以下将分类详述普通乡土建筑遗产所普遍面临的威胁。

（一）原真乡土建筑的衰败

历史城镇内保留完好的普通建筑遗产并不多见。大多数居民并不掌握历史建筑的修缮方法，而熟悉传统技术的工匠在辽宁地区越来越少，按照传统技术的修缮变得越来越昂贵。我们见到大多数原真状态的普通建筑遗产，并非人工干预修缮的结果，而是未经干预破坏的结果。

1. 残缺的遗产

历史建筑的装饰构件是传统建筑的点睛之笔，如山墙墀头精美的雕刻、屋脊端部悬挑的造型等。它们代表着吉祥寓意，也体现了传统工匠的高超技术。1950 年代开始，历史传统以负面的形象出现在宣传中，"文化大革命"中的"破四旧"运动是这种潮流的顶峰。不少公共建筑，如寺庙、官署等，在这场运动中被拆除。尽管运动很剧烈，但是几乎没有人愿意毁掉自己以及他人的住所，装饰构件成为运动的牺牲品。当时，部分居民砸掉民居建筑的传统装饰，表达自己对旧文化的态度，从而避免自家的房屋遭到拆毁。这无遗是民居遗产艺术价值的巨大损失①。改革开放以后，除了列入保护清单的建筑，普通历史民居中已经毁掉的建筑装饰，极少得到原真的修缮（图 2-3）。

图 2-3　辽宁省乡土房屋上的装饰物

注：B 和 D 展示了完整的装饰元素。C 展示了一个残缺的装饰元素。A 展示的是用图画进行的简单替换。

（图片来源：李冰拍摄，2019 年）

2. 放任破败的乡土建筑

无人居住的历史建筑会以惊人的速度破败。辽宁中小型历史城镇中，都存在不同数量的破败濒危的历史建筑。这些建筑完整地保留了历史特征，没有任何现代化干预，是难得的当地乡土建筑遗产教科书。这些建筑的主人一般是作为原住民的老人，他们或去世，或离开老屋去子女家居住。老城的经济状况衰败，基础设施不完善，现代化生活条件如独立

---

① 刘成龙. 城市形态类型学视野下的青堆子古镇形态研究[D].大连：大连理工大学，2017.

卫生间、完善的供暖、硬化的路面等欠缺。这导致租客不多，其子女通常在新城或外地的新房子居住和工作，他们不愿继续投入资金、时间或精力维护老建筑，以保持良好的状态用于出租或自住。因此，真正具有原真性的历史民居正以极快的速度消失（图2-4）。

（a）开原老城   （b）熊岳古镇

图 2-4 处于衰败状态的传统房屋

（图片来源：李冰拍摄，2016年）

3. 脏乱的公共空间

改革开放以后，全国各城市开始兴建住宅以解决居住紧张的问题。对于市民而言，改善居住条件的最优策略就是逃离旧城，搬到新城的新建筑中居住。曾经魅力十足的传统街巷，彼时已经破败得面目不堪。地方政府没有十足的动力去投资以提升旧城空间品质，设计、实施、管理都比拆旧建新麻烦，且缓慢很多。完全依靠政府投资，对于经济发展落后的城镇来讲基本上是不可行的。有些古镇的公共街道空间的脏乱是其最突出的特点。例如营口的熊岳古城，到2018年，大部分公共街道仍没有硬质铺地，夏季暴雨季节时街巷泥泞不堪，没有完善的公共垃圾回收地点，垃圾在街角被随意丢弃（图2-5）。古城内的居民没有自己的卫生间，8 500平方米的古城共5处公厕。因此，当地政府希望将居民迁出历史城区，以加快古城的整体改造和旅游开发进程①。

图 2-5 熊岳古城一条街道上的公共卫生设施

（图片来源：李冰拍摄，2018年）

---

① 牛筝. 城镇平面形态分析：类型形态学视野下的熊岳古城案例研究[D].大连：大连理工大学，2019.

（二）普通历史民居的改造

辽宁地区的历史古镇一直有居民居住。辽宁古镇的历史状态能够保存至今，主要是由于当地经济相对落后，政府没有足够的资金拆除老城新建楼房。居民们对日益破败的建筑遗产也没有强烈的保护意识，大多只是根据自己的功能需要和当时流行的方式对自家进行现代化改造。

1. 院落的瓦解

1950 年代后中国的土地所有制改革，将古镇的家族院落变成了多户共居的大院。1980 年以前，中国城市政策并不鼓励建设与人口增长相适应的房屋。因此，越来越多的人口依旧居住在有限的空间里。居民开始砌墙界定自己门前小的院落空间，院内建造临时构筑物或使用空间，包括卧室、库房、厨房等。原本开敞的院落因此被侵占，成为狭窄的通道，只能连通自己的院门。居民自建的构筑物的施工质量和美学品质完全不能和传统建筑相比，分隔后的院落被称为"杂院"（图 2-6）。

图 2-6　盖州古城杂乱的院落

（图片来源：邢振鹏拍摄，2019 年）

2. 居民自发的改造：塑料大棚、金属屋板、更新外墙面

对于有人居住的普通民居，居住者会根据不同的需求对自己的房子进行维修或改造，以提升生活环境。这是有史以来的传统，也是保证正常生活的必要过程。历史建筑遗产如果不能够自我更新和完善，将失去生命力。但是，近几十年的民居改造案例更多地在加速历史建筑遗产的消亡。建筑师无缘介入，民居的自我更新使得整个历史街区失去创造力和原真性。

（1）墙面

历史建筑的墙面由深灰色黏土砖砌成，以白灰勾缝，灰缝的宽度不超过 2 毫米，在檐口等特殊部位有精美的装饰。这些传统的外墙做法在居民的改造中逐渐消失。最多见的改造方式是居民使用各种当时流行或比较廉价的方式覆盖传统墙面的真实质感，比如使用灰色砂浆、水刷石、瓷砖等。这些做法覆盖了历史建筑的表面质感，使得历史街区的空间特点逐渐消失。这些做法产生了与传统建筑风格外观的冲突，但是的确改善了居民生活的环境质量。除了保温、加固等实际需求外,居民审美观念的转变也是这种更新的重要原因,尽管这种转变在视觉上与历史遗产的保护原则相冲突(图 2-7)。

图 2-7　被现代材料覆盖的传统墙壁

(图片来源:李冰拍摄,2018 年)

(2) 屋面

辽宁民居的屋面材料是灰色陶瓦,檐口的瓦当有各种传统的吉祥图案,屋脊也是用灰瓦砌成的装饰构件。在近十年的建筑改造中,辽宁古城镇的居民选用了红色或蓝色的彩钢板作为屋面,将其覆盖在原有的灰瓦上。这种色彩艳丽的材料价格低廉,便于搭建,常用在工地的临时建筑中。在古镇历史建筑改造中,这种临时材料凭借低廉的价格和有效的防水性能得到了普及[①],但它带来了与历史城镇景观的强烈视觉反差(图 2-8)。

图 2-8　盖州古城中由蓝色钢板覆盖的传统屋顶

(图片来源:邢振鹏、李冰拍摄,2019 年)

---

① 李冰,苗力,刘成龙,等. 从历史地图到城镇平面分析:类型形态学视角下的青堆子古镇形态结构研究[J]. 新建筑,2018(2):128-131.

（3）外立面保温

在辽宁省偏北的历史城镇，如开原、义县等地，气候更加寒冷。冬季到来之前，有相当数量的民居用塑料膜罩在建筑立面之外，然后在夏天拆除。由于温室效应，塑料膜内部形成温暖的室内空间。对于寒冷地区的民居而言，这是一种廉价且实用的冬季保温、防风措施，只是与传统建筑外立面相比显得有些突兀。这种改造虽然满足了使用需求，但是在审美上并不成熟，目前处于居民自发阶段，职业建筑师完全没有参与（图2-9）。传统建筑材料的消失、传统工匠数量的减少带来传统修复方法的造价大幅上涨，居民们别无选择，只能转向最经济的方式来解决紧迫的使用需求。审美需求的降低使得古镇传统景观正在慢慢丧失。

图2-9　开原市老城区用塑料薄膜覆盖的墙面

（图片来源：李冰拍摄，2017年）

（三）历史街区的成片拆除与新建

在居民自发改造家园的同时，地方政府也主导了大面积的旧城改造。旧城改造普遍的做法是拆除古城历史片区，建设新的现代居住区。这种做法从1980年代一直延续到当下，建筑外观从原有的方盒子到目前更多地使用坡屋顶或传统装饰，力图与古城发生某种对话。

1. 整片消失的古城

2012年，兴城古城西北街区开始拆迁的准备动员。2013年，兴城古城开始了城内首个"保护开发利用的招商引资项目"。"保护与开发"项目的步骤包括：古城居民搬迁至城外—拆除历史街区—将空地转卖给开发商—开发商根据合同兴建旅游开发项目—建筑外观模仿兴城的囤顶历史民居，内部设餐饮、住宿、温泉、艺术表演等旅游功能。拆掉大片真正的历史遗迹而建造假古董的做法违背了历史遗产保护的要求，在我国历史遗产保护观念先进的历史古城已经逐渐被摒弃，但在当下的东北地区依旧盛行。从2019年卫星图上看，兴城古城西北街区毗邻城墙的内外地段，已经全部被拆除，类似的现象还发生在开原老城、义县古城和盖州古城（图2-10）。

2. "假古董"的泛滥

当大部分的古迹被拆除以后，人们普遍意识到历史遗产的重要性，一些真实、保存完好的古城也因此成为热门的旅游目的地。地方政府意识到古城遗产对于带动旅游经济发展的价值。在"保护性开发""棚户区改造"等口号下，拆毁古城的历史建筑，在原址建造以"传统风格"为特征的新建筑,尽管新建筑的仿古程度越来越高,但依旧被很多业内人士诟病为"假古董"。在熊岳古城北门外,政府修建了"明清一条街",街道两侧的建筑为2～3层高的钢筋混凝土现代建筑,在其坡屋顶上覆盖仿古琉璃瓦,街道的入口处新建牌坊作为商业街标识。这些建筑与熊岳古城传统建筑的青砖、木构架、灰瓦顶格格不入。这种"黄色琉璃瓦的传统一条街",在辽宁兴城、开原等地以至于中国境内泛滥(图2-11)。

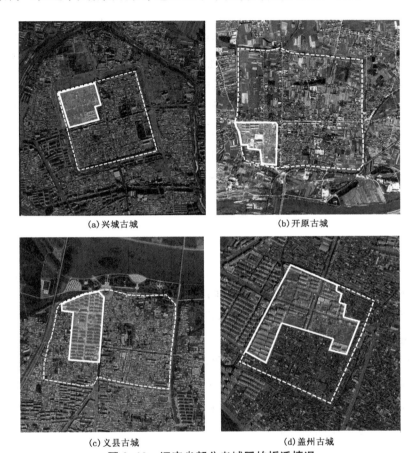

(a)兴城古城　　　　　　　　　　　(b)开原古城

(c)义县古城　　　　　　　　　　　(d)盖州古城

图2-10　辽宁省部分老城区的拆迁情况

(图片来源:邢振鹏根据谷歌地球2016年的卫星照片重新绘制)

图2-11　熊岳古城和义县古城具有"传统风格"的当代建筑

(图片来源:李冰拍摄,2017年和2019年)

三、乡土建筑遗产现状的原因探析

（一）技术层面：传统技艺与传统材料的式微

辽宁古镇面临的巨大威胁是东北地区传统建筑工艺的消失。钢筋混凝土建筑在全国各地的普及，导致传统工匠的传统建造手艺没有用武之地而逐步没落。市场需求的大幅萎缩直接导致了建造工艺传承土壤的丧失，年轻的匠人因此不再学习传统技艺。当地的传统建筑工匠已经年迈，丧失了工作能力，聘用外地的传统匠人将会带来造价的大幅上涨。因此尽管一些古镇居民意识到彩钢板与古镇的整体风貌并不协调，却无可奈何①。

现代建筑的普及也导致了传统建筑材料的萎缩。现在已经很难在古镇当地找到传统建筑材料厂商，因此当地烧制的红砖在逐渐替换传统的青砖，屋面的材料则变成现代建筑常用的石棉瓦、水泥瓦、彩钢板。在中国中原或南方地区有类似的产品，但是外地的运输和安装都将大大增加建筑成本，经济状况并不富裕的古镇居民因而放弃了传统的建筑修复方法。由于多数历史城镇并没有列入保护清单，因而也没有来自法规的力量来促进传统建筑技艺的传承。当地政府也未出台明确的法规、导则或者经济的补助用以支持对传统民居的改造。

（二）认知层面：漠视历史与审美缺失

中国社会对于历史城市遗产的认知经历了交织的反复过程。1970年代之前"反传统"的社会风气导致历史传统在国人心目中的地位下降。几十年的建筑技术革命使得当下中国已经能够以合理的价格使用传统建筑技术进行维修或新建，而建筑师群体与中国建筑学生却不再具备建造传统建筑的专业知识。

将传统风格复制到新建筑上的反复失败，使部分人意识到遗产真实性的重要性，意识到历史建筑遗产是不可再生资源。但在当下的中国，保护遗产的原真性并未达成共识，尤其对于政府人员、地产开发商乃至部分高校科研人员而言。几十年来的城市现代化使得越来越多的乡土建筑遗产在改建中被破坏，在拆除中消失。如果遇到短期经济利益的诱惑，历史建筑自然成为牺牲品。这个进程一直在当下的中国持续，在东北地区尤甚。

同时，另一种思潮也在中国社会涌动。大概从1990年代起，枯燥的现代建筑和城市空间使得人们意识到了历史建筑的价值。于是，很多新建筑试图模仿传统建筑，将传统装饰符号与现代建筑生硬地结合，即使这种方式并不尊重历史。前文提及的"明清一条街"就是这个风潮的典型，这被认为是建筑审美的失败尝试。

（三）社会层面：生活条件落后和缺少经济活力

历史城镇旧城区的基础设施未及时地进行现代化更新，因此在生活上并不方便。在辽宁的古城，落后的生活条件一般意味着没有硬化的公共道路、恶劣的公共卫生条件、缺少独立的家用厕所、破旧的乡土建筑。而且，旧城区并未提供充足的就业机会，部分居民仍从事

---

① 刘成龙.城市形态类型学视野下的青堆子古镇形态研究[D].大连：大连理工大学,2017.

收入极少的农业活动。非旅游性的旧城区以居住功能为主，其主要街道会有服务于本地的个体商业店铺，部分古镇周边建有 1980 年以前兴建的小型工厂，规模大的办公或商业繁华地点则一般位于新城地段。因此，当地年轻人选择离开旧城，奔向周边新建的现代化城区，或其他更发达的城市。

古城内老一辈的居民习惯旧城的生活状态，习惯熟悉的邻里和熟悉的环境，对新的生活条件渴望程度并不高。他们愿意将自己的积蓄供给青年人过现代的生活，而他们自己没有热情和资金对老房子进行现代化改造。因此，老城区的年轻人越来越少，在老房子居住的老人去世后，房屋便无人打理，也就加速了房屋的破败。

（四）制度层面：私有产权的瓦解和政府的征地制度

院落是中国历史城镇肌理的基本单元，是农耕社会的家族社会结构单元在空间的体现。当社会结构单元发生了变革，空间单元则随之发生变革。中国历史城镇的变化是从 1950 年代的产权制度变革开始的，原本一个家族的院落被分配给多户居住。在变革的初期，院落是公共交往空间，但随着住户下一代的成长、婚嫁或生子，在国家没有配置与人口增长相应的独立居住空间①的情况下，原本宽敞的院落被各户侵占而瓦解。

更重要的一点，在中国当下的经济发展模式下，项目的实际操作更看重短期经济利益。真实遗产的维修，费力且短期看不见效益。而将历史建筑拆除后的空地高价卖给开发商，再由开发商建设仿古的建设，则是"多方共赢"的城市发展模式，这一模式在全国范围内十分流行②③，这种短视的发展模式使得不可再生的历史遗产永远丧失。

四、小结

中国传统民居经历了上千年的传承与演进，在日益重视传统文化的当下中国，任凭乡土建筑和古镇的消逝是不能被接受的。在原本破坏严重，而乡土建筑稀少的东北辽宁地区，历史建筑更具有珍贵和稀缺的价值。即便是受到国家保护的人居型"活态遗产"也是十分脆弱的④，何况辽宁历史古城镇（除兴城、盖州外）并没有被列入遗产保护清单，其保护也具有极大的难度。在这些古镇中，保护完整的院落和传统建筑数量不多，大部分都受到不同程度的破坏，进而愈发被当地政府和百姓忽视。

通过前文的分析探讨，我们能够从技术层面总结出一系列必要的策略和建议，以避免和减少破坏传统建筑的情况，它们包括：

① 地方政府应恢复和鼓励传统匠人传承建筑技术、生产传统建筑材料，让符合遗产保护理念的技术解决方案和专业设计人员介入居民的建筑改造过程中。

---

① 吕俊华，彼得·罗，张杰. 中国现代城市住宅 1840—2000[M]. 北京：清华大学出版社，2003.

② LI B. Patrimoine et mutation urbaine dans le cadre du développement touristique[D]. Paris：Université de Paris 1 (Panthéon-Sorbonne)，2012.

③ 黄全乐. 乡城：类型—形态学视野下的广州石牌空间史(1978—2008)[M].北京：中国建筑工业出版社，2015.

④ 邵甬，胡力骏，赵洁，等. 人居型世界遗产保护规划探索：以平遥古城为例[J]. 城市规划学刊，2016(5)：94—102.

② 应在当地城市总体规划中加入遗产保护的内容，在法规层面确保城镇总体发展和乡土建筑民居保护的一致。

③ 在古镇历史风貌保存较好的地段，对保护较好的原真历史建筑应进行保持历史原貌的建筑维护，对破损的建筑部件进行使用传统方式的更换或者修补，树立传统建筑成功改造的样板，增强本地居民对家乡建筑的历史和文化价值的认知。

④ 当今时代的社会发展模式和传统中国有很大不同，生产生活方式的变化导致了建筑形态的演变，按照遗产修复的原真性要求保护乡土建筑具有极大的难度。因此，应积极引入高水平建筑师及遗产研究机构，根据当地居民的生活需求对传统建筑进行与历史建筑相协调且有创意的改造，根据双方达成的合理协定，由政府与居民共同出资完成对传统建筑的修复。

在认知层面，应提高全社会对历史建筑价值的认知水平，由专家与政府机构配合，推广当地传统建筑的书籍、公益宣传、电视节目等，使全社会对本地的历史建筑和城镇产生足够的认同和保护意识。其中，提升决策者的认知水平是关键，他们对待历史遗产的态度决定性地影响了辽宁历史古镇的走向。对于乡土建筑，不仅应保护列入遗产清单的乡土建筑单体，还应保护建筑周边的自然环境和既有历史的建成环境。应避免利用"保护和利用"的口号去做破坏遗产的事情发生，这在当下的中国具有相当的迷惑性。

在社会层面，提高当地的经济活力，改善古城的公共空间生活条件，完善公共服务体系是重要的保护措施，具体如铺设硬质道路、设立垃圾处理点、建设公厕等，但这些努力应在保护乡土建筑遗产的前提下进行。在城镇环境提升之后，吸引外地居民工作和居住，带动经济发展。

本节提及的乡土建筑遗产所面临的威胁，其实质是普通百姓的生活品质受到了威胁，需要从政府层面做出更多的努力去改善和解决。而基于拆旧建新能够带来短期的经济利益，辽宁各地历史古镇拆除原真的乡土建筑并联合开发商新建假古董的情况直到今日依旧屡见不鲜。因此，应综合各方的社会力量，从本质上的政府管理制度设计和导向，到具体的建筑师、规划师以及遗产保护研究学者的专业指导，对乡土建筑的传承和保护做出努力[1]。

---

[1] 原文题目为"Threats to normal vernacular architectural heritage of historical cities in China：acase study of historical cities and towns in Liaoning province"，发表于ERITAGE2020（3DPast | RISK-Terra）International Conference。作者：李冰，邢振鹏，苗力，柳淑婧。文章在本书编辑过程中有所调整。

第二节　青堆子古镇的民居改造

青堆子古镇的现存历史建筑大多建于清末民初,迄今虽然已经超过一个世纪,但古镇整体结构保存比较完好,相当数量的传统民居仍旧保留着历史原貌。传统建筑外观质朴简洁、素雅庄重,很多建筑带有民国时期中西合璧的独特风貌。为了适应不断变化的生活需求,当地居民对自己的房屋进行着低造价、功能性的维护更新。这些自发性的改造并没有建筑师的参与,当前的改造行为经常破坏传统民居建筑的历史文化价值。传统的村镇逐渐变成失去了历史文化特征的普通房屋的集合体。随着时间的推移,历史建筑材料变得陈旧和破败,越来越多的传统建筑加入了这场改造运动。

本节概述了青堆子古镇传统民居的建筑特征和重要历史价值,并对古镇民居改造的现状进行了归纳整理,尤其重点地分析了传统古镇及其建筑民居所处的尴尬境地的内在原因,最后针对传统民居的改造提出技术原则和建议。

一、青堆子古镇传统民居的特点

合院式空间结构是青堆子古镇传统建筑的内在特征,涵盖了民居、行政、商铺、宗教等功能类型。古镇的院落通常呈方形,在可能的情况下尽量南北朝向,院内建筑大多为独栋坐北朝南的正房,少量院落由两栋平行的正房围合而成。院落尺度宽敞,东西向的厢房较少,利于接纳阳光,更适应北方寒冷的气候。商业街道两侧的商铺不再拘泥于南北朝向,它们和街道平行,最大限度地适应商业活动。院落入口位置并不固定,南侧进入或东西侧墙开门都有可能。建筑平面从三开间到七开间不等,也有部分偶数开间。中部开间一般为厨房和餐厅,两边的房间为串联的卧室。炕是东北民居的重要室内设施,兼具起居活动和供暖两种功能。厨房的炉台通过烟道加热炕,满足卧室空间的供暖需求。青堆古镇的传统民居建筑内部结构为木构架梁柱体系(图 2-12),其外观受满汉民族传统建筑的综合影响,为双坡屋面硬山墙,墙体建筑材料为青砖和灰色条石,与屋面的青瓦构成和谐统一的色彩体系,是青堆子古镇的重要景观特征。

特别值得一提的是青堆古镇最繁盛的时期为清末民初(19 世纪下半叶—20 世纪上半叶),在这一时期欧洲列强进入中国,东西方文化产生交流和碰撞。西洋建筑形式不同程度地和中国本土建筑形式相结合,青堆子古镇的建筑因此具有了"中西合璧"的特征。这个特征更多地体现在门窗洞口的处理上,窗洞周围通常有青砖砌筑的弧形拱券,拱券凸出墙面刻有雕花装饰。部分公共建筑中,这种影响更为强烈,门洞两侧有石砌壁柱,柱头的装饰明显受传统西洋柱式的影响,但又融入了本土装饰特色。这些建筑形态在国内传统村镇中比较少见,是青堆子古镇民居的重要建筑特色(图 2-13)。

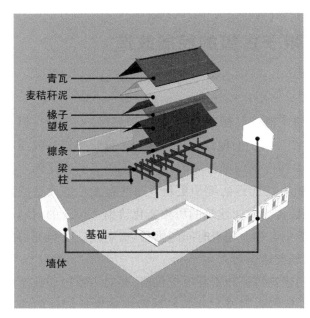

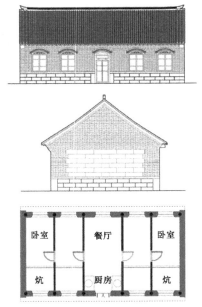

图 2-12　青堆子古镇传统民居结构分析图

(图片来源:李彦巧绘制)

图 2-13　青堆子古镇传统民居测绘图

(图片来源:李冰、李彦巧绘制)

二、传统民居更新改造的现状

生产和社会的发展带来了建筑技术的变革,从 1950 年代开始,钢筋混凝土、红砖、浅灰色水泥瓦等非传统建筑材料开始在全国范围内出现。平屋顶的砖混现代建筑越来越多地出现在青堆子古镇周边。同时,古镇内部的传统建筑的屋面和墙面等被不同时代的新建筑材料所代替。古镇建筑自发的更新和变革虽然保障了居民的生活条件的舒适度,但是从历史价值和艺术价值的角度看,这些建筑活动使富有魅力的传统古镇逐渐失去特色。

青堆子古镇的民居建筑的现状分述如下。

(一)部分传统建筑荒废

20 世纪下半叶,青堆子古镇东南的滨海码头逐渐没落,古镇中心逐渐向西北的转移。目前的青堆子古镇内的居民大多是老人,许多古镇居民迁居北面的新城,或其他更发达的地区,如庄河、大连等。居民的搬迁导致老房子被弃置,其中不乏原真性的历史民居,但因无人居住或疏于管理,只能任自然损毁,有些建筑甚至已经倒塌(图 2-14)。

(二)民居的屋面和墙身被现代建筑材料更新

青堆子古镇大部分的传统建筑迄今已经历经约一个世纪,少量建筑的历史超过 200 年甚至更多。对民居的不断维护是保持民居居住的舒适性的重要手段,比如对破损的青瓦屋

图 2-14　青堆子古镇闲置房屋现状

（图片来源：李冰拍摄，2015 年 9 月）

面进行重新整理修缮，对腐朽的木门窗框进行更换等等（图 2-15）。在调研古镇民居的过程中，笔者研究团队发现了青堆子古镇不同时代更新的痕迹。石棉瓦、红砖、水刷石是 1980 年代以前比较普遍的做法，而白瓷砖、水泥墙面则是 1990 年代以后流行的做法，近几年最突出的做法是越来越多的民居使用的彩钢板屋面。彩钢板多为蓝色和红色，造价低廉，施工简单，一般用于施工企业的临时建筑，防雨保温的效果非常好。青堆子古镇彩钢瓦屋面覆盖率达到了大约 35%。问题也很明显，彩钢板屋面与民居及整个古镇的色彩产生剧烈冲突。目前，由于没有适宜的替代材料代替传统的青瓦，青堆子古镇传统建筑的青瓦坡屋面面临被成本低廉的彩钢板所取代的局面（图 2-16）。

图 2-15　修缮中的青堆子古镇核心地段历史建筑　　**图 2-16　彩钢板用于传统民居屋面防水**

（图片来源：李冰拍摄，2014 年 9 月）　　　　　　（图片来源：李冰拍摄，2016 年 7 月）

（三）部分房屋得到不当修缮

2010 年以后，当地政府开始意识到保存历史风貌的重要性，于是出资对古镇内部分民居进行了修缮，主要是用传统灰瓦修缮原有的漏雨屋面。政府出资使用灰瓦重新覆盖了两处民居的屋顶，将其作为民居修复的样本。政府希望良好的效果能够带动其他居民，普及传统灰瓦屋面，逐渐挽救已经破坏的古镇风貌。但修复样本中推广的灰瓦并不是青堆子古镇的传统小青瓦（仰瓦），而是在中国南方地区采购的筒瓦（扣瓦）。从历史遗产保护角度来看，采用非本地传统建筑的屋面瓦，对青堆子古镇本地的古镇面貌并不是理想的解决办法。而且，这个筒瓦屋面的造价非常昂贵，远超出居民可承受的财力范围。

三、影响民居改造的内因分析

20世纪下半叶以后，现代建筑逐渐在中国普及开来。目前的民居改造过程依旧延续传统，几乎没有建筑师的参与。在现代化的进程中，如何延续历史古镇的原有风貌，变成了一个举步维艰的过程。青堆子古镇的传统建筑目前所面临的问题就是这一问题的反映。根据笔者研究团队的实地调研，可以管窥以上的问题内在原因如下。

（一）传统建造工艺的没落

青堆子古镇民居面临的一个巨大挑战是东北地区传统建筑建造工艺的没落。现代建筑的迅猛普及和发展，使得建筑材料、技术和形式发生了根本的改变，传统民居中的建筑经验、建造手段、建筑实体以及空间形式也随之发生改变。钢筋混凝土建筑在全国各地的普及，促使工匠的传统建造手艺丧失用武之地，逐步被淘汰。市场需求的大幅萎缩直接导致了建造工艺的传承土壤的丧失，匠人们因此逐渐转行。对当地居民的调研中，笔者发现部分居民虽然意识到彩钢板并不如传统建筑瓦屋顶漂亮，而且和古镇的整体风貌也不协调，但是，他们在当地已无法找到能够依照传统方法进行修补房屋的工匠。当地的一位著名老瓦匠已年逾80，他的儿子并不愿意学习父亲的手艺。如果聘请外地匠人，需要解决交通、住宿的问题，这导致工程造价十分昂贵。

（二）传统建筑材料的稀缺

现代建筑的普及，同样导致传统建筑材料的萎缩。青堆子古镇传统建筑常见的材料包括青砖和小青瓦，当地均没有材料生产厂家提供同样材质和规格的产品，当地烧制的砖块以红砖为主，屋面瓦的种类则变成现代建筑常用的石棉瓦、水泥瓦等等。在较远的中国中原地区或南方地区有生产厂家生产类似的产品，但是外地的运输和安装大大地增加了建筑成本，经济状况并不富裕的青堆子古镇居民没有选择传统修复方法的原动力。青堆子古镇并没有列入历史文化名镇，因而也没有来自法规上的力量来促进和保护传统建筑的传承。

（三）遗产保护意识的缺失

20世纪下半叶，中国经历了多场从思想到制度层面的摒弃传统文化的全国性运动。从1970年代末、1980年代初起，中国转向了开放和经济繁荣，带来了城市的快速发展。在这个过程中，各级政府和百姓掀起拆除旧城、建设新城的浪潮。作为文化载体的历史建筑遗存，也随之濒临消失。历史保护意识的淡薄是当今青堆子古镇甚至于整个中国古城面临的普遍问题，是几十年前反传统运动的必然结果。尽管最近10年，中国各地兴起了传统文化的复兴和回归，但是东北地区始终是进步运动的落后地区，因而这里的城镇与建筑遗产保护工作显得更加严峻。

当地居民普遍认为现代的钢筋混凝土楼房是他们的居住梦想，政府机构的相关人员则认为传统建筑的保护是一个"赔钱"的事情。在经济形势严峻的当下，他们怀疑并不富裕的青堆子古镇进行历史建筑保护的意义①。本地居民的落后意识成为制约青堆子古镇历史建筑改造和修复的最大阻力之一。

（四）传统民居的生活条件的恶化

在古镇最初生成的年代，即 17—18 世纪的中国，青堆子镇传统的民居院落是富商地主的主要居住空间，是中国传统的优秀居住模式，虽然并不具备现代化的设施。而 1950 年代以后的私有制度改革，将古镇很多富商大院变成了多户共同居住的大院。1980 年代以前，中国城市政策并不鼓励建设和人口增长相适应的房屋，于是，居民在公共院落中搭建房屋以适应家庭内部的人口增长，原本舒适的四合院继而变得拥挤不堪。这样的状况一直持续到当今时代，多户居住在同一院落内的状况几乎没有改变，旧城区的城市基础设施也没有及时地进行现代化更新。越来越多的居民选择离开旧城区和历史民居院落，奔向周边新建的现代化城区，或者其他更发达的地区。一直在历史院落里居住的居民也不时地按照周边现代化城区的样式对自己的百年老屋进行着翻新。

四、小结

在历史上，民居的建造和修缮过程一般没有建筑师的参与，只是居民和建筑手工艺匠人之间的行为。传统建筑工匠完全熟悉并掌握传统建筑的设计和建造，他们能够根据业主的要求来建造适合的房屋。现代建筑的诞生和建造源自西方，其设计和建造离不开专业培训的建筑师的参与。在当今时代，生产生活模式、社会发展模式都和中国的传统有很大的不同。城市和房屋建造的方式也发生了重大变革，建造活动中的施工队伍不同于传统社会的工匠，并不具备设计能力，他们只会用当下自己所掌握的施工方法进行建造或者改造。因此，如果没有建筑师的参与，他们完成的工程只能是满足物质条件需求，而不具有任何文化艺术特色，也不能够和传统的古镇风貌相协调。

中国传统民居经历了上千年的传承与演进，在日益重视传统文化的当下，任凭历史建筑和古镇的消逝是不能被接受的。在原本破坏严重且遗产建筑稀少的东北地区，这样的保护性努力和对技术上的解决方案的研究变得更加迫切。

针对青堆子古镇的历史民居建筑的现状和位置，本节提出不同的应对策略和建议。

（一）对传统建筑进行保持原真性的维护和修缮

在青堆子古镇的核心区域，尤其是历史风貌保存较好的地段，对尚未被现代化更新所破坏、具有原真性的历史建筑应该进行保持历史外观原貌的建筑维护，对有破损的建筑部件进行完全尊重原有构造做法的更换或者修补。在整个修补过程中，现代的先进技术可以应用到外观不可见的部分，比如对部分倒塌的墙体进行地基的建造和加固，可以使用钢筋混凝

---

① 笔者研究团队在 2015—2017 年对青堆子古镇的调研中，采访部分居民和政府官员，获得如上信息。

土，它具有更优越的整体性，可以避免地基沉降不均引起的墙身开裂。屋顶完全采用传统的瓦片和做法，聘请传统建造的工人进行更新维护，其中瓦片下的屋面防水材料可以采用现代的材料，以更加持久耐用。这必然带来成本的上涨，当地政府应为这些具有优秀价值的历史建筑的主人提供资金上的援助，以确保这些原真的（authentique）建筑遗产流传后世。

（二）将新材料恰当地应用到传统民居的维护和改造中

在传统建筑材料无法满足现代居民舒适度的情况下，如果不影响民居整体外观形态的文化和建筑价值，可应用新的建筑材料。例如，传统民居的窗户采用油纸，这显然不能满足现在的安全、采光、隔热的各项要求，因而，玻璃是必须使用的材料。对于木窗框的变形问题，可以采用和原始样式、色彩相同的当代材料（塑钢窗框、断桥铝窗框等）进行替换。

针对前文提及的民居屋面用彩钢板问题，其重点是解决与传统建筑的协调性问题。在青堆子古镇的非核心历史地段，可以采用经过精心设计的彩钢板屋面。这些设计要素包括：必须采用和灰瓦相同色彩的灰色喷漆；屋面和侧面山墙交接的节点、屋脊的节点具有传统装饰性边沿的细部处理，同时符合现代的构造方式。彩钢板屋面的做法需要由设计师和生产厂家进行设计沟通，确保建造的可行性和造价的合理性。

东北传统民居是中国传统建筑文化不可或缺的一部分，青堆子古镇的历史建筑更具有特殊时代的烙印，中西合璧的建筑样式是中西文明交融的产物，是这一地区先人的智慧结晶。在科技发达的现代中国社会，应秉持更加尊重传统的心态，挖掘先进的技术手段，解决传统建筑文化的传承和现代化生活条件的提高这一难题，这是历史的责任和当今国人的智慧体现[1]。

---

① 原文题目为"Exploring the status and strategy of traditional residences transformations of ancient town in Liaodong peninsula: a case study of Qingduizi"，发表于 UIA 2017 Seoul World Architects Congress。作者：李冰，李彦巧，苗力，刘成龙。文章在本书编辑过程中有所调整。

第三节　青堆子古镇的形态结构

城市形态类型学诞生于 19 世纪末的欧洲。第二次世界大战以后，欧洲形成了三大学派，即英国康泽恩学派、意大利穆拉托里–卡尼吉亚（Muratori-Caniggia）学派、法国凡尔赛学派。英国学派的研究基于历史地理学，意、法学派则是建筑师为主导的城市形态研究，城市形态学和建筑类型学的紧密融合，被称为"形态类型学"（Typomorphology）①。意大利学者强调建筑和城市的紧密联系，对城市的组成要素及其整体形态结构的正确认知，是建筑设计的必要基础②。在其基础上，法国学者则强调城市形态研究的目标，实质是关注城市物质实体特征③及城市肌理，并受社会学思想的影响，他们强调城市和建筑的形式是理解一个社会的合理而有效的手段，反映出社会的经济状况及社会的联系（或断裂）等④。1994 年，英、意、法三国学者倡导成立了国际城市形态学论坛，这一跨学科国际组织的成立标志着城市形态学的研究进入了新的融合阶段。各学术派别相互影响，趋于融合，成为当代欧洲城市空间的基本研究方法之一。

城市形态类型学的诞生在很大程度上基于欧洲几个世纪以来丰富、详尽而准确的历史地图资源。当代学者能够根据其中蕴含的历史信息结合实地调研，对传统城镇进行卓有成效的城镇形态的历史文脉研究。中国历史城镇流传至今的历史地图数量相对稀少，同时，中国历史地图使用线描的方式抽象而简略地表达城镇形态的"意向"，而缺少具体详尽的信息，这无疑给原本历史资源信息匮乏的研究增添了相当的难度。尽管如此，城市形态学的研究方法对中国的古城镇形态研究仍然具有很大的借鉴意义。当代的卫星图、测绘图以及现场调研能够在一定程度上弥补史料不足的缺陷。

本章的研究依托于城市形态类型学，以辽宁省大连市辖庄河市青堆子古镇为例，从历史地图的当代转译开始，用城市形态类型学的方法对古镇的结构路网、街廓和产权地块的形态要素展开古镇平面分析，层层深入地揭示各个要素的形态类型特征，并试图从社会学角度总结其形态背后的成因。

---

① CASTEX J, PANERAI P. Prospects for typomorphology[J]. Lotus international, 1982, 36: 94-99.

② 蒋正良. 意大利学派城市形态学的先驱穆拉托里[J]. 国际城市规划, 2015, 30(4): 72-78.

③ 城市物质实体（Dimension physique de la ville），直译为"城市的实体层面"，包括体积、大小、尺度、尺寸等，可以理解为和"空间"相对立的、"物质"层面的各种特征。

④ PANERAI P, CASTEX J, DEPAULE J-C. Formes urbaines: de l'îlot à la barre [M]. Marseille: Éditions Parenthèses, 1997: 11-12.

一、古镇形态：偏心结构与放射路网

青堆子古镇位于辽宁省东南沿海地区，大连市辖庄河市以东 30 千米，东距丹东市 120 千米，南邻黄海，东临湖里河（石嘴子河）。明朝末年（17 世纪上半叶），清明军队连年战争使东北地区城市遭受了重大的破坏，辽东一带破坏更甚①。关内部分居民为了经商或躲避战火迁到青堆子居住。清朝初年，政府的召民垦荒、减免赋税等措施促进了东北经济的恢复，青堆子由此逐渐兴盛，成为颇具规模的港口集镇。清乾隆二年（1737 年），青堆子镇街内有居民 400 余户，人口 3 500 余人②。清乾隆八年（1743 年）青堆子正式开埠，各地商船频繁往来于青堆子和天津、烟台、青岛、大连、朝鲜半岛之间。海运的交通优势使得青堆子商业经济迅猛发展。它和庄河、东港的大孤山镇并称清末辽南三大沿海古镇。1930 年代，青堆子居民达到 11 977 人，商户 379 家，其繁荣程度超过了县城庄河③。

城市形态学者认为"城镇平面格局是城市发展历程中各阶段残余特征最完整的集合，从历时性的变化过程来看，是最稳定的要素，所含历史信息最为丰富"④，因此城镇平面格局分析是城市形态学研究的基础。青堆子古镇的历史建筑外观敦厚质朴、庄重雅致。大多建于清末民初，迄今有 100 年左右的历史。如今的古镇整体结构保存比较完好，相当数量的传统民居保留着历史原貌。和当代中国大多数历史城镇的状况类似，居民对自己的房屋进行着低造价、功能性的维护更新。虽然部分建筑屋顶、外墙已经被现代饰面材料更换，但从城镇平面形态角度看，老城区大部分房屋和院落的空间架构、布局特征并没有被破坏。因此，青堆子古镇的现状对城镇历史形态的研究具有很大参考价值。

青堆子古镇在历史上没有修建防御性的城墙，从民国十年（1921 年）的历史地图中能够看出古镇的最外侧道路大致呈不规则的环状，它表达了那个时期青堆子古镇的范围及街道系统（图 2-17）。但这一历史地图仅是粗略意向的示意，没能准确表达青堆子古镇的形态和比例。因此，借助当代的技术手段再现历史信息是进行城市形态学研究的基础。

经过现场调研，古镇外环道路以外的民居院落绝大多数是 1950 年代以后修建的，这证明了外环道路以内对应着历史古镇的建成区范围。1920 年代至 1930 年代，中国东北政局动荡，兵荒马乱，很多周边富户到青堆子躲避匪患，集中到镇内居住，进入古镇的街道入口处设有"围门"，当地人称之为"围子"⑤，现已不复存在。"围门"锁住进入古镇的要道，街廓内部的民居建筑和院墙也承担了部分防御功能。围门范围内所防护的大多是富裕商户的店铺和住所，但其外围也有一些民居院落。因而，14 个围门的防护范围对应着 1920 年代青堆子古镇的核心区域范围。包含官衙、公共机构、寺庙、商业店铺、民居在内

① 王士宾. 清代东北地区城市空间形态的演变[J].科教导刊,2010(32)：244-245.
② 大连晚报社棒棰岛周刊部.沧桑·大连老镇[M]. 大连：大连出版社,2015.
③ 《庄河县志》编纂委员会办公室.庄河县志[M].北京：新华出版社.1996.
④ 张健,田银生,谷凯. 伯明翰大学与城市形态学[J]. 华中建筑,2012,30(5)：5-8.
⑤ 王玉发编撰整理的《青堆古镇方兴志》,该资料为作者三十余年潜心调研整理文稿,待出版.

的绝大部分的城镇功能位于核心区内，外围分布少量的学校、宗教建筑、陆军驻地以及民居（图2-18）。

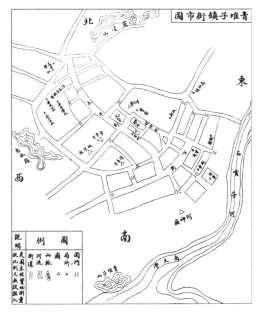

图2-17　民国十年（1921年）青堆子镇地图

（图片来源：《庄河县志》编纂委员会办公室.庄河县志[M].北京：新华出版社，1996.）

图2-18　青堆子古镇地图复原

注：本图的道路系统根据当代现状测绘图转绘而成。围门位置由民国十年历史地图信息判定。由于年代久远，现健在的最年长原住民均在1930年代以后出生，围门精确位置现无法现场确认。

（图片来源：李冰、刘成龙绘制）

青堆子古镇的道路不是正交的网格系统，道路宽度变化多端。卫星图准确定位的道路系统显示出青堆子古镇道路系统的平面特征——由以广场为中心向各个方向发散的网络系统和向西北方延伸的干路（太平街）交织而成（图2-19）。在这个系统中，4条主要街道构成了古镇的框架：下街和鱼市街是东西走向的横街，太平街和财神街则是南北走向的纵街。横街基本平行于海岸线，高差变化微弱，纵街垂直于海岸线，由南向北标高降低。由此可见，地形与海岸线影响了道路的分布和形态。这些街道都负担着重要功能。财神街两侧汇集了政府行政办公部门，包括税捐局、警察署、邮政局、财政所、海关、电报局等，因此又称"官衙街"，是青堆子行政中心所在。其余的3条主街都是商业街道。其中始建于清代同治年间的鱼市街最为繁华，全街东西长240余米，有鱼商40余家，水产还批发转销外地。鱼市街西南方向为草市街巷，广场向东北为粮市街巷。连接这些主要街巷的核心空间是东南面的小广场。这一偏心的结构和青堆子古镇的海港商贸功能紧密相关，货流和人流从广场东南侧的老海港登陆，进入古镇东南的广场。这里是当年出入青堆子古镇的主要门户，也是最重要的城镇公共空间。

青堆子古镇的主要道路系统为绝大部分的院落提供了直接的进入方式。远离街巷的深处院落则由支路抵达。支路依旧呈现出非规则的自由特征，但是这一层级的道路主要受方正的院落形态影响，它们以直线或者弯折为主。绝大多数的支路是尽端路，通向最深处的院落。由于基地的高差变化多端，部分道路尽端近在咫尺，却不能连通贯穿。少量支路虽然贯穿街区，但是自身形态曲折，因而曲折悠长的支路一般具有很强的私密性。从古镇路网系统图能够看出，支路主要分布在古镇的核心区域以外，而核心区域的院落和建筑则从主街直接进入（图 2-20）。

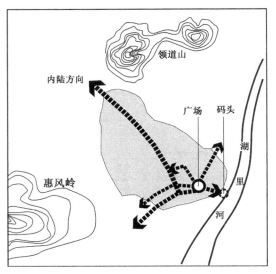

图 2-19　青堆子古镇道路系统简化图解
（图片来源：李冰、刘成龙绘制）

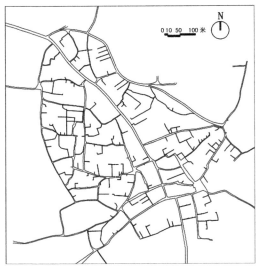

图 2-20　青堆子古镇的路网
（图片来源：李冰、刘成龙绘制）

青堆子古镇的道路系统偏心放射的结构受到滨海商贸活动的影响。主要街道两边的建筑和院落排列紧密，土地利用率高；边际地段用地宽裕，院落和农田混杂交融，需要借助支路抵达街廓内部的院落。

二、街廓形态：有机轮廓与多样规模

青堆子古镇街廓由街道围合而成，是若干产权地块的集合。从拓扑几何形态上看，街廓与街道是互为补充、互为依托的关系。青堆子古镇不规则的路网结构使得其街廓也呈现不规则形态，且大小不一：最小的街廓面积约为 2 653 平方米，最大的街廓面积约为 41 524 平方米。按照面积可以分为四类。面积最小的 A 类街廓位于古镇最中心地段，功能类型也最多。其余类别的街廓位于外围，其面积逐渐翻倍增加（图 2-21）。最大的街廓位于太平街东西两侧。区域内部自然高差极大，达到 5～6 米，并有河流、沟渠穿过，交通不便，也不利于建造住宅，少量内部道路狭窄曲折，连通内部民居院落。形态各异的街廓内部几乎都是由规则的方形产权地块组合而成，这一对充满矛盾的组合关系形成了古镇街廓尺度上的特征（表 2-1）。

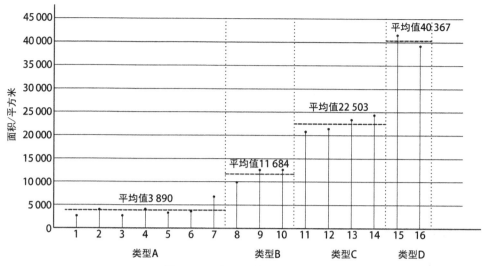

图 2-21 青堆古镇街廊的分类

注：表中横轴数字为街廊编号。

（图片来源：李冰、刘成龙绘制）

表 2-1 青堆子古镇街廊形态分类

分类	类型 A	类型 B	类型 C	类型 D
街廊形状及对应面积/平方米	1 2653 2 4015 3 2715 4 4116 5 3311 6 3630 7 6789	8 9884 9 12566 10 12604	11 20806 12 21433 13 23392 14 24382	15 41524 16 39210
最小值/平方米	2 653	9 884	20 806	39 210
最大值/平方米	6 789	12 604	24 382	41 524
平均值/平方米	3 890	11 684	22 503	40 367
位置	位置集中于古镇中心地带，临近海边	位于古镇南部核心区的西侧	位于古镇西侧和北侧的边缘地带	位于太平街东西两侧
地势	较平坦	有高差	有高差	高差很大
功能	除了居住功能以外，大部分临街有商业店铺、政府公共机构、宗教场所等等	以居住功能为主，偶尔有宗教建筑	以居住功能为主，偶尔有学校、教堂等建筑	街廊内部以居住功能为主，但住宅密度低，并且混杂自然植被和农田

注：街廊的划分道路选择按照两项依据。①道路具有商业、政府、机关等公共性功能。②如果道路两侧仅是居住功能，道路比较宽阔，除人行外，最窄处能保证 2.2 米的单车通行宽度。

（表格来源：李冰、刘成龙绘制）

如果进一步分析它们的内在关系，能够发现如下特征：非规则街廓并不是严谨的几何形态，在交叉路口地段，街道通常呈 90°交接。除少量不规则产权地块外，部分尖角街廓附近，建筑或院落依旧保持直角体系，而将不规则性转移到了建筑和街道之间的地块①。这种无序明显具有自由形成的非人为规划的特征。非规则的道路系统和产权地块非严谨的对应关系造就了自由灵活的城镇街巷景观。古镇街巷的围合要素包括建筑、院墙、挡土石墙、砖石垛等。不规则形态空地有时种植庄稼和树木，或者空置出来成为街巷到院落入口的缓冲空间（图 2-22）。

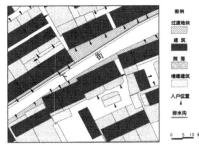

图 2-22　街巷至院落入口的缓冲地块
（图片来源：李冰、刘成龙绘制）

三、产权地块：方正院落与多变布局

产权地块是地籍图中所表示的土地权属界线单元，一般由墙体、栅栏等界定其物理边界。它的范围包括建筑物、院落、花园、临时构筑物、空地和施工工地。产权地块是城市形态学研究的基本单元，它通常以院落的形式体现在中国的传统城镇之中，包括民居、店铺、官署、寺庙等。院落空间模式在传统民居中数量最多，分布最广，已经形成中国传统城镇与建筑文化的特征。方正的院落变换朝向以适应变化的地形和曲折的道路，继而形成丰富多变的街道空间和不规则的街廓形态。以规则形态顺应多变的自然地形，这对矛盾的要素在青堆子古镇巧妙地融合在一起（图 2-23、图 2-24）。

青堆子古镇的院落通常呈方形，在地形允许的情况下尽量呈南北朝向布置。南北向主街太平街两侧的商铺院落的房间主要和街道平行，而呈现出以东西朝向为主（表 2-2）。其余建筑以坐北朝南的正房为主，东西朝向的厢房很少，院落宽大，有利于更多的阳光进入院落（表 2-2）。少部分院落由南北两栋正房围合而成，这种院落类型主要分布在古镇中心的商业街道两侧，院落尺度一般不大，临街建筑为商铺，院内建筑为住宅。少量院落因位于街道转角处，或者由于特殊的功能要求，使得其中的建筑为"L"形或"U"形。院落入口位置比较灵活，有的院落从南北向的正房进入，也有的院落从侧面的院墙直接开门。多变的入口方式使得方正的院落空间能够灵活地适应多变的地形。富户商家会建造四面建筑围合的院落，这种院落通常尺度很大，一般是独栋建筑院落面积的 3～4 倍，这样可以保证院落内部拥有充足的阳光（表 2-3）。建筑平面的开间也不限于单数，从最少的三开间到最多的七开间不等。中间开间一般是厨房和餐厅，两边的房间是卧室。

---

① 在古镇形成初期，青堆子的居民自由选择地段建设自己的房屋院落。院落距离已有道路远近不一，因而形成了这种介于院落和道路之间的特殊形态地段。它是古镇自发形成的重要特征。

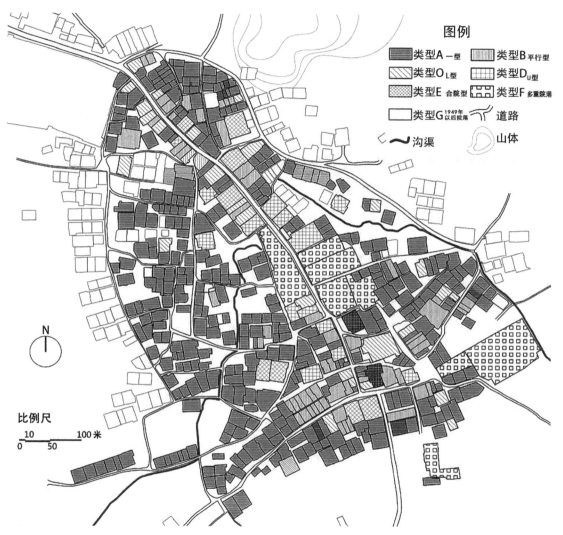

图 2-23 青堆子古镇院落类型分布图

（图片来源：李冰、刘成龙绘制）

图例

━━ 1949年后建筑

━━ 1949年前建筑

〜 沟渠

┬ 道路

◯ 山体

比例尺

图 2-24　青堆子古镇的现状建筑肌理

（图片来源：李冰、刘成龙绘制）

表 2-2 青堆子古镇形态区域特征总结

类别	主要街道区域	次要街道区域
道路关系	院落和道路关系紧密，院落和道路间很少有空地	院落和道路关系不一定紧密，道路和院落间时常有不规则空地
功能类型	商业为主	居住为主
院落平面	类型丰富	类型A（一字形）为主
地块密度	密度大	密度小，沟渠附近最为稀疏
地块形状	地块面宽小，倾向窄矩形	大部分地块面宽大，倾向正方形
建筑朝向	建筑平行于街道	南北向为主，平行于街道

注：主要街道是指图2-3中所指的道路系统简化结构道路，包括太平街、财神街、下街、鱼市街等；次要街道是指古镇区域内除了主要街道以外的道路。
（表格来源：李冰、刘成龙绘制）

表 2-3 青堆子古镇传统单进院落类型

分类	典型院落平面及入口位置/米				平面模式	比重	院落内建筑布局描述
	东入口	南入口	西入口	北入口			
类型A	5.6×14.1	10.8×16.4	13.2×14.6	14.7×19.8		76.3% 360院	单一正房院落占大多数，建筑入口位置不固定，毗邻街巷，房间为南北向正房
	院落面积范围/平方米：75～290						
类型B	17.4×19.6	14.0×20.1	11.2×25.9	11.0×27.4		13.0% 62院	二房院落入口的位置毗邻街巷，建筑为两个南北向正房。南侧正房用作居住或库房功能
	院落面积范围/平方米：270～330						
类型C	17.0×28.0	14.8×25.3	16.0×18.0	18.4×22.1		6.0% 28院	正厢房院落入口毗邻街巷，厢房的进深和面宽通常小于正房，用于次要居住或者库房
	院落面积范围/平方米：310～480						
类型D	23.8×31.8	18.4×24.9	23.8×31.8	调研院落范围内未出现		3.0% 14院	三房院落入口毗邻街巷，以一正房、两厢房模式居多，厢房进深和面宽通常小于正房，用于次要居住或者库房
	院落面积范围/平方米：450～780						

（续表）

分类	典型院落平面及入口位置/米				平面模式	比重	院落内建筑布局描述
	东入口	南入口	西入口	北入口			
类型E	27.4×36.3	16.0×34.9	调研院落范围内未出现	22×27.4		1.7% 8院	四房的院落被称为四合院，所占比例最少，一般为镇内大商户所拥有，房屋间数较多，院落本身尺度较大，院落边长甚至超过10米。部分宗教建筑也采取四合院模式
	院落面积范围/平方米：620～960						

注：图中类型根据院内主要建筑分类，临时建造的非居住空间不作为院落空间特征依据。数据根据图2-8的472份独院样本统计得出。类型F为大型多进院落，类型G为1950年代后的新建院落，故未做统计。
（图片来源：李冰、刘成龙绘制）

青堆子古镇内包括民居、行政、商铺、宗教在内的几乎所有类型的建筑都是合院式空间结构。民居建筑中"一字形"建筑布局合院（类型A）是显然的主导建筑类型，它的建筑外观也具有一致性，青砖、灰瓦、硬山墙构成了青堆子古镇统一的城镇景观。在镇内及周边乡村范围内，本土宗教建筑规模庞大，形成辽南两大著名庙群之一，其寺庙包括普华寺、天后宫、万字会、火神庙、城隍庙、龙王庙、河神庙、九圣寺等。同时，外来宗教也传入青堆子，基督教堂、天主教堂、清真寺等成为古镇多元宗教文化的见证[①]。依靠港口贸易，来自各地的各种文化背景的客商居民汇集于这里，使得青堆子在20世纪初期获得了空前的发展。多元文化并没有使青堆子古镇的整体风貌变得杂乱无章，统一协调的色彩和建筑材料依旧是青堆子古镇建筑和城镇风貌的主要语汇，多元文化兼收并蓄的特征在青堆子古镇展现得淋漓尽致。

四、小结

本节将当代技术手段和现场调研相结合，对辽宁青堆子古镇的历史地图进行了转译和重绘。在此基础上，从城市形态类型学的研究视角挖掘考证了古镇的历史核心区范围和道路系统，层层深入地探讨了古镇的路网、街廓、产权地块及建筑布局的类型和形态特征，并揭示了它们之间的空间关联，尤其充分地研究并展现了介于古镇总体和建筑单体之间的中间尺度（街廓和产权地块）形态要素类型及特征。

在古镇的演进过程中，农耕和港口商贸这两种主要的社会经济行为，受到自然地形的影响，逐步物化为青堆子古镇特有的城镇形态。古镇的形成是一个以院落为单位、小规模的、相对慢速的渐进过程，顺应自然的传统文化理念使得传统的方形院落顺应地形分布，共同组成了形态各异的街廓。古镇核心地带及重要街道两侧，院落和建筑密集分

---

① 大连晚报社棒棰岛周刊部.沧桑·大连老镇[M].大连：大连出版社，2015.

布；而边缘地带，院落分布相对松散。植被和农田景观与建筑院落时常自然地融合在一起，给人"无序"和自由的直观感受。这种融合从根本上反映的是农田到城镇发展的过渡状态，也是非规则形态古城镇的重要特征①。青堆子古镇历史核心区域略呈放射状的道路系统、非正交几何的道路和街廓形态，外在地呈现出丰富多变的街道景观，内在地反映了多变的自然地形和滨海商贸经济活动的双重作用。开放与兼收并蓄的港口商贸文化将众多类型的建筑及多样的外来文化巧妙地统一在青堆子古镇。

在常见的大规模、快速、简化仿古的城乡建设模式以外，青堆子古镇的城市形态类型学研究提供了另一种设计准则和观察视角，包括尊重自然地形，从基地的农田划分形式中找到先人对现有基地特征的概括和总结，从已有的历史城镇文脉中寻找规律，注重支路网、街廓、产权地块这些中间层次的规划考量。城市形态类型学的研究成果将复杂、非规则城镇形态的内在秩序用平面和图解的方式直观、理性而深入地呈现出来，为历史街区的更新和城镇的发展提供了明确的历史信息依据。这些成果对传统城镇的文化旅游、历史文化遗产保护、历史建筑的恢复与重建、历史街区和历史城镇的决策、规划和设计等方面具有应用价值和启示②。

---

① 李冰，苗力.非规则形态古城的诞生与演变研究：以云南丽江大研古城为例 [J].华中建筑. 2014,32(11)：153.
② 原文题目为"从历史地图到城镇平面分析：类型形态学视角下的青堆子古镇形态结构研究"，发表于《新建筑》，2018(2)：128-131。作者：李冰，苗力，刘成龙，李彦巧。文章在本书编辑过程中有所调整。

第四节　青堆子古镇的形态演变

根据法国城市历史学家皮埃尔·拉夫当（1885—1982）的观点，城市分为规划的城市（ville créée）和随机的城市（ville spontanée）。后者又被称为"地貌的城市"，它根据土地与地形条件，随着时间的推移，在人们日常生活的影响下逐步形成[①]。它呈现出非规则、非几何性、"有机"的城市形态，透露着令人捉摸不透的复杂规律。

城市形态的研究重点之一是对城市历史形态的追溯，其发源和演变透露着城市的原始信息，复杂的特征因而变得容易理解。

本节结合欧洲历史地图分析的方法，以辽宁东南滨海丘陵地带的随机城镇——青堆子古镇为例，从自然地形和历史文献地图的当代解析入手，对历史古镇形态演变进行回溯研究，寻找历史古镇形成初期的影响要素，探索城市形态和历史文脉的源头。这对当今的城市规划、城镇建设、文化旅游、历史遗产保护等领域都将提供有益的启示。

一、研究依据：历史地图与自然地形

欧洲几个世纪以来丰富、详尽而准确的历史地图资源为城市形态的研究提供了重要支持。根据历史地图中的历史信息结合实地调研，对传统城镇进行卓有成效的城镇形态的历史文脉研究是欧洲城市形态研究的重要依据和常用方法[②]。而中国的历史城镇流传至今的历史地图数量稀少，线描的地图过于抽象而简略，缺少很多直接的信息，但当代的卫星图、测绘图以及现场调研能够在一定程度上弥补史料不足的缺陷。因此，可借鉴欧洲历史地图的研究方法，将对历史地图的转译应用在中国的古城镇形态研究中。

青堆子古镇具有远近闻名的街市和集中的政府区域，但未修建正式的城墙。从民国十年（1921年）的历史地图（图2-17）中能够看出，古镇最外侧的道路大致呈不规则的环状，它所代表的范围应该和青堆子古镇的范围相当。但这一历史地图仅表示出粗略意向，没能准确表达青堆子古镇的形态和比例。经过现场调研发现，古镇外环道路以外的民居院落绝大多数于1950年代以后修建，进而证明了这条外环道路对应的历史古镇的范围。研究的第一个基础工作是借助卫星图和当代测绘地图，确定青堆子古镇的路网系统，重新绘制古镇历史地图信息相对应的准确地图（图2-18）[③]。

---

① 科斯托夫.城市的形成：历史进程中的城市模式和城市意义[M].单皓，译.北京：中国建筑工业出版社，2005.
② 段进，邱国潮.国外城市形态学概论[M].南京：东南大学出版社，2009.
③ 李冰，苗力，刘成龙，等.从历史地图到城镇平面分析：类型形态学视角下的青堆子古镇形态结构研究[J].新建筑，2018(2)：128-131.

　　青堆子所处地段在开埠以前地处领道山南麓，为水陆交通要冲，四周一片沃野（图2-25）。通过历史道路系统和地形图的对照，能够帮助发现二者的相互关系。不规则的道路系统源于丘陵地形的不规则形态，表现为平行或者垂直于等高线，即大部分的道路位于山脊、山坳处或者和等高线平行。道路诞生于人类活动以后，如果没有大规模的人为规划，其变动的概率较小。道路的形成不一定意味着其周边房舍会同时产生。村庄房舍的选址通常避开已经形成的道路，但是和道路联系方便，院落的方位还要结合朝向、地块的平整度、树木植被的位置等要素。若干房舍形成聚落村庄，其秩序和稳定性以及各种自然要素的影响，作为整体都转化入城市形态之中。城市的胚胎构造已经存在于村庄之中，它们包括房舍、宗教场所、公共道路、集会场地等①。因此，虽然史料中不一定明确公共道路的具体位置，但是我们可以根据现有道路结构推断历史上道路的痕迹。

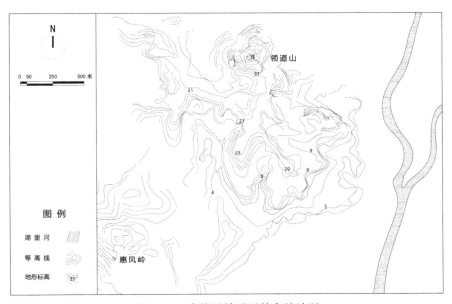

图2-25　青堆子镇附近的自然地形

注：图中数字为等高线高程。

（图片来源：牛筝、杜楠华绘制）

二、青堆子古镇的历史演变进程

（一）唐代时期：聚落缘起于庙宇码头

　　据《庄河县志》记载，唐贞观六年（632年），有行僧来此地游历，传递佛教香火，建草房三间，称玉皇庙。自此以后，附近人烟渐集，而成村落。玉皇庙几经增建和更名，建有大雄宝殿及其他佛殿，先定名三清观，后改为普化寺。在随后的岁月里，普化寺几度毁于兵火，而后重修。清咸丰三年（1853年）的《青口普化寺重修碑》记载："是寺不知创于何时，考故碑所载，自金元以来，已有故址，其后毁于兵火，而形势荡然几尽。"普化寺东南，临近"湖里河"有河港，港

---

①　芒福德.城市发展史：起源、演变和前景［M］.宋俊岭，倪文彦，译.北京：中国建筑工业出版社，2005.

湾虽未成坞，但是已经有渔船、商船经常在此停泊。总之，按照现有史料，从唐代开始，青堆子由寺庙和码头所带动，人烟聚集形成村落。同时，结合青堆子镇的地形图能够看出，这里是高程介于4.5～8.9米之间的小块缓坡台地，中间就是目前的小广场位置。无论是港口商贸活动，还是宗教活动，都需要一个比较集中的公共集会场地，因此，小广场空地应该随着庙宇和码头的出现而逐渐形成，成为青堆子初期道路系统的核心枢纽（图2-26）。

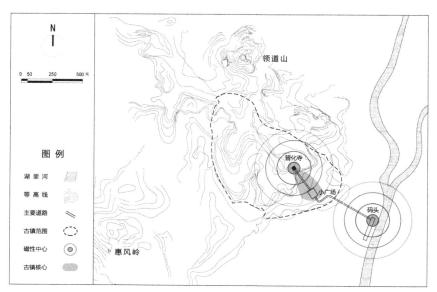

图 2-26　唐代青堆子附近的状况

（图片来源：耿钱政、杜楠华绘制）

（二）明清时期：道路系统初步形成

东北地区在17世纪上半叶遭遇了连年的战争，土地荒芜，城市遭受重大破坏，辽东一带是明清军队激战的前沿，城市破坏更甚①。受到战争波及的部分百姓来到青堆子躲避战火或经商谋生。清政府在建立的初期，为了促进东北经济的恢复和城市的复兴，采取了一系列鼓励措施，如召民垦荒、减免赋税及鼓励旗人自行耕种等。此后，港口小镇青堆子逐渐繁荣，成为颇具规模的齐鲁流民闯关东的中转地之一。清乾隆二年（1737年），青堆子镇区基础设施建设已具相当规模，北街（今太平街）、东西街（今下街）、鱼市街、官衙街的街巷系统初步形成。清乾隆八年（1743年）后，青堆子正式开埠，青堆子成长为环渤海地带的港口之一，贸易连接天津、烟台、青岛、大连、朝鲜半岛等地②。

这一时期的四条老街中，有三条集中于最初的普化寺和小广场之间的平缓地段，只有北街太平街顺延而上，连接西北内陆。此时的青堆子已经形成了最初的城市形态框架。街道两侧的历史建筑标志着街道存在的最晚时间。以财神街为例，该街是连接普化寺和小

---

① 王士宾. 清代东北地区城市空间形态的演变[J]. 科教导刊，2010(3)：244-245.
② 《青堆子镇简史》，青堆子镇政府资料。

广场的唯一道路,两侧建筑具有明显的清末民初特征,街道西侧的专卖局旧址,其外具有西洋建筑风格的柱式和山花,是典型的清末民初中西合璧式建筑[图2-27(a)]。同时,笔者还在实地调研中发现财神街262号民居是一栋具有400多年历史的古宅[1],建筑外观古朴素雅,室内结构敦实厚重,明显区别于街道两侧的清末建筑侧重装饰的特征[图2-27(b)],古宅的发现更加印证了财神街的老街地位。明末清初的青堆子镇总平面图如图2-28所示。

(a) 财神街西侧专卖局旧址历史建筑及立面装饰

(b) 财神街东侧明代民宅立面及内部结构

图2-27 财神街两侧历史建筑现状

注：图2-27(a)(b)的平面位置见图2-28。

（图片来源：李冰拍摄）

(三) 民国时期：防御体系初步构建

民国十年(1921年),青堆子处于东北自治下的军阀张作霖统治时期。当时社会土匪猖獗,为了抵御匪患,古镇设置了独具特点的防御体系：围门和围墙。围门,当地人称之为"围子",与城门的作用类似,封锁重要道路以防匪患入侵。而围墙则主要依靠镇域外围的民居建筑外墙或者院墙来实现防御功能。这样的防御体系保证了城镇核心区域的安全,但其形成的边界并不与城市边缘带重合,导致防御体系之外也有一些建筑和院落。因而1921年县志描绘的14道围门及其民居建筑外墙所构成的防御体系只能表达青堆子当时的核心区域范围。

---

① 王玉发编撰整理的《青堆子镇历史资料汇编》,尚未出版。

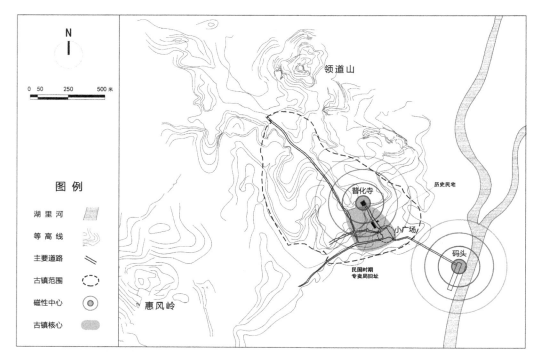

图 2-28 明末清初时期的青堆子镇总平面图

(图片来源：耿钱政、杜楠华绘制)

随着青堆子港口贸易的兴盛，城镇规模随之扩大，功能结构也逐渐复杂起来，青堆子镇域内出现教堂、寺庙、学校、邮局、电报、警察署等新的功能属性，商铺也依附主要街道两侧而兴起，古镇繁华的中心区逐渐形成。从平面上看，该中心区仍然靠近普化寺和小广场，即整个镇域内的南部、现天后宫坡下区域(图 2-29)。

(四) 日据时期：城镇的扩张与稳定

1931 年，日本发动侵华战争，同年 10 月，日军进驻青堆子。次年 3 月，伪满政权建立。通过比较 1934 年的县志地图与 1921 年的县志地图，笔者发现日伪统治期间，日军为抵御抗日组织的反抗，在原防御体系外围又增设一圈围壕，北至领道山，西至惠风岭，南至河神庙，周长约 3 千米，东、西、南、北各方向各设一围门，各有警察驻守。围壕范围内不仅仅是城市建成区，还包括相当面积的农田。由于当时青堆子围壕内的生活相对安定，以致人口数量激增，城市的边缘带沿主路向北方与西北方向延伸。1930 年代末，青堆子居民达到 11 977 人，商户 379 家，其繁荣程度甚至超过了县城庄河[1]。

青堆子镇的主体建成区域均在领道山南麓、天后宫的坡下，街区面积本就有限。同时，南面黄海，东临沼泽，所以，青堆子镇空间拓展的唯一出路是向西北地势较高的方向伸展。

---

① 《庄河县志》编纂委员会办公室.庄河县志[M].北京：新华出版社，1996.

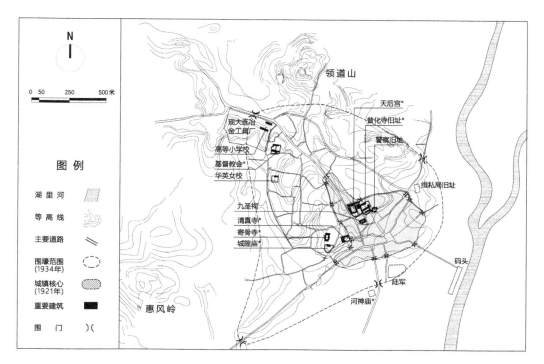

图 2-29　民国时期的青堆子镇(1934 年)

[图片来源：李冰根据民国二十三年(1934 年)《庄河县志》信息绘制]

清代嘉庆年间牌坊村前牌坊屯南建起一条连接庄河和大孤山的国道(现称"老国道"或"古道")。1932 年,钢筋水泥结构的湖里河大桥建成,广文路和古道口向北至赵水甸子的道路开通,同年青堆子还建立了客运分站,驻有一台小客车。此时陆路交通已粗具规模,为青堆子向西北延伸奠定了基础。

但是,从地形角度看,太平街是和西北联系的唯一通道,线性伸展,地势较高,属于山脊状地形,两侧的地势迅速下降,形成自然排水河道。因此,向西北延伸和拓张只是局限在太平街两侧的店铺院落,并没有大面积扩张。民国期间青堆子最著名的邓家、李家、沈家、华家四大院落,均位于建成区边缘面积比较宽松的地带。从 1969 年的青堆子镇卫星图可以看出,当时太平街两侧的聚落民居依旧比较松散,密度不高(图 2-30)。

(五) 抗战后期：港口衰退,发展停滞

最辉煌的 1930 年代,也是青堆子港口盛极而衰的起点。民国二十年(1931)以后,青堆子港也与大多数河港相似,开始面临港口功能衰退的问题。淤泥的逐渐沉积终致河道狭窄,河床浮浅,港口功能削弱,青堆子因而失去了经济发展的重要依托。另外,1930 年代至 1940 年代,这里战乱频繁,时局动荡,这也使得昔日繁华的青堆子老镇的发展停滞不前,逐渐没落,城镇形态基本稳定下来。

图 2-30 1969 年的青堆子镇卫星图

（图片来源：李冰、耿钱政绘制，底图源自 https://earthexplorer.usgs.gov/）

三、青堆子古镇的形态演变特征

（一）宗教寺庙是古镇发展的缘起

青堆子古镇的发展是一个有机连续的过程，社会、政治、经济、文化等因素促使其形态不断地发展和改变，在不同的历史时期其形态演变的速度、规模和方式都有差异。青堆子古镇诞生于沿海丘陵地带，其城市形态起源于唐代的寺庙，成为城镇生长的原点以及吸引各方向人口聚集的"磁性中心"。古镇以普化寺为中心向南缓慢发展，自然地形致使其道路系统呈现出不规则的形态。

（二）港口开埠是古镇繁荣的动因

青堆子"临河向海"的绝佳地理区位一直是其城镇发展潜在的经济动力。直至明末时期，青堆子港口的通航终于成为其城镇发展繁荣的拐点，港口迅速成为古镇繁荣的"磁性中心"。1743 年，青堆子商埠开通，城镇经济快速崛起，吸引了各地流民迁居至此。随着外地人口和商业资源的引入，古镇普化寺和码头之间的地形平缓区域形成了最初的青堆子古镇，以小广场为中心的发散道路，汇聚了鱼市、草市、粮市等多种商业功能，青堆子古镇从而"因港而兴"。

（三）古镇的演变体现发展方向的最优选择

总体上看，青堆子古镇的发展受到社会、政治、经济、文化等多因素的共同影响，但是在其核心形成之后，城镇便开始以此为中心向陆地纵深扩展。在青堆子古镇发展过程中，其最初的发源地位于黄海北岸丘陵地带中坡度平缓、地势较高的台地，其最初的道路放射状网络系统也集中于这一区域，但是该区域面积有限，东侧是沼泽，南侧为河道，均不利于房舍院落的建造，因而在空间发展条件的约束下，青堆子古镇逐渐沿着山脊道路"太平街"向西北方向内陆扩张。尽管道路两侧的标高迅速下降，且有溪流通过谷地，但这是古镇唯一的、最为合理的发展方向。

（四）空间形态的演变是内在社会特征的表达

法国城市社会学者弗朗索瓦·亚瑟（François Ascher）认为"物质的城市形态是内在社会形态的体现"[①]。从卫星图中能够看出青堆子古镇最为明显的特征是被两侧的建筑和院落所严格界定的曲折轴线——太平街。建筑完全顺应街道自然曲折，正南正北朝向的特点在这里并不很明显。这条街道的形成源于伪满时期，当时的青堆子商业发达，太平街两侧店铺林立。沿街商业、后院居住的社会形态，直接反映为前店后屋的商住一体的院落形态。而1949年以后，这里的商业不再辉煌，因此除了少量商店以外，大部分变为居住功能。而且，一家院落被几家住户分割，独院成为杂院。随着岁月的流逝，单栋历史建筑被按户分割成不同的外立面材料，以适应不同住户的居住需求（保温、房间分割、审美取向等）。这是根本的社会生产资料所有制变革的必然结果，在古镇其他建筑中也有体现。始建于清乾隆八年（1743年）的天后宫，最初供奉天后娘娘（妈祖），这体现了古镇诞生和发展时期的社会整体信仰。但在1949年后，天后宫被作为学堂使用，这是传统信仰式微而学校建筑匮乏的体现。进入21世纪，天后宫又被修复一新，重新有僧尼入住修行。这是社会发展，宗教传统文化复兴的需求所致。

四、小结

青堆子古镇依庙而建，因港而兴，其400余年的兴衰演变在一定程度上是我国黄海沿岸城镇变迁的缩影，深刻反映了这一区域不同时期社会变迁的历史进程。同时，由于统治机构没有在这里修建城墙，也没有进行人为的规划，青堆子古镇在城镇形态结构的演变方式上，更多地反映出城镇自组织模式的发展规律。曲折的道路、步移景异的街道景观、道路与坡地的各种关系，都体现了人类活动与自然丘陵地形的互动与适应，为当今的古镇规划和城市更新提供了有益的启示。青堆子古镇所体现的依山就势、顺应自然的生长建设模式，

---

① ASCHER F. Les nouveaux principes de l'urbanisme[M]. Paris：Editions de l'Aube，2015.

与当今的城镇规划建设中各种问题形成了鲜明的对照。这些问题在目前的某些城镇规划中依旧存在，它们无视历史城镇区域的存在，生硬照搬当代大尺度的规划手法，继而造成城镇路网的尺度失衡、地形特征消失、建筑的比例失调等问题。

面对复杂的地形，规划设计者应当本着尊重自然、因地制宜的思想，通过实地调研考察，发现地形特征，仔细地推敲道路的布局和建筑以及院落的尺度，化整为零，顺应地势。同时，对已经存在的历史建筑和聚落进行认真的考察研究，找出当地历史城市肌理的特征，使得新的建设融入本土环境。①

---

① 原文题目为"北方滨海丘陵地带古镇形态演变研究：以大连市庄河市青堆子古镇为例"，发表于《城市建筑》，2018（8）：122-125。作者：李冰，耿钱政，杜楠华，苗力。文章在本书编辑过程中有所调整。

第五节　辽宁明代卫城的形态特征

在元代，除极少数中心城市得到发展建设以外，我国绝大多城池遭到破坏，唐宋时代的城墙被大范围地拆毁，从而打破了城市形态的完整性。明朝政府开展了大规模的城市恢复和建设工作，在全国设立了一套由中原"两京十三省"[①]和长城沿线"九边重镇"[②]组成的城镇体系。在古代历史上，明代"造城运动"的数量之多、范围之广前所未有，是我国城市建设的高峰期[③]。其中，辽宁地区建设了 20 余座新城并遗留至今，其中卫级城市共 12 座，其数量最多，规模适中，保存较好。在我国明代长城沿线的"九边重镇"中，同等级的卫城共 35 座，辽宁一省即占其中 1/3 以上，因而辽宁卫城也是我国北方军事城镇的典型代表。

现今的明代辽东卫城大部分已经损毁，甚至完全消失。城市肌理大面积保留至今的古城仅有 5 座，分别为开原老城、盖州古城、复州古城、义县古城和兴城古城。其中，义县古城和复州古城的历史城市肌理遗存不到全部的三分之一，保存相对较为完整的是辽北的开原、辽南的盖州和辽西的兴城，其历史城市遗存超过原有古城面积的一半。这三座古城的地理位置分布以及保存的完整度是实证研究的典型范例。因此，对这三座古城进行辽宁境内的古城形态特征研究具有必要性、迫切性和代表性。

一、明代辽宁的筑城高潮

明朝初期的筑城高潮中，地处边海防节点的辽东镇（今辽宁省大致范围），因"三面环夷"的重要区位，成为明代边境防卫体系的"九边重镇"之首，建设了众多军事城镇。这些城市在等级结构上与中原地区的府、州、县不同，实行都、布、按三司制度[④]，以负责军事职能的辽东都司为最高机关，下设卫、所等军事防御机构，兼理民政。

卫级机构作为辽东省内的二级军事单元，共有 25 个。其中，有的卫作为镇城的一部分，分布于镇城内，如辽阳和广宁镇城中的卫；其他卫则被派出到各个地方，单独建城，因城内最高机构是卫，故称作卫城，如盖州、开原、宁远等卫城，这类城市共 12 座（图 2-31）。这些城市多随明初辽东战争 20 余年的军事进程而建立（除宁远），主要分为 3 个阶段，分别是：早期阶段，

---

① "两京"为京师和南京；"十三省"为山东、山西、河南、陕西、四川、湖广、江西、浙江、广东、广西、云南、贵州、福建；其行政体系为"京一司（省）一府一州一县"五级。

② "九边重镇"为明代北疆军事防线，包括辽东镇、蓟州镇、宣府镇、大同镇、太原镇、延绥镇、宁夏镇、固原镇、甘肃镇。

③ 王贵祥.明代建城运动概说[M]//王贵祥.中国建筑史论汇刊.北京:清华大学出版社,2009.

④ 明代三司包括承宣布政使司（简称"布政司"，一级行政区的民事事务管理机构）、提刑按察使司（或称"按察司"，简称"臬司"，一级行政区司法部门）、都指挥使司（简称"都司"，一级行政区的军事领导机构）。

以辽南地区的辽阳为中心,含金州、复州、盖州、海州;中期阶段,以辽北地区的开原为中心,含铁岭、沈阳;晚期阶段,以辽西地区的广宁为中心,含义州、锦州、前屯、右屯、宁远。[①]

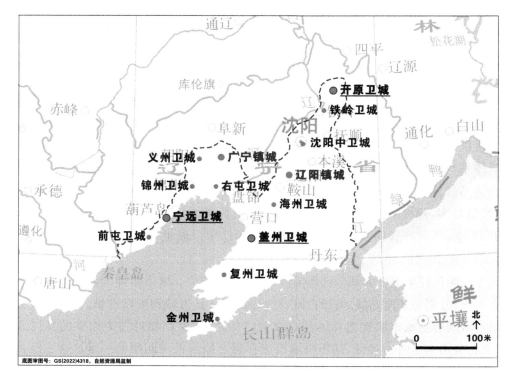

图 2-31　辽宁明代 12 座卫城分布图

注：辽宁省内虚线为明长城路线。

（图片来源：李冰、李宗净绘制,底图源自国家自然资源局）

基于实地调研,笔者选取盖州、开原和兴城（宁远）三卫城进行形态研究。在建设时序上,三城可作为明代辽宁筑城高潮的早、中、晚期的代表城市;在区位上,三城分别为辽南、辽北、辽西地区保存最为完好的城市,代表性强;在形态上,三城的建城手法、布局方式和建筑样式各有异同。将三城结合研究,可较为全面地总结明代辽宁卫城的形态演进特征。

二、辽南：盖州古城

盖州古城位于营口盖州市老城区。明洪武五年（1372 年）,吴玉在大清河北岸"因旧土城以砖石筑之新城"。城市在区位上处于辽东半岛西北部,北距山体 1.5 千米,南临大清河,东距渤海 8.7 千米,西控半岛腹地,至清末一直是名副其实的辽东半岛政治经济中心、辽东湾海防重镇,因而民居、城墙、公共建筑等建设标准较高。

盖州古城整体接近矩形,面积 0.693 平方千米,南北城墙约 780 米,东西城墙约 880 米,

---

① 陈晓珊.明代辽东—山东地缘关系研究：以登辽海道为中心[D].北京：中央民族大学,2007.

有完整的护城河体系(图 2-32)。开三门,东曰顺清,南曰广恩,西曰宁海,东门、南门有瓮城,规模恢宏,西门曾封闭后重开。南大街和东、西大街构成的"丁字路"道路骨架,南大街最宽,约 8 米,东、西大街现已拓宽为城市干道,其余胡同宽 1.5～3 米。

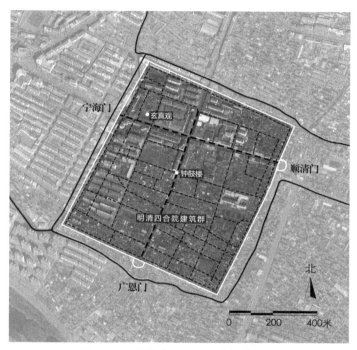

图 2-32　盖州古城平面及古街巷复原

(图片来源：耿钱政基于 Google 2016 年影像绘制)

　　城中尚存两处 600 年以上的历史建筑,分别为玄真观大殿和钟鼓楼。全国重点文物保护单位玄真观大殿位于古城西北部,建于明洪武十五年(1382 年),当地也有"先有上帝庙,后有盖州城"的说法,其建筑斗拱硕大,布置疏朗,更接近金元风格,具有极高的建筑艺术和历史价值。钟鼓楼位于古城中心的南北轴线上,建于明洪武九年(1376 年),现为省级文物保护单位,是辽宁 12 座卫城中唯一的明代钟鼓楼真迹,其矩形平面的城楼式风格在我国钟鼓楼中极为罕见。以钟鼓楼为中心,古城东南部的古城肌理仍十分完整,保留了大片百年以上历史的明清四合院古民居建筑群。一些房屋的历史超过 200 年,这些房屋多为举架高大、结构精美的坡屋顶青砖建筑,具有很高的历史价值。建筑群现为省级文物保护单位,但由于缺乏专业的维修方法,部分房屋结构已有不同程度的损坏,亟待专业性的维护修缮。

三、辽北：开原老城

　　开原老城位于铁岭开原市东北的老城镇,建于明洪武二十二年(1389 年),在区位上恰处于东西向长城和南北向辽河的地理交汇点,又是明长城的最北端,扼守辽东北境,控制长城以北的广袤东北地区。由于其十分重要的军事地位,明政府在这里设立三万、辽海二卫,派重兵把守，又设安乐、自在二州招抚少数民族。至明中后期，开原又承担了与长城以外的奴儿干都司联系的任务。多种因素促成开原城的建设标准很高，尤其体现在其超大的城市规模上。

目前，在卫星影像上，开原老城"方城钟楼十字街"的古城形态清晰可见。城墙呈斜方形，周围有护城河（图2-33）。城墙高三丈五尺（约9米），东、南西边长1720米左右，北边长约1830米。古城有四门，面积为2.92平方千米，是我国古代普通县城的3~4倍，为明代东北第二大城池，仅略小于辽阳城①。在明代筑新城时，位于开原老城西南的辽金崇寿寺塔周围已有居民聚集，因而新城中心偏西南，十字大街也偏西南。由于面积较大而人口有限，至今城东北仍有大量农田空地。笔者认为，空地在明代一方面保障战时屯田物资需要，另一方面也可为人口增长提供备用土地。

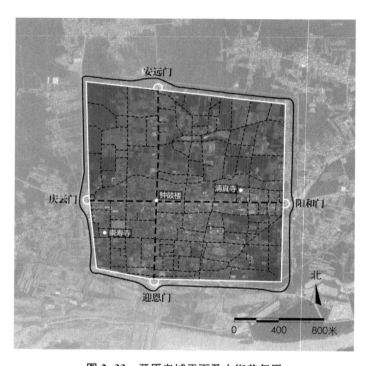

图2-33　开原老城平面及古街巷复原

（图片来源：耿钱政基于Google 2016年影像绘制）

开原老城内的历史建筑由于年久失修和人为破坏，保存状况不理想。目前，城内尚存省级文物保护单位2处，分别为辽金崇寿寺塔和明代清真寺，历史价值较高；古城墙东、北边有夯土基础遗址，但已濒临消失，东门附近有部分砖城遗址；城中钟鼓楼位于十字大街中衢，历经多次坍塌重建，现存者重建于1991年；现南门迎恩门为2004年重建。此外，城内遗留10余座青砖建造的民国民居，其余大多建于1949年以后，历史价值一般。

① 高清林.开原古城"城池周围"有多长？［J］.中国长城博物馆,2013(3)：15-17.

四、辽西：兴城古城

兴城古城，即明代宁远卫城，位于葫芦岛兴城市老城区，建于明宣德三年（1428 年），是我国保留完整的 4 座古代城池之一，也是全国现存唯一的正方形古城，1988 年被列为全国重点文物保护单位"[①]。地理环境上，古城北依辽西丘陵，南濒渤海，处于"辽西走廊"中部，是古代中原与东北交流的必经之地。明隆庆二年（1568 年）的大地震使宁远卫城受损严重，明天启三年（1623 年），明末将军袁崇焕重修宁远卫城，增加筑外城墙，但今已无从考证，内墙则保留较好，即今兴城古城墙[②]。

兴城古城形态布局严整、城墙完整，尚存完备的十字大街、马道、胡同、牌坊等城市形态系统（图 2-34）。城墙为完整的正方形，平均边长为 813 米，周长为 3 255 米，高 8.88 米，面积 0.662 平方千米，四边正中各一门，曰春和、永宁、迎恩、广威，门楼高约 15 米，门外均有半圆形重修瓮城，但为适应当代交通的通畅，出入口位置与历史遗迹不符。城中现存两座石牌坊，均位于南大街上，南为祖大寿石坊，北为祖大乐石坊，两者相距 85 米，北坊距鼓楼 194 米，南坊距迎恩门 108 米[③]。道路体系为中国古城典型的"十字大街 + 环城马道 + 胡同"模式，其

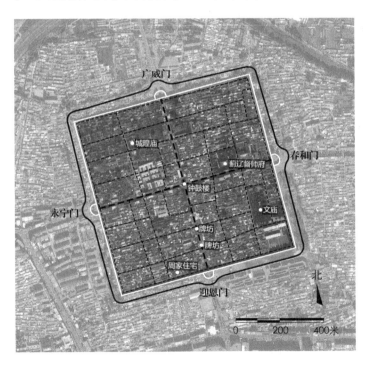

图 2-34　兴城古城平面及古街巷复原

（图片来源：耿钱政基于 Google 2016 年影像绘制）

---

① 王阿慧,石铁矛.兴城古城民居院落空间研究[J].山西建筑,2005,31(18)：19-20.
② 沈旸,周小棣,常军富,等."中国明清城墙"申遗背景下的价值挖掘：兴城古城外城墙考释[J].建筑学报,2015(2)：60-65.
③ 范新宇.兴城古城保护研究[D].哈尔滨：哈尔滨工业大学,2008.

中十字大街宽约 11 米,环城马道经过改造平均宽约 10 米,胡同宽 2~5 米,且呈现南北向宽、东西向窄的特点。

兴城古城的历史公共建筑保存较好。钟鼓楼位于古城正中心、十字大街交叉处,始建于明景泰五年(1454 年),清乾隆四十五年(1777 年)重建,高 17.2 米,历经多次修复,基本保持原貌;兴城文庙位于古城东部,占地 1.68 万平方米,是东北最古老文庙;城隍庙位于古城西北部,始建于 1442 年,为省内最完整城隍庙;现存蓟辽督师府位于古城东偏北,为 2002 年复建。兴城古城的古民居保存相对缺失,古城西北部的大片历史街区在 2010 年以后完全被拆除重建。目前城内绝大多数民居为近现代新建囤顶建筑,艺术价值较低,街廓内部布局混乱。兴城古城内较为著名的周家住宅位于古城西南部,建于 1934 年,为葫芦岛市级文物保护单位。

五、小结

总体上,盖州古城作为明代辽东第一批建设的城市,是在旧城基础上改扩建而来,城墙开三门,道路布局南北不对称,钟鼓楼兼有庙宇之用,有完整的城墙及护城河体系,体现出了明朝经营辽东初期以节俭务实、坚固耐用为主,而不刻意追求几何形态完整性的建造思想。盖州城墙从初建至今已 600 多年,至清末民初气势恢宏,直至今日城墙东段仍清晰遗存并作为民居地基使用。

开原老城建成时间较盖州晚 17 年,是明初辽东卫城建设高峰期的代表,城市整体的建造和布局手法是对盖州古城等第一批古城营造方式的传承和发展。巨大的规模体现了其重要的军事地位,十字大街和四门体系较盖州古城更为完整。但由于建城时复杂的地形和人口现状,十字大街偏于城市西南,城墙轮廓也未十分完整、方正,体现出城市形态在完形性与实用性之间的权衡与妥协。此外,金代古塔、清真寺等建筑也增加了古城的少数民族元素。

兴城古城充分传承了盖州、开原等前期城市的建造经验,建城手法愈加成熟,布局严整,规模合理,且整体上保存完好,成为整个明代建城高潮的杰出作品,也是辽东地区城市建设的集大成者,完整地体现出我国明朝军事城镇的造城思想,在古城形态研究方面具有极高的价值。从平原选址到方城、十字街、钟鼓楼等城市形态元素,该城都使用了我国明代北方汉民族建城的典型做法,较少受到其他民族的影响(表 2-4)。

明代辽东军事卫城在我国各省中数量最多,城市在短时间内集中设立,布局规整、结构清晰,体现出明代城市的建设水平,是我国古城建设的精品。历经 600 余年,盖州、开原、兴城等明代卫城虽遭受各种破坏,但仍然保留了相对完整的城市形态,以及一定数量的文物古迹。然而,由于长期忽视,缺乏正确的保护意识以及受短期经济利益的驱动,精美的古城正面临着逐渐消失的危险。本节成果将为这些卫城的保护与发展提供依据,为我国明代卫城的特色构建提供现实参考[①]。

---

① 原文题目为"辽宁省的明代卫城形态特征研究:以盖州古城、开原老城以及兴城古城为例",发表于《城市建筑》,2018(12):96-98。作者:耿钱政、李冰、苗力。文章在本书编辑过程中有所调整。

表 2-4　盖州、开原、兴城三城形态信息统计与对比

城市	盖州古城	开原老城	兴城古城
明代史籍 所绘平面图		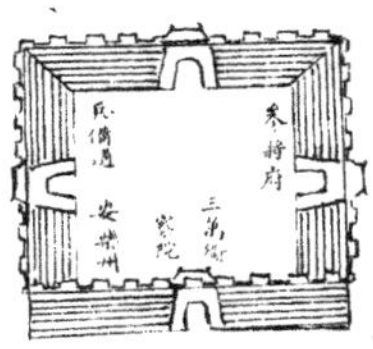	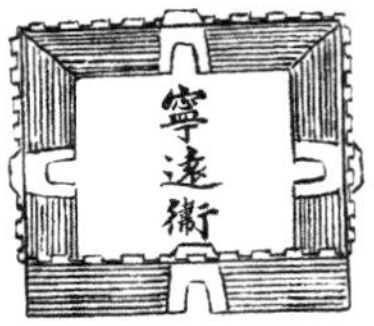
城市结构等比例 面积对比	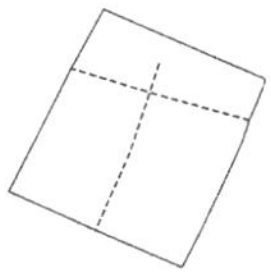	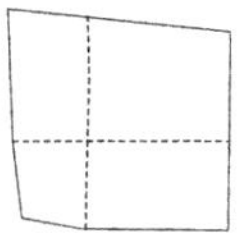	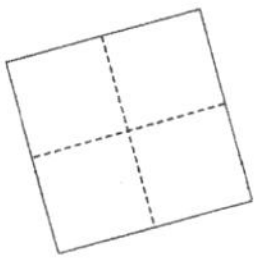
始建年份	明洪武五年 （1372 年）	明洪武二十二年 （1389 年）	明宣德三年 （1428 年）
城池周围	七里三步	十二里二十步	六里八步
面积/平方千米	0.693	2.92	0.662
周长/米	3 322	6 779	3 255
人口/人	36 379	11 901	17 649

（表格来源：耿钱政绘制）

第六节　明代辽东与山东的地缘关系与卫城形态

东北地区因其地理风貌南北贯通、语言文化风俗接近，历来被当作一个完整的地理大区进行研究。历史上的东北，作为一个多民族的融合之地，在城市建设方面形成了众多形制多样、各具特点的不同时代的古城，其中著名的包括形制规整的渤海国上京龙泉府遗址、依山就势的高句丽五女山山城、满族风韵的赫图阿拉古城以及我国少见的菱形东京陵城等。辽宁在东北古代历史中一直处于主体地位。然而，作为清朝的发源地，在清朝不到300年统治时间里，辽宁的众多主要城市却多始建或延续于明代，这是一个比较特别的现象。

同时，辽宁与山东虽历来交流不断，但因远隔渤海，这种交流常仅限于民间层面。而在明代，两地却出现了辽宁地区在行政上隶属山东行省管辖的"特殊情况"，这也是中国历史上出现的唯一一次"辽东隶于山东"[①]情况。这一时期，两地在军事、人口、物资等方面的交流十分密切，并且都进行了较大规模的军事城镇建设，上述很多辽宁清代城市也始建于这一时期，足见这些明代古城良好的实用性和延续性。

经过实地调研，笔者发现这些古城中大多仍保留着部分明清时期的城市肌理，其中不乏完整的明清城墙、悠久的古代街巷、精美的四合院民居等许多具有研究和保护价值的历史遗产。然而，相关明代古城形态的研究却一直相对匮乏，少数研究只针对沈阳、兴城等个别城市，涉及具体形态并配有完整图纸的研究更是亟待完善。本节将明代的辽、鲁两地作为整体考虑，对两地主要军事城镇的建设背景、建制进程以及城市形态进行系统性研究与总结，探究"隔海相望"的两地在城市建设模式上存在的"内在逻辑"。

一、辽鲁的密切联系及明代城市概况

（一）历史时期的密切联系

辽宁和山东虽隔渤海，但陆地最近直线距离仅109千米（旅顺—蓬莱），且有南北向的链状长山群岛作为中继站，因而从史前石器时代两地先民就开始了渡海交流。进入历史时期后，航海技术的提高使得两地的交流越发频繁，这种交流在官方层面表现为军队调度和漕粮运输，而民间交流则主要体现在移民和贸易往来上。总体而言，辽、鲁两地在明代以前即存在较为密切的地缘关系和交流基础。

---

① 陈晓珊. 明代辽东—山东地缘关系研究：以登辽海道为中心[D]. 北京：中央民族大学，2007.

至明代，辽、鲁两地在地理上同为边、海防御要地，两半岛环抱渤海，承担着拱卫京畿的重任。辽东地区作为边境防卫体系中"九边重镇"之首，东临高丽，北接女真，西贴蒙古，可谓"三面环夷"，既要应对长城以外北元残余势力的反扑，又要与东北其他少数民族交流，区位重要性凸显；而包括山东半岛在内的我国沿海地区自 14 世纪初就开始受到倭寇侵扰，元明更替至明洪武后期倭患日渐炽盛，山东等沿海地区的海防压力也日益增加。

明洪武四年（1371 年），因辽西走廊受到蒙元残余势力威胁，擅长水路的明军从山东半岛取道"登辽海道"北上，渡海攻占辽东[①]。明洪武八年（1375 年）于辽阳设立辽东都司，并将其在行政上划归山东承宣布政使司，这是中国历史上唯一一次出现"辽东隶于山东"[②]的情况。虽有学者论证这种隶属是名义上的，并没有实际隶属管辖关系[③]，但他们都承认两地在军事、人口、物资等方面的紧密联系。在这种情势下，两地又同于明洪武时期新建了大量军事城市，因而这些城市在建设模式上也可能存在一定的功能上的客观联系及形态的相似性。

（二）明代城市的等级划分

明代辽东地区不设府、州、县，以辽东都指挥使司（简称"都司"）为首脑机关，驻辽阳城，下设 25 卫 112 所，其中除了设于辽阳、广宁两镇城中的卫，单独设城的卫城有 12 座（含路城）。都指挥使统辖军事、屯田、粮储、治安、司法、教育、民族事务等权利[④]，基本形成了"镇—卫—所—堡"为主的具有军政合一色彩的行政和城镇结构体系。明朝中后期，军事日繁，朝廷单设总兵官主军事，驻广宁城，都司、卫、所则主要管理民政事务。都司、卫、所奠定了今天辽宁的城市格局。山东地区在行政上则行"府—州—县"之制，承宣布政使司和都指挥使司均治于济南府城，布政使司下辖 6 府、15 州、89 县，6 府为济南、东昌、兖州、青州、登州、莱州。都指挥使司辖 18 卫 104 所 9 御千户所，这些卫多设于府城、州城内，其中单独设城的卫城有 7 座。

本节以明代辽、鲁两地 19 座单独设城的卫城为研究对象。这些卫城对应"明代三司制度"中的都指挥使司下卫指挥使司所在城市（图 2-35），归属地方都指挥使司管辖，城内最高领导机构为卫指挥使司的以军事性质为主的城市，府、州、县城和镇、所、堡城不在研究范围之内。与历史更长的府、州、县城相比，这些卫城受到前朝原址城市形态影响较小，均为重建或新建，并且在短时间内集中设立，建设完成度和形态完整性较高；低等级的所城、堡城数量众多，形态差异较大，相比之下，卫城的等级更高，在形制上也更加规矩。

---

① 本节所指辽东，是对辽东镇或辽东都司的简称，不同于秦汉时期辽东郡，也不是泛指的辽河以东，实为明代辽东都司所辖区域，大致相当于今辽宁省除去阜新、朝阳、新民、法库、康平、台安、清原、新宾、桓仁、西丰的范围。

② 陈晓珊. 明代辽东—山东地缘关系研究[D]. 北京：中央民族大学，2007.

③ 张士尊. 明代辽东都司与山东行省关系论析[J]. 东北师大学报（哲学社会科学版），2008(2)：30-34.

④ 张士尊. 明代辽东都司与山东行省关系论析[J]. 东北师大学报（哲学社会科学版），2008(2)：30-34.

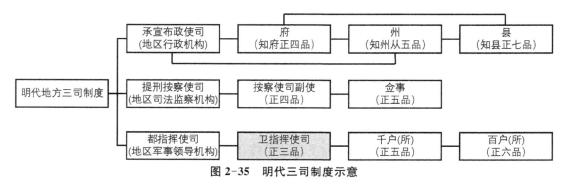

图 2-35　明代三司制度示意

（图片来源：耿钱政根据张廷玉.明史：卷七十五［M］.北京：中华书局,1974.统计）

二、明代辽鲁两地的卫城建设进程

（一）辽东卫城：军事推进、步步为营

明代初期辽东战争期间,因燕山一代仍有故元势力活动,从陆路攻占辽东风险太大,而明军在长期征战过程中已经积累下了丰富的水上作战经验,在渤海周边的天津、登州和莱州,甚至南方的浙东都做好了水军战略部署,选择从海路夺取辽东半岛①。

辽东设卫过程,基本与明军行进路线一致,主要分为 3 个阶段:

第一阶段——辽南地区。明洪武四年(1371 年)七月,明军从山东半岛北侧的登州、莱州渡海北上,先占领辽东半岛南端的金州、旅顺口,并以之为据点一路向北推进,至明洪武五年(1372 年)三月占领盖、海二州,两月后即占领辽阳城②。至明洪武九年(1376 年),六年内共在辽阳城设置了定辽中、左、右、前、后五个卫,以及金州、盖州、海州 3 个卫,此后的洪武十四军(1381 年)又设立复州卫,至此形成"辽南四卫"。区域中心为辽阳城。

第二阶段——辽北地区。明军在经营辽南十余年后于明洪武二十一年(1388 年)到二十三年(1390 年)进攻沈阳以北。明洪武十九年(1386 年)先在沈阳城设立了沈阳中卫和沈阳左卫,平定纳哈出③后又在沈阳和开原之间设立或迁来铁岭卫、三万卫、辽海卫。区域中心为开原城。

第三阶段——辽西地区。从洪武二十一年(1388 年)到二十七年(1394 年),沿此一线设立卫所,共有义州卫,广宁卫,广宁中、左、右卫,广宁中、左、右、前、后屯卫 10 个卫④,辽西地区建起较完整的军事城镇体系,区域中心为广宁城。明宣德三年(1428 年)增设宁远卫。

至此,辽南、辽北和辽西构成了明代辽东镇范围,共辖 25 卫,单独设城 12 座。

---

① 陈晓珊. 明代辽东—山东地缘关系研究：以登辽海道为中心［D］. 北京：中央民族大学,2007.

② 王贵祥. 明代建城运动概说［M］//王贵祥. 中国建筑史论汇刊.北京:清华大学出版社,2009.

③ 纳哈出是元朝末期辽阳行省实际统治者,明洪武二十年(1387 年),金山之役失败后,降于明。

④ 陈晓珊. 明代辽东—山东地缘关系研究：以登辽海道为中心［D］. 北京：中央民族大学,2007.

（二）山东卫城：以点控面、因需而建

山东地处华北咽喉，鲁西内陆地区连接明代南、北二京，扼守南、北方物资流动的京杭大运河；半岛地区则三面环海，直接承担着对抗倭寇、守护海疆的重任。

明代在山东设卫主要分为以下3个阶段：

第一阶段——少数府城设卫。明洪武元年（1368年）到四年（1371年），先后在省会青州府、半岛中心莱州府和运河节点东昌府设卫。

第二阶段——府城全覆盖，海防始设卫。明洪武十年（1377年）到十九年（1386年），登州府、兖州府和济南府先后设卫，实现了卫在省内六府城的全覆盖；此后，成山卫和安东卫的设立，拉开了海防卫单独设城建设的序幕。

第三阶段——海防卫完成，增设运河卫。明洪武二十一年（1388年）到永乐三年（1403年）的15年间，沿海的鳌山、大嵩、靖海、灵山、威海5卫相继设立，半岛海防卫城体系建成。此后，全省仅新增设大运河沿线的济宁、临清2卫。

至此，明代山东省18卫设立完成，包括府城卫、沿海卫和重点州县卫3个部分，其中沿海7卫单独设城。

总体上看，辽、鲁卫制的设置时序与明军的军事进程存在强烈的耦合性。两地设卫时间基本都在明洪武期间，且总数量比较接近，同时体现出因需而立的原则（图2-36）。从单独设城的19座卫城来看，按防御性质划分，辽东海防卫城有3个，分别是金州、盖州和复州，其余皆为边防卫城，而山东7个卫城则皆为海防卫城。在设置背景上，两地基本都因军事防御之需而建：辽东地区主要是依据军事战争的进程，卫城设置顺序与地区收复顺序基本一致；山东卫城的建立主要是应对当时半岛沿岸日益加剧的倭患。从城市职能上看，军事防御是两地所有卫城的核心功能，辽东卫城还兼理民政，是一定区域内的中心城市，但山东卫城则仅限于军事职能。

三、明代辽鲁两地卫城城市形态分析

城池虽是我国古代方志中必不可少的部分，但在民国以前的方志史籍中，能够完整记录下城市路网结构等形态的图纸却几乎没有，大多是一些山川地理形势意象图，主要记录城市的宏观区位等因素，涉及的文字部分也只是对钟鼓楼、治所等主要建筑的简单方位描述。民国以后，随着测绘技术大幅提高，部分方志终于出现了记录主次干路的街市图，虽然比例有所偏差，但依然是古城街巷复原中十分重要的参考依据。笔者通过实地调研和文献整理将明代辽、鲁两地19座卫城的史料和城池勘测结果进行汇总，如表2-5所示。

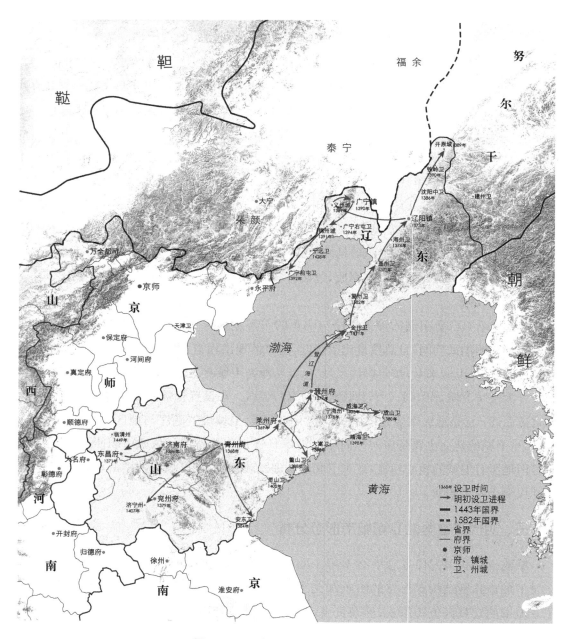

图 2-36 明代辽鲁设卫进程示意图

(图片来源：耿钱政根据谭其骧.中国历史地图集[M].北京：中国地图出版社,1982.所示明代地图整理得出,时间节点均
以地图所示时间。各省边界线来源于该书分省地图；北边长城国界线来源于中国长城遗产网(http://www.
greatwallheritage.cn/CCMCMS/)；底图源自腾讯地图)

表 2-5 辽鲁卫城史料信息及城址勘测汇总

卫城	始建时间	城墙材料	史料城墙周围	实测城墙周长/米	实测城内面积/平方千米	城门数量/座	池阔周围	方志图	卫星影像图
金州卫城	1371 年	砖城	六里	3 147	0.619	4	六丈五尺		
盖州卫城	1372 年	砖城	七里三步	3 322	0.693	3	一丈八尺		
海州卫城	1376 年	砖城	六里五十三步有奇	3 112	0.594	4	三丈五尺		
成山卫城	1380 年	砖石	六里一百六十八步	2 911	0.525	4	有		
复州卫城	1382 年	砖城	四里三百步	2 953	0.542	3	一丈五尺		
安东卫城	1384 年	砖城	五里	2 965	0.553	4	二丈五尺		
沈阳中卫城	1386 年	砖城	九里十一余步	5 053	1.596	4	内外各三丈		

（续表）

卫城	始建时间	城墙材料	史料城墙周围	实测城墙周长/米	实测城内面积/平方千米	城门数量/座	池阔周围	方志图	卫星影像图
鳌山卫城	1388 年	砖城	五里	3 032	0.569	4	二丈五尺		
义州城	1389 年	土城	九里十一步	4 771	1.445	4	一丈八尺		
开原城	1389 年	砖城	十二里二十步	6 779	2.920	4	四丈		
铁岭卫城	1390 年	砖城	八百零八丈八尺	2 459	0.378	4	三丈		
锦州城	1391 年	土城*	六里十三步	2 662	0.444	4	三丈五尺		
广宁前屯卫城	1392 年	土城	五里三十步	3 067	0.587	3	二丈		
广宁右屯卫城	1394 年	土城*	四里三百六十步	2 634	0.445	3	一丈		
靖海卫城	1398 年	石城	五里七十一丈	2 832	0.484	3	二丈五尺		

（续表）

卫城	始建时间	城墙材料	史料城墙周围	实测城墙周长/米	实测城内面积/平方千米	城门数量/座	池阔周围	方志图	卫星影像图
大嵩卫城	1398年	砖城	八里	3 148	0.616	4	八尺		
灵山卫城	1402年	砖城	五里	2 824	0.497	4	二丈		
威海卫城	1403年	砖城	六里一十八步	2 874	0.522	4	一丈五尺		
宁远卫城	1428年	砖城	六里八步	3 255	0.662	4	二丈		

注：① 表中始建时间、城墙材料、史料城墙周围、池阔周围和方志图均来自方志史料，包括《全辽志》《辽东志》《盛京通志》《山东通志》以及各县、市地方志。
② 实测城墙周长、实测城内面积和卫星影像图通过 Google Earth 测量获得。
③ 方志图中，部分山东卫城被绘制成圆形，过于概念化，除城门数量等信息，参考意义不大。
④ "＊"表示该城城墙材料无法确定或存在争议。

　　从城市形态学的角度出发，以古代街市图和实地调研为基础，结合历史和卫星影像以及其他文献资料，经过多轮修改（图 2-37），对两地 19 座卫城进行了全面的古街巷研判与整理，得出古城更为精准的位置、周长、面积、街巷等物理信息，最终形成历史街巷复原图（图2-38）。基于这些街巷复原图，笔者进一步地对古城在城市选址、总体形态、街巷系统、街廓尺度等形态要素进行考察，总结两地卫城的形态特征，进而概括不同城市形态的时空演进规律。

图 2-37　辽鲁两地 19 座古城复原过程及逻辑图

（图片来源：耿钱政绘制）

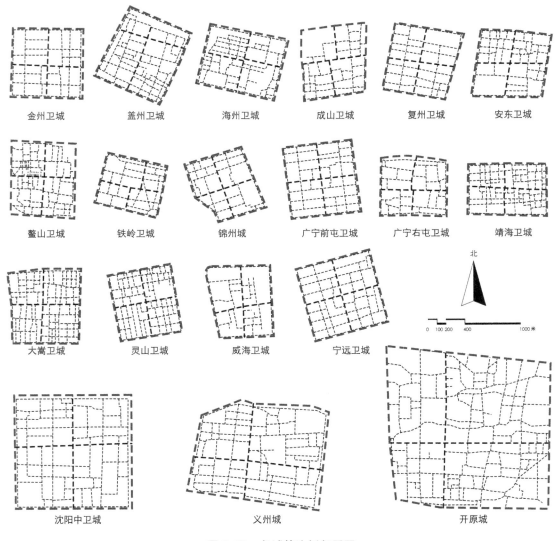

金州卫城　　盖州卫城　　海州卫城　　成山卫城　　复州卫城　　安东卫城

鳌山卫城　　铁岭卫城　　锦州城　　广宁前屯卫城　　广宁右屯卫城　　靖海卫城

北

0 100 200　400　　　　1000 米

大嵩卫城　　灵山卫城　　威海卫城　　宁远卫城

沈阳中卫城　　　义州城　　　开原城

图 2-38　各城等比例复原图

（图片来源：耿钱政绘制）

（一）城市选址：注重边海防

宏观区位上，辽东地区边、海防的区位的重要性相互叠加，位于辽西北长城沿线的边防卫城，大多距长城 10～20 千米，这既保证了对北元军队的防守和遏制，同时又保留了一定的军事缓冲距离；海防卫城距大海多在 15 千米[①]以内，在控制海域的同时，也承担了其腹地行政中心职能（图 2-39）。微观地理上，辽东卫城均位于襟山带水、视野开阔、地势平坦的平原或缓坡地上，12 座卫城中有 9 座城市距离自然河流不到 700 米，以满足护城河的引水要求，保证城市居民生活用水，同时也有城市利用河流，发展水上交通运输，如盖州卫城的南关清

---

① 与海距离以当前海岸线计算。

118

河码头就曾繁盛一时。

　　山东的沿海 7 座卫城均选址在山海相对的海岸线上，与辽东海防卫城相比表现出鲜明的滨海特点，所有卫城与海岸线的距离都在 1.5 千米以内，靖海卫城距离海岸线甚至只有 70 米，体现出鲜明的海防功能，但也因距海过近和背靠群山的特点，造成了这些卫城与腹地联系薄弱、缺乏城市扩展空间的局限性（图 2-40）。此外，由于即墨、胶州等内陆传统母县的存在，卫城难以取代县城承担腹地地区的中心职能，因此城市功能单一，缺少活力和发展潜力。

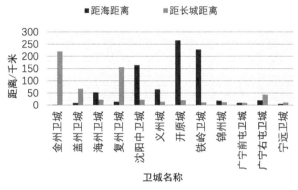

图 2-39　辽东各卫城与海和长城的距离

（图片来源：耿钱政绘制）

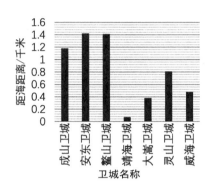

图 2-40　山东各卫城与海的距离

（图片来源：耿钱政绘制）

　　总体来看，两地卫城在选址思路上比较一致，都以选择平地为主，但由于山东半岛地区的平原纵深不如辽东，因而山海相对的滨海特色更加鲜明。

（二）城墙形态：方城

　　在历史记载中，辽东 12 座卫城均有完整的、由城墙与护城河共同构成的城市防御系统，城墙形状都近似方形，其中以沈阳中卫城和宁远卫城的正方形城墙最为标准。7 座城的城墙因地形、原有聚落形态等原因，有一定程度的变形，其中，义州城和锦州城受河流影响变形较大。从城墙材料上看，以城市建成后 5 年内是否包砖为标准来划分，分为砖城 8 座，土城 4 座。从时空分布上看，4 座土城均位于辽西地区，在明洪武二十二年（1389 年）至二十七年（1394 年）快速建成，相对妥协的城墙建造形式，反映出当时辽西长城沿线相对紧迫的战争形势。从城市面积上看，开原城最大，达到 2.92 平方千米，沈阳中卫城和义州城次之，均在 1.5 平方千米左右，铁岭卫城最小，为 0.378 平方千米，其余八城均在 0.4～0.7 平方千米之间，大小比较接近（图 2-41）。从城门数量上看，有 8 城开 4 门，而盖州城、广宁前屯卫城、广宁右屯卫城无北门，其北门位置均为关帝庙，复州卫城无西门。从用地布局上看，除官署、军营、庙宇和民居等建设用地以外，在面积较大的城市中，往往还保留有大量农田，如开原城农田面积占比达一半以上，因而城市兼具农业生产功能，在一定程度上保证了战时的军民粮草需求。

　　山东 7 座卫城的城墙及护城河系统与辽东一致，城墙形状也为方形，其中鳌山卫城、大嵩卫城和灵山卫城形态最为规整,靖海卫城由于地形所限,形成东西宽,南北窄的矩形,其他三卫形态较方形有一定的变形。从城墙材料上看,靖海卫城为石城,其余6城皆为砖城。7座卫城在城市面积上十分接近,大嵩卫城最大,为0.616平方千米;靖海卫城最小,为0.484平方千米,其余5座卫城的面积皆在0.5～0.6平方千米之间(图2-41)。从城门数量上看,除靖海卫城无西门,其余6座卫城皆开4门,但部分城门名称已无法考证。

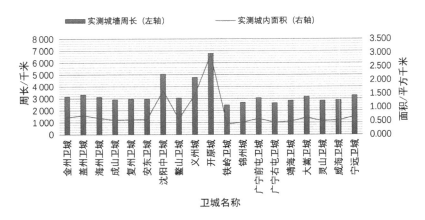

图2-41　辽鲁各卫城周长城墙和城内面积统计

(图片来源:耿钱政绘制)

下文借用景观生态学中的景观形状指数(landscape shape index)概念,通过计算区域内某斑块形状与相同面积的圆或正方形之间的偏离程度来测量形状复杂程度。将景观形状指数概念运用到古城城市形态研究中,以正方形为参照物,引申出方城形状指数(square town shape index,STSI),则该指数的计算公式为:

$$STSI = \frac{0.25E}{\sqrt{A}} - 1 \qquad (2-1)$$

其中,E为城墙总长度,A为古城以城墙为边界围合成的总面积。再将此指数结合各边方差综合考虑。由此可以得知,当STIS和各边长方差都越趋近于零,城市在形状上就越接近于正方形。通过图2-42可以看出金州卫城、沈阳中卫城、广宁前屯卫城、灵山卫城和宁远卫城是STSI和各边长方差都较小的城市。从复原图来看,这几座城市确实形态更为规则,更接近正方形(图2-38)。总体上,19座城市均属方城形态。

(三) 街巷系统:十字街

辽东12座卫城中,主干道系统以十字大街为主,但部分城市又有所变化。盖州卫城原为"十"字形主干道系统,因扩南城和废北大街后,变为"干"字形主干道系统;海州卫城和广宁右屯卫城的东、西大街稍有错位;义州城和开原城的十字大街的交点则偏于西南;铁岭卫城的南北大街错位较大,两街口相距100米;其余6城则为标准的十字大街居中形态,大街宽度均在8米左右。次干道系统包括环城马道和连通性街巷,环城马道多为完整闭环,主要服务于军事行动。连通性街巷是指与十字大街平行且长度接近的长巷,每个方向有2～4条,这类街巷贯

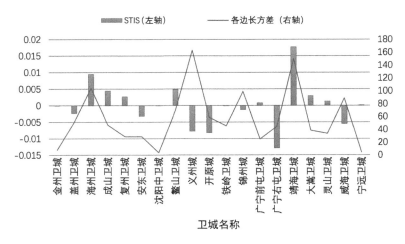

图 2-42　辽鲁卫城 STIS 和各边长方差

（图片来源：耿钱政绘制）

穿不同的城市分区，将城市用地进一步划分开来，形成更小的街廓，街廓边长在 100～200 米之间，面积在 1～4 公顷之间，形状多为东西长、南北短的矩形。在这样的街廓尺度上，以盖州卫城中百年以上的辽南四合院为例，其宽度恰好可以满足布置南北并列的 2～3 个院落。

山东 7 座卫城中，除建设年代最早的成山卫城南北大街错位，其余 6 城的十字大街居中的形态均相对一致（图 2-38）。从有民国地图可循的成山卫城、鳌山卫城来看，其环城马道系统没有形成完整的闭环，而是在城门附近或重点方向因需而建，其主要原因可能与辽东开原城类似，即城内尚有大片农田及空地，没有必要建设环形马道。此外，城市中亦有连通性街巷，其规模和数量也与辽东卫城接近。

通过空间句法 Depthmap 软件的分析可见，在全局整合度上，位于城市中央的十字大街基本都是城市中整合度最高的道路，因而往往是城市的中心商业街；同时一些贯穿城市不同分区的连通性街巷也具有比较高的整合度，一些小街巷由于可选择性较差，呈现出比较低的全局整合度，且与实际情况相吻合；环城马道整合度较低主要是由于地理位置上的边缘性和城墙造城的阻隔。

从城市认知角度来看，在 Depthmap 软件中，$X = $ integration HH 且 $Y = $ integration R^3 的条件下，R^2 值大于 0.5 则表明通过对这些城市局部街道可以比较容易地建立起对整体城市尺度上网络结构的认知，通过计算得出辽、鲁各城的 R^2 值基本都在 0.9 以上（图 2-43），这表明两地城市在建设时也具有相对一致的内在逻辑——相对规整和理性的格网规划思想。

（四）城市营建模式总结

通过对全部 19 座卫城的街巷系统还原，可以从图形上对城市形态产生直观认识。总体上看，辽、鲁两地卫城在城市总体形态上十分接近，城市的各种构成元素基本一致：方城及护城河共同形成防御体系，城内主干道以十字大街为骨架，其他街巷将城市用地进一步划分为边长适中的矩形街廓。从时空演进上看，相比于早期城市在形态规则程度上的"妥协"，明洪武二十五年(1392 年)以后建设的广宁前屯卫城、灵山卫城等 7 座卫城，在面积上十分接近，形制上更加规整，建城手法更趋成熟，逐渐形成了两地卫城建设的标准模式(图2-44)。同时，利用复原数据进行形状指数和空间句法的计算，以数据为基础探寻这些城市街巷系统的内在联系，通过理性判断，进一步证实了两地卫城在建造手法上的内在一致性。

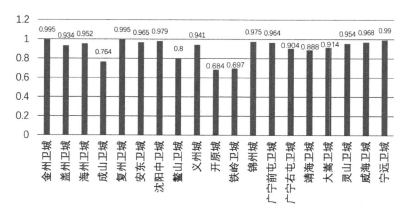

图 2-43　在 $X=$ integration HH 且 $Y=$ integration R^3 条件下 R^2 值

(图片来源：耿钱政绘制)

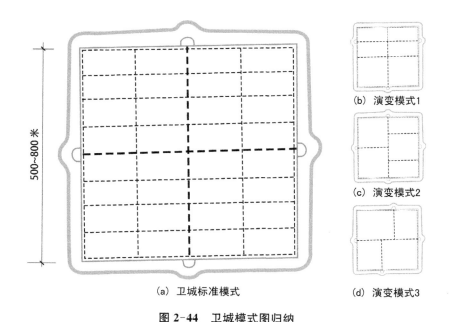

(a) 卫城标准模式　　　(b) 演变模式1

(c) 演变模式2

(d) 演变模式3

图 2-44　卫城模式图归纳

(图片来源：耿钱政绘制)

四、小结

（一）明代辽东孤立的区位形势使其与山东联系成为必然选择

从历史地理学的角度上看，明朝是我国古代历史在唐朝以后唯一由汉民族建立的南北统一政权。一直处于多民族交替控制下的辽河流域，历经近 500 年再次回归汉族政权。在这种形势下，明朝政府在其实际控制的辽河流域北部修建了辽东长城，造成辽东地区与东北大区形成了人为隔离，在区位上形成了"北隔长城、南临大海、西贴蒙元、东接女真"的相对孤立状态，这也导致辽宁地区与所属的东北大区联系相对趋弱，客观上增强了与"隔海相望"的山东紧密联系的必要性。同时，正因其重要的战略地位，明朝在辽东和山东地区进行了大规模的军事城镇建设，并遗留至今，成为两地"古城"的主要组成部分。

（二）辽、鲁军事城镇是明代"筑城高潮"的重要组成部分

我国在唐宋时期繁华兴盛的大多数古城的城墙和一些重要建筑在元代遭到大范围拆毁，城市形态的完整度受到严重破坏。至明代，政府开展了大规模的城市恢复和建设活动，在全国范围内设立了一套完整的城镇体系，开展了大规模的城市建造活动，其城市建设的数量之多、范围之广、城镇体系之完备均达到前所未有的程度，是我国古代城市建设的高峰期，学界称之为明代"筑城高潮"[①]。辽、鲁两地在明朝初期所建设的城镇，是明代中原地区"两京十三省"和长城沿线地区"九边重镇"共同组成的行政与城镇体系中，军事城镇建设的典型案例，更是明代"筑城高潮"的重要组成部分，因而具有很高的历史研究和文化价值。

（三）辽、鲁明代卫城的城市形态一脉相承

在两地明代强烈的地缘联系的基础上，笔者再从城市形态学的角度，在城市选址、总体形态和街巷系统层面对辽、鲁两地明代卫城进行综合考察，并结合方志和历史地图，通过现场调研和卫星影像对古城街巷格局进行还原，再通过形态比较和量化分析的手段对卫城特点进行分析，探寻两地在城市建设上的联系之处。通过比较发现，两地 19 座军事卫城基本都是"方城—十字街"模式的变形，城市面积多在 0.5～1.5 平方千米之间，且城外皆有完备的护城河体系，在城市总体形态和规模上也十分接近，建城手法基本一致。从总体上看，辽、鲁卫城的城市形态一脉相承，从城墙防御体系到街巷院落布局，都深刻地体现着这些卫城在形态上的相对理性和一致的内在逻辑，它们是我国古代北方军事城市建设的典型代表。

追本溯源，辽、鲁两地虽隔渤海海峡，但从史前石器时代开始，生活在两地的先民就开始了渡海交流；到明初战争期间，"同属一省"的两地，交流的密切程度达到了古代历史上的顶峰；再到近现代著名的人口大迁移——闯关东，大量山东先民定居东北。千百年

---

① 王贵祥. 明代建城运动概说［M］//王贵祥. 中国建筑史论汇刊. 北京：清华大学出版社，2008.

来，两地之间的文明交流从未间断，并最终形成了如今相近的语言、民风和习俗等文化特质。在明代，两地同属一省的特殊历史时期中产生的地缘关系，使得两地在城镇建设形态上高度相关，并相互作用，产生深远影响。

如今，对于辽、鲁两地明代古城的研究和保护基本没有得到应有的重视，相关历史遗产均遭到不同程度的破坏，亟待保护与修缮。本节明确了两地卫城在中国古城中的重要代表性，证实了两地的历史、地理方面的关联和卫城形态的相关性，使得这些古城在修复工作中的交流和合作有了充分依据，同时亦对我国明代古城体系的研究有所补充①。

---

① 原文题目为"明代辽东与山东地缘关系及卫城形态研究"，发表于《建筑史》，2019（12）：83-95。作者：耿钱政，李冰，苗力，周凯宇。文章在本书编辑过程中有所调整。

第三章

历史文化名城
祁县古城研究

第一节 祁县昭馀古城及谷恋村的重点遗产调研

祁县,古称昭馀,地处太原盆地核心区,是山西古代文明的重要发源地之一,也是国家历史文化名城。其境内的梁村古文化遗址证明,早在距今 5 000 年以前的母系氏族公社时期,先民们就在祁县这块土地上繁衍生息①。祁县古城自北魏太平真君八年(447 年)初建,距今 1 500 余年城址未变,古城形态仍相对完整,城内古迹遍布,建筑精美,具有极高的历史文化保护价值。历史上的祁县古城是银号、钱庄、富商的聚居地②,其建筑遗产的历史、文化及艺术价值并不逊于与之相邻的世界文化遗产平遥古城。然而,由于近几十年的产权混乱、地方经济落后、传统建筑技术式微等种种原因,城内众多历史建筑面临着损坏、衰退甚至消失的威胁③。在中国遗产资源丰富的古城中,祁县古城所面临的困境具有普遍性和典型性④⑤。

本节是对祁县古城的核心遗存昭馀以及谷恋村历史建筑遗迹的全面调研,主要内容包括四部分:第一,梳理昭馀古城内及谷恋村的历史建筑现状,对多处重点遗产建筑进行评估,并总结待解决的问题。第二,评估古城内多处闲置空地,以作为公共空间备选地段,满足当代旅游需求和本地居民生活需求。第三,在以上调研和评估工作的基础上,设计差异化游览路线,以展示昭馀古城院落和街巷的精华。第四,对古城中心四条主街立面进行考察评估,明确改革开放初期建设的不协调建筑,并总结当下的问题,为不宜拆除的建筑进行立面改造设计,提供基础和方向性建议,对建筑遗产的永续保存提供应对之策。

一、昭馀古城遗产资源综合概述

(一) 昭馀古城历史沿革

祁县历来交通便利,商业历史悠久,声誉远著。明代中期,祁商便已结成财力雄厚、人数众多的祁县商帮。进入清代以后,祁县发展更快,祁县人开设的商号遍布全国及周边邻国。祁县票号(商业)经历了百余年的历史,给祁县经济带来巨大的变化。

由于经济的繁荣,昭馀古城建设出现了高峰,商业街市、老字号、老店铺布满东、西、南、

---

① 祁县史志研究室.祁县古城商号店铺史料[M].太原:山西人民出版社,2016.
② 武德杰.祁县古建[M].香港:中国传统文化出版社,2006.
③ 李彦伯.基于古城在地文本的广义建筑学实验:同济大学建筑系毕业设计课题"山西祁县历史街区保护与更新"研究[J].新建筑,2016(5):104-109.
④ 李冰,苗力,刘成龙,等.从历史地图到城镇平面分析:类型形态学视角下的青堆子古镇形态结构研究[J].新建筑,2018,(2):128-131.
⑤ 李冰,苗力.世界遗产古城保护区民居改造研究:基于云南丽江大研古城现状的评析与思考[J].华中建筑,2016,34(3):175-179.

北大街，文庙、武庙、城隍庙、财神庙、火神庙等相继建成。古城中豪华的民居、店铺不断出现，在规模和装饰上都超过了一般城镇，如渠家大院、何家大院、贾家大院、长裕川茶庄、大德恒票号、三晋源票号、永泰盛钱庄布店等。建筑工艺精致、街道胡同布局有序，成为昭馀古城的特色，并保留至今。

抗日战争和解放战争时期（1931—1949年），昭馀古城受到军事行动的影响，而发生一定程度的改变，如四门城楼及角楼改造为碉堡等。1949年以后，社会形态、经济结构发生巨大变化，打破了几千年的小农经济、手工操作的模式，历史商号全部关闭。社会化大生产进入了古城，城市职能、结构、规模等都发生了改变。受到城市建设现代化和生活方式现代化的影响，城市传统格局与建筑风貌发生改变。宗教建筑、县衙等重要公共建筑几乎全部被拆毁。1950—1970年代，为了方便古城交通，城门及城墙被逐渐拆毁。

由于祁县古城大规模的城市建设始终较少，加之传统建筑质量高，虽然城墙以及部分公共历史建筑由于各种原因遭到拆除，但大部分民居建筑得到了保留。因此，从整体上讲，城市传统风貌的变化不大，古城较完整地幸存下来。

1984年，当地政府开始投资对古城内的路面、排水等基础设施进行现代化改造。1994年，昭馀古城成为国家历史文化名城。1998年开始，出于发展旅游的目的，政府出资整治东、南、西、北四条历史商业街，形成祁县晋商老街旅游景区，比较著名的案例是2000年修建的十字街角处的四栋仿古商铺建筑。这种以修复为目的的钢筋混凝土仿古建筑和原历史建筑相似度较高，在一定程度上能够使得被破坏的昭馀古城风貌变得更加和谐。但是，也有部分已经修建的钢筋混凝土现代建筑进行了比较简陋粗糙的仿古改造，这种做法并不被鼓励，在适当的时候，应成为立面改造的对象之一。

（二）昭馀古城遗产资源概述

昭馀古城整体保存比较完整，遗产地（heritage site）分布比例比较高。古城内遗产地共63处，包括61处历史建筑院落遗产、1处古树、1处历史商业街道（表3-1）。

表3-1　昭馀古城各级文物保护单位统计表　　　　　　　　单位：处

古镇区域	遗产地数量	国家级保护单位	省级保护单位	市级保护单位	县级保护单位
东北区域	8	2	1		5
西北区域	21			2	19
西南区域	11		1		10
东南区域	22				22
历史街市	1				1
共计	63	2	2	2	57

注：①东南区域22处遗产地中，含1处古树，其余为历史建筑院落；
　　②根据古城管理局提供的最新数据，昭馀古城周边还有2处遗产地，为县级文物保护单位，即祁县烈
　　　士陵园（友谊西街建材厂旧址内）和益晋染织厂旧址（新建南路）。
（表格来源：李彦巧绘制）

从空间位置上看，遗产地分布并不均匀。东、西、南、北主要大街将古城分成 4 部分，其中西北区和东南区遗产地数量最多，分别为 19 处和 22 处。东北区域数量最低，只有 8 处，但是遗产保护级别较高，包括 2 个国家级保护遗产地（hcritagc sitc）、1 个省级遗产地以及 5 个县级遗产地。西南区域现代建筑较多，主要分布于古城西南区域的文庙周边地带，因此，这一区域遗产地数量比较少，只有 11 处。

本次调研的昭馀古城内关键遗产建筑共有 9 处，谷恋村内关键遗产建筑 2 处（表 3-2）。

这些遗产建筑中，状态比较好的建筑有 3 处，分别为渠家大院、长裕川茶庄、谷恋村北大街 15 号民居，原因是这些遗产已经进行过一定程度的修缮，并且有人居住或使用。

状态最差、亟待修缮的建筑有 2 处，包括何家大院南院和文庙。这两处遗产规模较大，原有建筑本体自然或人为破坏严重，且已经无人居住。如不尽快进行专业修缮，它们将会迅速自然损毁。文庙于 2005 年进行过修缮，但自 2013 年祁县中学从文庙中迁出后即无人使用，大成殿的屋顶局部已坍塌、破洞。

其余 6 处遗产状态略强于最差的 2 处遗产，它们目前都有人居住，但是几乎没有得到重大的专业的修缮，只是居住者自发地进行过少量、简单、非专业性的修缮。按照状态从好到差的次序依次为渠本翘故居、大德诚茶庄、谷恋村北大街 14 号民居、何家大院北院、大德恒票号、聚全堂药铺。

根据实地调研与研究总结，昭馀古城和谷恋村的遗产建筑存在一些普遍且棘手的问题，即便在已经得到专业修缮的长裕川茶庄这样的国家级保护单位，依然没有得到理想的解决（图 3-1）。

(a) 墙砖酥碱　　　　　　　　(b) 墙体开裂　　　　　　　　(c) 彩画褪色

图 3-1　昭馀古城遗产建筑最普遍和棘手的问题

（图片来源：李冰拍摄，2017 年）

表 3-2　关键遗产建筑现状评估表

建筑编号	建筑名称	破坏因素	破坏程度 无	小	一般	严重	保护措施 已采取	未采取	保护措施效果 已解决	部分解决	未解决	备注	保存现状	评估标准 良好	一般	较差	差	评估标准备注
1	渠家大院	自然因素			✓							墙面有小枪眼	真实性		✓			戏台院重建
													完整性		✓			西南角院落倒塌
		人为因素		✓			✓			✓			延续性		✓			有裂缝，砖块风化严重
													综合评估		✓			
2	长裕川茶庄	自然因素			✓								真实性	✓				
													完整性	✓				
		人为因素				✓	✓			✓			延续性		✓			有裂缝，砖块风化严重
													综合评估	✓				
3	聚全堂药铺	自然因素	✓										真实性	✓				
													完整性		✓			
		人为因素			✓			✓			✓		延续性				✓	
													综合评估			✓		私搭乱建现象严重
4	文庙	自然因素	✓									2005年维护，2013年迁出，屋顶已漏	真实性		✓			
													完整性			✓		大殿、雕像被拆除，屋顶已漏，亟待维修
		人为因素				✓	✓			✓			延续性			✓		
													综合评估			✓		

（续表）

建筑编号	建筑名称	破坏因素	破坏程度 无	小	一般	严重	保护措施 已采取	未采取	保护措施效果 已解决	部分解决	未解决	备注	保存现状	评估标准 良好	一般	较差	差	备注
5	大德恒票号	自然因素			✓								真实性		✓			人为私搭乱建
													完整性			✓		
		人为因素				✓		✓			✓	未进行修护	延续性			✓		
													综合评估			✓		
6	大德诚茶庄	自然因素		✓									真实性			✓		
													完整性		✓			
		人为因素				✓		✓			✓	厢房已毁	延续性			✓		
													综合评估			✓		
7	渠本翘故居	自然因素		✓									真实性	✓				
													完整性	✓				
		人为因素				✓		✓			✓	彩画曾重新粉刷，现状已褪色	延续性		✓			
													综合评估			✓		
8	何家大院北院	自然因素				✓							真实性		✓			
													完整性		✓			
		人为因素			✓			✓			✓	外院无人住	延续性				✓	外院无人住，亟待修护
													综合评估			✓		

131

（续表）

建筑编号	建筑名称	破坏因素	破坏程度 无/小	一般	严重	保护措施 已采取	未采取	保护措施效果 已解决	部分解决	未解决	备注	保存现状	评估标准 良好	一般	较差	差	备注
9	何家大院南院	自然因素			√						原居民进行的非专业性简单维护措施	真实性	√				
		人为因素			√		√			√		完整性		√			
												延续性				√	亟待维修
												综合评估				√	
10	谷恋村北大街14号民居	自然因素	√								居民进行非专业的简单维护措施	真实性		√			
		人为因素			√	√			√			完整性			√		
												延续性			√		室内梁已腐朽，亟待修补
												综合评估			√		
11	谷恋村北大街15号民居	自然因素	√									真实性	√				
		人为因素	√									完整性	√				照壁被部分破坏
												延续性		√			
												综合评估		√			

（表格来源：李冰绘制）

11 处关键遗产建筑存在的问题分述如下：

1. 墙砖酥碱

墙面受潮酥碱的主要原因是：原有排水系统通常位于院落或街道周边，靠近墙面的地面地势较低，水汽长期聚积在墙角附近，侵入墙体。墙体受潮后，砖体孔隙膨胀，受毛细现象的作用，受潮部分会逐渐向上蔓延。孔隙胀大的砖体受到盐碱侵蚀和冻融循环作用，表层逐层疏松剥落，致使墙体整体承重能力下降，受力不均，继而引起墙体内部空洞，甚至引起或加剧墙体裂缝。

墙体受潮不仅是渠家大院墙体的普遍问题，也是祁县古城甚至于其他古城的普遍问题。目前国内常见的解决方式是将墙体外部受损的砖剔除，替换未受损害的传统灰砖。这种做法造价并不昂贵，尚可以被接受。但是这种做法并不能一劳永逸地解决问题，因为造成墙砖酥碱的原因并没有消除，随着时间的流逝，问题仍会出现在新替换的砖体上。目前，替换的灰砖通常是旧建筑拆除以后剩下的砖块，其数量会逐年减少，因此必须运用当今的科学技术，生产出外观和尺寸相同、质地密实、不受潮气或者冻胀影响且造价不能过于昂贵的新型砖块，从而长久地解决此类问题。

2. 墙体开裂

由于历史遗产建筑地基沉降不均等自然原因，很多遗产建筑的外墙根自然开裂，这个问题比较难以解决，目前较有效的方法是找到开裂部位和原因，及时、有效地对墙体进行加固，防止裂缝扩大。

3. 彩画褪色

时间的流逝、雨水的冲刷、阳光的照射、虫蛀等导致历史遗产建筑室内外的木构件表面的彩画褪色或者消失，这是一个比较棘手的问题。有些建筑的彩画在修复的过程中进行过重新绘制，但在原有彩画的色彩配方失传等多种原因作用下，经过大概不到 20 年的时间，已经再次褪色或者消失。对已经褪色或者消失的油漆彩画进行重新绘制，是一个很危险的行为，可能导致破坏历史遗产的真实性的严重后果，新绘制的彩画在很大程度上存在和历史真迹不符的情况。从已经重绘但是又迅速褪色或者消失的部分遗产建筑彩画来看，也许受施工造价的制约，已经使用的颜料和技术并不十分耐久。因此，首先应采取措施减缓这些油漆彩画的蜕变速度，保护木构件的坚固。如果能够找到确凿的历史证据支持原有彩画的样式，也必须经过专家论证再决定最终的措施，在保护遗产历史信息的原真性（originality）的前提下，局部地恢复原有画作的风采。当然，如果木构件本身存在安全隐患，则必须重新高质量地制作新构件，替换损坏的原构件。

由于东、西大街的商号建筑保存完整度较高，1990 年这条明清街市被公布为县级文物保护单位。东、西大街总长 800 余米，共有明清时期店铺 88 套。其中渠家大院为全国重点文物保护单位，聚全堂药铺旧址为省级文物保护单位，大德恒票号旧址、大德诚茶庄旧址为市级文物保护单位，县级文物保护单位共 18 处。明清街市中，西大街的历史建筑保存相对更为完好；东大街的北侧保存较好，南侧保存不佳。相对而言，与古城风格不协调的现代建筑最密集的区域位于南大街和北大街,现代建筑所占的比例已经超过 50%。

遗产建筑,主要是指商铺遗产建筑,在使用的过程中还存在着以下两个非常普遍的问题,这两个问题与立面设计和产品设计相关(图 3-2)。

(a)商铺的防盗卷帘   (b)商铺的广告招牌

图 3-2　昭馀古城商铺遗产建筑最普遍的问题

(图片来源:李冰拍摄,2017 年)

第一,商铺外立面的防盗卷帘门和历史遗产建筑外观不协调,这是出于防盗的需要而采取的安全措施。但是,适应古城的现代工业产品必须经过精心设计,才能和历史遗产建筑外观相得益彰。

第二,商铺广告招牌和历史遗产建筑外观不协调。从这个问题能够看出商铺店主没有遗产保护的意识,古城的管理和规划部门缺乏相应的管理手段制止不协调广告招牌的出现。

二、昭馀古城关键遗产建筑调研评估

本次调研重点介绍昭馀古城内 9 处关键遗产院落,包括全国重点文物保护单位 2 处(渠家大院、长裕川茶庄)、省级文物保护单位 2 处(文庙、聚全堂药铺)、市级文物保护单位 2 处(大德诚茶庄、大德恒票号)、县级文物保护单位 3 处(渠本翘故居、何家大院北院、何家大院南院)。其中,5 处遗产位于古城东北区域内(图 3-3)。

(一)渠家大院

1. 概述

渠家大院原为清代著名的商业金融资本家渠源浈及后人的宅院。渠源浈(1842—1921)之子渠本翘是山西最早的实业家,曾在祁县城内创办中学,领导了山西境内的保矿运动。

渠家大院始建于清乾隆年间(1736—1795),于民国十四年(1925 年)建成现在的规模。渠家大院位于祁县古城东北,东大街路北,中心位置坐标为东经 112°19′14″,北纬 37°21′22″,

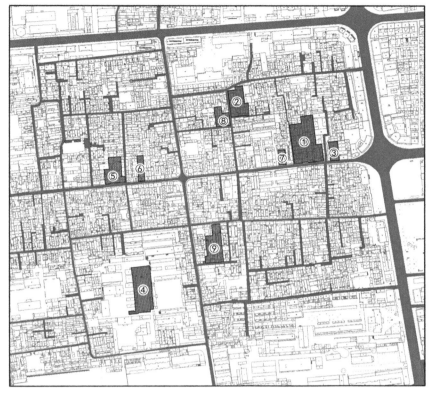

①—渠家大院；②—长裕川茶庄；③—聚全堂药铺；④—文庙；⑤—大德恒票号；
⑥—大德诚茶庄；⑦—渠本翘故居；⑧—何家大院北院；⑨—何家大院南院

图 3-3　昭馀古城关键遗产建筑位置图

（图片来源：底图祁县古城 CAD 测绘图由祁县旅游局提供，李彦巧改绘）

占地面积 4 896 平方米，建筑面积 3 334 平方米，有 11 个院落和 1 条甬道，共有建筑 44 栋（图 3-4）。主要院落有北院、统楼院、石雕栏杆院、戏台院、五进穿堂院、书房院、牌楼院、前院等，建筑均为砖木结构。院内保存有精美华丽的砖雕、木雕构件。从整体外观上看，渠家大院四周建有 12 米高的围墙，顶部有垛口女儿墙，拱形大门坐北朝南，高大威严。

渠家大院是晋商商人发迹后在建筑、文化、习俗、审美、财力等方面的综合反映，是晋中民居文化的重要代表，现为山西省晋商文化博物馆。除西南角两个院落外，其余院落产权均归属渠家大院晋商文化博物馆（公有）。院落在博物馆的管理下，整体保存状态良好。

2. 主要问题

（1）复建的建筑不符合历史原状

渠家大院的戏台院在日本侵略战争期间被损毁，现状为原址复建，复建以后的建筑院落总体特征和其他原有院落一致。但是，戏台两侧建筑隔扇门不符合原设计特征。只有在确凿的史料支持下，才可以进行原样恢复。

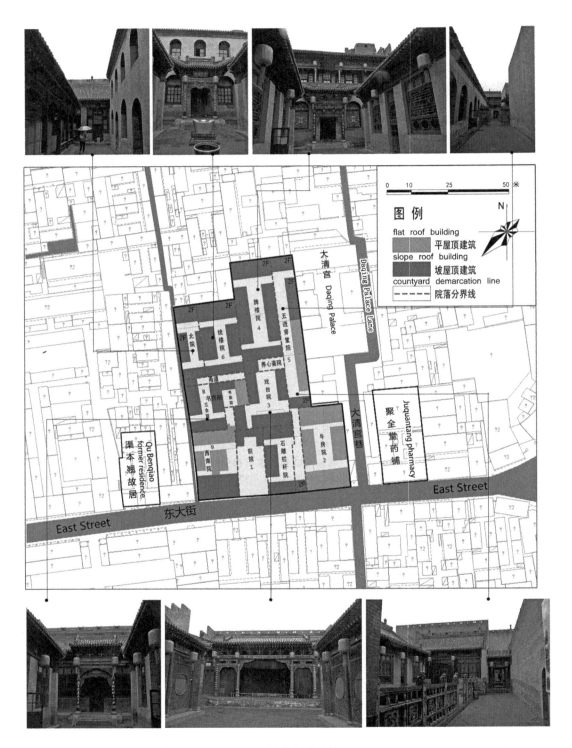

图 3-4　渠家大院现状图

（图片来源：底图祁县古城 CAD 测绘图由祁县旅游局提供，李彦巧改绘，图中照片均为李冰拍摄，2017 年）

（2）自然损毁

渠家大院西南角的两个院落由于产权纠纷问题，无法进行有效的管理，居民随意搭建且疏于维护，进而导致损毁。在调研中发现大院西侧的临街建筑已经损毁。

（3）墙体开裂

渠家大院建筑有多处墙体从上至下通体或部分沿砖缝开裂，另有部分门头或窗户上部墙体开裂（图3-5）。裂缝为一条或数条，长度多在1米以上，裂缝宽度为0.5～3厘米，部分墙体在开裂的同时伴随向外鼓胀。墙体开裂的主要原因是地基不均匀沉降和门窗上梁局部受力过大。墙体向外鼓胀后，内部出现空洞，更加剧了开裂程度。墙体裂缝是渠家大院建筑文物本体破坏情况中非常突出的问题，亟须解决。

图 3-5 渠家大院建筑墙体开裂

（图片来源：李冰拍摄，2017 年）

（4）墙体酥碱

渠家大院建筑几乎所有的墙体近地部分都出现砖体受潮酥碱的情况，被破坏部分的墙体出现在从地面起至2米以下的范围（图3-6）。

图 3-6 渠家大院建筑墙体酥碱

（图片来源：李冰拍摄，2017 年）

（5）彩画墙皮开裂、剥落

渠家大院室内或室外局部墙体有金色装饰彩画。由于墙体受潮等原因，部分墙皮已经开始鼓胀开裂，使得彩画真迹受到破坏。目前对于部分损坏脱落的彩画只是简单地使用白灰进行修补，并没有找到更加有效的解决办法。

（二）长裕川茶庄

1. 概述

长裕川茶庄开设于清乾隆、嘉庆时期，由渠映潢独资创设，其旧址原为渠家商业老字号，是历史上晋商中开设时间最长、规模最大的茶庄之一。清末至民国时期，渠源潮及其孙渠晋山主持，在祁县城内段家巷设长裕川茶庄总号，在汉口、长沙、绥远、天津等地设分号

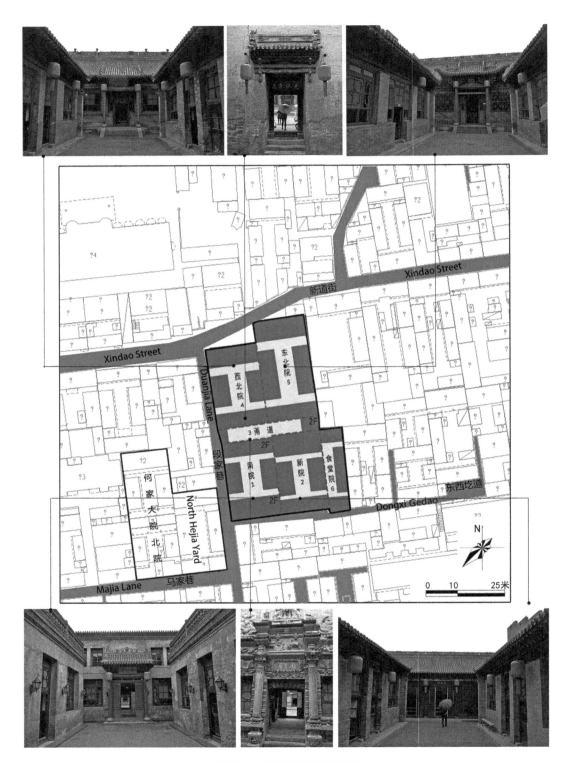

图 3-7　长裕川茶庄现状图

（图片来源：底图祁县古城 CAD 测绘图由祁县旅游局提供，李彦巧改绘，图中照片均为李冰拍摄，2017 年）

10 余处,其时长裕川茶庄在湖北有 3 座茶山。1931 年后,长裕川茶庄改业专营食盐,在日军入侵后衰败。

长裕川茶庄位于昭馀古城东北,段家巷北口,中心位置坐标为东经 112°19′8.95″、北纬 37°21′27.69″,旧址占地面积 2 056 平方米,坐东朝西,共有 5 个院落、1 条甬道、19 栋建筑(图 3-7),院落四周建有高大的带垛口的堡墙。长裕川茶庄是典型的中国清代院落式建筑群,拥有近代东西方建筑文化交融的代表作、国内罕见的大型青石立体浮雕。

长裕川茶庄现状 5 个院落中:新院及其东侧偏院食堂院近年进行过较大规模的重修,北侧两个院落和南院基本保持历史原貌。西侧段家巷很好地保持了历史的尺度,尤其巷内大门附近一段地面为历史原有石板路真迹。南院主楼的窗沿石是由整块青石雕刻而成,线条细腻,保存十分完好;南院入口为三开间牌楼形式的大型青石立体浮雕,雕刻精美,层次丰富,但部分人物及动物雕像在“文化大革命”中被破坏;北侧两个院落及南院建筑均为历史原物,仍然保留有精美的砖雕、木雕和描金彩绘。总体来看,长裕川茶庄旧址保存较好。

2. 现状问题

从古建筑的本体情况来看,长裕川茶庄旧址与渠家大院存在相似问题,包括墙体酥碱、墙体裂缝、局部地砖碎裂、部分木构件和屋檐瓦片破损等(图 3-8)。在破损情况中,比较突出的问题是墙体受潮与开裂。长裕川茶庄墙体受潮的水迹程度较渠家大院稍低,墙体开裂有 2 处为上下贯通裂缝,5 处为门窗上方斜向裂缝,个别窗户梁头受压变形。

图 3-8　长裕川茶庄建筑现状问题

(图片来源:李冰拍摄,2017 年)

(三) 聚全堂药铺

1. 概述

聚全堂药铺的创办人和创建年代不详。院落占地面积 672 平方米,中心位置坐标为东经112°19′17.52″、北纬 37°21′23.60″(图 3-9)。药铺旧址为砖木结构建筑,坐北朝南,呈二进院落布局,中轴线上依次为铺面、过厅、二层筒楼,两侧为东、西厢房。前院有东、西厢房各 5 间,中间是过厅,后院为二层小筒楼,占地 858.29 平方米。临街为铺面,面阔 5 间。现存建筑中铺面及过厅为明代风格,正房(main house)与东厢房(east wing)为清代建筑,正房墙面与屋顶之间的承接部件为斗拱,在民居建筑中比较罕见。药铺为省级文物保护单位,

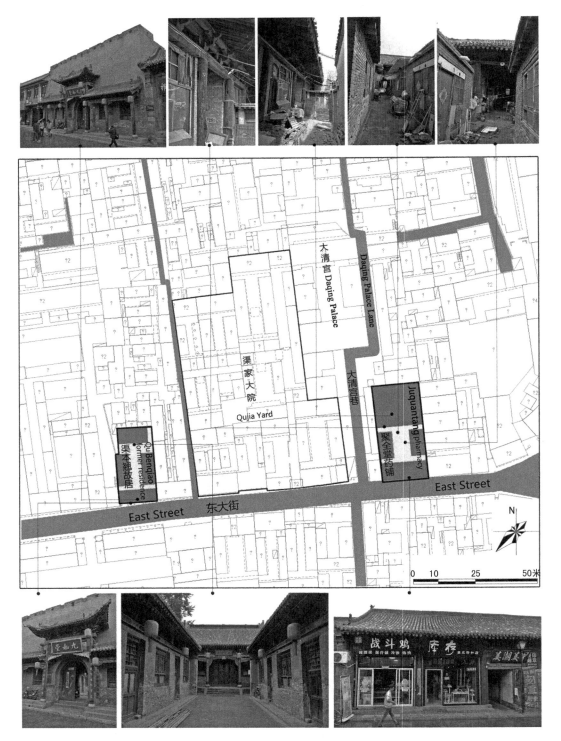

图 3-9　聚全堂药铺和渠本翘故居现状图

（图片来源：底图祁县古城 CAD 测绘图由祁县旅游局提供，李彦巧改绘，图中照片均为李冰拍摄，2017 年）

目前尚未得到专业性的修复。

2. 现状问题

（1）院内私搭乱建

聚全堂药铺院落内现有7户居民共同使用，每户均在院内搭建或扩建房屋，以扩大室内使用空间。扩建建筑物侵占了院内开敞空间，室外居住环境被压缩且恶化（图3-10）。

（2）建筑本体损坏严重

聚全堂药铺的建筑长期缺乏维护和管理，建筑墙体、屋面、门窗、柱子等构件受到了严重的自然侵蚀与破坏。在墙体下部受盐碱和冻融的循环作用下，砖块酥脆或缺失，致使建筑存在坍塌的危险。屋面瓦片缺失，门窗木框破旧，柱子开裂，亟须专业人员介入维修（图3-11）。

图3-10 聚全堂药铺的院内私搭乱建
（图片来源：李冰拍摄，2017年）

图3-11 聚全堂药铺的建筑本体损坏严重
（图片来源：李冰拍摄，2017年）

（3）电线明露

聚全堂药铺院落内的电线都是明线，在露天处接入院内各家各户，混乱密集，影响院落景观，且存在火灾隐患。

（4）临街店铺破坏历史风貌

聚全堂药铺临街有5个铺面，店铺立面装修破坏原有历史建筑样式，广告牌匾以及金属卷帘防盗门和历史建筑风格冲突。

（四）文庙

1. 概述

文庙是祁县古城内唯一保存相对完整的庙宇建筑群，始建于金大定年间（1161—1189），明嘉靖年间（1522—1566）迁建于此处。清乾隆二十四年（1759年）及清道光六年（1826年）修葺，2005年曾进行维修。2005—2013年，文庙被用作祁县中学的部分功能，包括图书室、学生会、教室等，文庙建筑群占地面积为3 398平方米，中心位置坐标为东经112°19′1.32″、北纬37°21′14.53″，坐北朝南，呈二进院落布局（图3-12）。现存建筑群状况为：中轴线由南至北依次建有状元桥、崇圣殿和大成殿，两侧为厢房和廊屋（wings）。现存建筑中大成殿为明代建筑，装修原制已不存。文庙戟门及东西两侧庑殿为清代建筑。

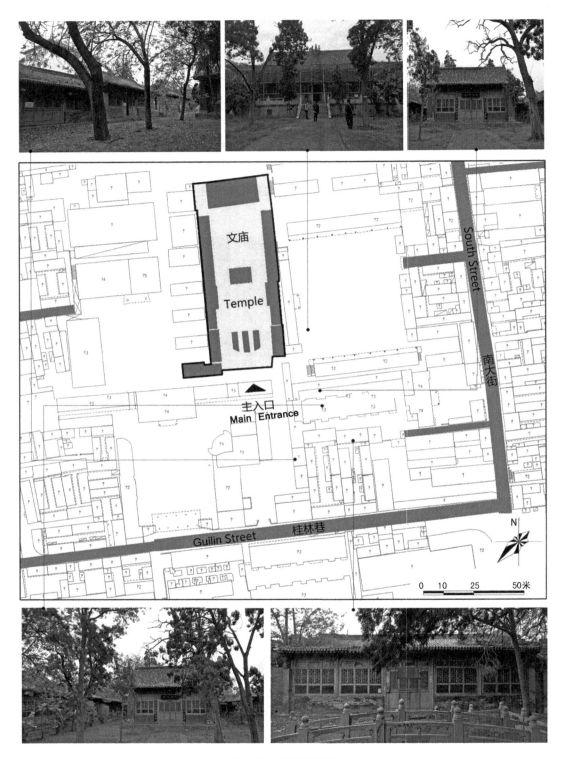

图 3-12 文庙现状图

（图片来源：底图祁县古城 CAD 测绘图由祁县旅游局提供，李彦巧改绘，图中照片均为李冰拍摄，2017 年）

2. 现状问题

由于祁县中学在 2012—2013 年迁出此地,文庙古建筑群搁置未用已经近 9 年。由于缺乏管理和维护,建筑受到不同程度的损坏(图 3-13)。

图 3-13 文庙建筑缺乏管理和维护

(图片来源:李冰拍摄,2017 年)

大成殿建筑主体完整,但屋顶西北侧已经出现直径约 1 米的漏洞,没有任何防雨防风措施,须尽快修复。殿内局部有墙体脱落,屋顶瓦片缺失损坏。东、西两庑建筑的门窗与墙体须进行防潮、防蚀处理。屋顶有杂草和泥土堆积,须进行清理维护。大成殿建筑门窗柱子漆皮掉落严重,已有腐朽的迹象(图 3-14)。

图 3-14 文庙建筑本体损坏

(图片来源:李冰、李彦巧拍摄,2017 年)

(五)大德恒票号

1. 概述

清光绪七年(1881 年),乔锦堂开设大德恒票号,主要办理汇兑银票以及存款、放款业务,

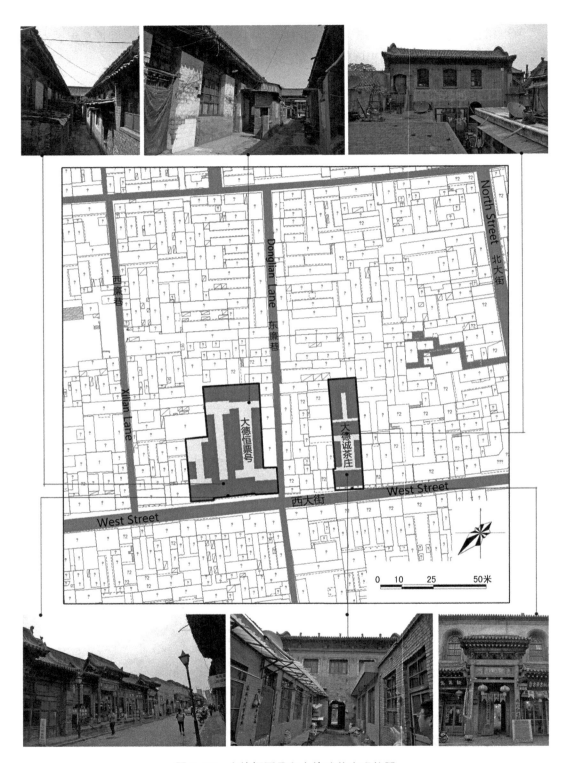

图 3-15　大德恒票号和大德诚茶庄现状图

（图片来源：底图祁县古城 CAD 测绘图由祁县旅游局提供，李彦巧改绘，图中照片均为李冰拍摄，2017 年）

1934 年歇业。大德恒票号旧址现存房屋为清代建筑，占地面积 1 749 平方米，中心位置坐标为东经 112°18′59.15″，北纬 37°21′22.11″，坐北朝南，由东西并列的三个院落组成（图 3-15）。西院、中院为二进院落布局，中轴线上均建有临街铺面、正房，两侧为东、西厢房。两院临街铺面面宽均为三间，进深一间。东院现仅存铺面（storefront）与正房（main house）。大德恒票号于 2003 年被列为市级文物保护单位。

2. 现状问题

大德恒票号建筑的临街部分现仍用作店铺，建筑整体形态保存完整，屋顶部分瓦片缺失。建筑后院现由多户居民居住，每户居民都有私自扩建的房屋，建筑本体（original buildings）也遭到改造或拆除。院落内电线直接裸露，存在火灾隐患。房屋墙体出现多条裂缝，存在安全隐患（图 3-16）。

图 3-16　大德恒票号建筑现状问题

（图片来源：李冰拍摄，2017 年）

（六）大德诚茶庄

1. 概述

1932 年，乔家集股建立大德诚茶庄，股东是乔氏第三代乔锦堂。大德诚茶庄在祁县设总号，其分号遍布全国 200 多处，采用南茶北销方式经营。1949 年后，大德诚茶庄改为公私合营。旧址现存房屋为民国时期建筑，占地面积 763 平方米，位于东经 112°19′1.45″，北纬 37°21′22.25″，坐北朝南，为二进院带偏院布局（图 3-15）。大德诚茶庄由青砖砌筑，里院为三开间的两进筒楼院，外院为五开间的两进筒楼院。筒楼样式呈西洋风格特色，南面的倒座筒楼下层是五间店面，中间建有明柱挑角门楼，高大气派。主院中轴线上由南向北依次为铺面、前院正房、后院正房，两侧为厢房。铺面临街而设，为二层筒楼，面阔五间，进深一间。大德诚茶庄于 2003 年被列为市级文物保护单位。

2. 现状问题

大德诚茶庄旧址临街铺面分别为国医馆和古玩店，院内有多户居民居住。建筑保存完整，但是木构件已经干燥开裂，表面漆画或褪色或完全消失。首进院落两侧厢房原始建筑现已消失，现存为平屋顶现代建筑。新建厢房和原始正房直接碰撞交接，原始房屋的墙面开始受潮反碱。临街二层窗上外墙部分出现裂纹，屋顶有杂草和泥土堆积。除已经拆除消失的建筑外，现存原始房屋破损程度一般（图 3-17）。

图 3-17　大德诚茶庄建筑现状问题

（图片来源：李冰拍摄，2017 年）

（七）渠本翘故居

1. 概述

渠本翘（1862—1919），祁县城内人，山西第一位民族工业实业家。清光绪十八年（1892 年）进士，1902 年与祁县人乔殿森合资创办的"双福火柴公司"是山西省最早的民族工业。渠本翘故居始建年代不详，现存为清代建筑，占地面积 489.7 平方米，中心位置坐标为东经112°19′9.14″、北纬37°21′22.76″，整体坐北朝南，原为一进五院，现仅存 1 座四合院（图 3-9）。院落四周设带垛口的高大院墙，垛口砖砌"吉士"图案。院落内中轴线上由南向北依次建有南房、正房，两侧为东、西厢房。渠本翘故居院落保存完整，现为度量衡博物馆和祁县慈善总会。

2. 现状问题

渠本翘故居临街建筑上方有长约 3～5 米裂缝数条。临街门楼木柱表面油漆彩画褪色剥落，木构件已遭腐蚀。内院建筑整体保存完好，院落干净整洁，但是在盐碱及冻融的循环作用下，距地面 2 米以下的墙面青砖酥化严重。木构梁、柱以及其他构件表面油漆彩画褪色剥落，屋顶泥土、杂草堆积，须进行清理维护（图 3-18）。

图 3-18　渠本翘故居建筑的现状问题

（图片来源：李冰、李彦巧拍摄，2017 年）

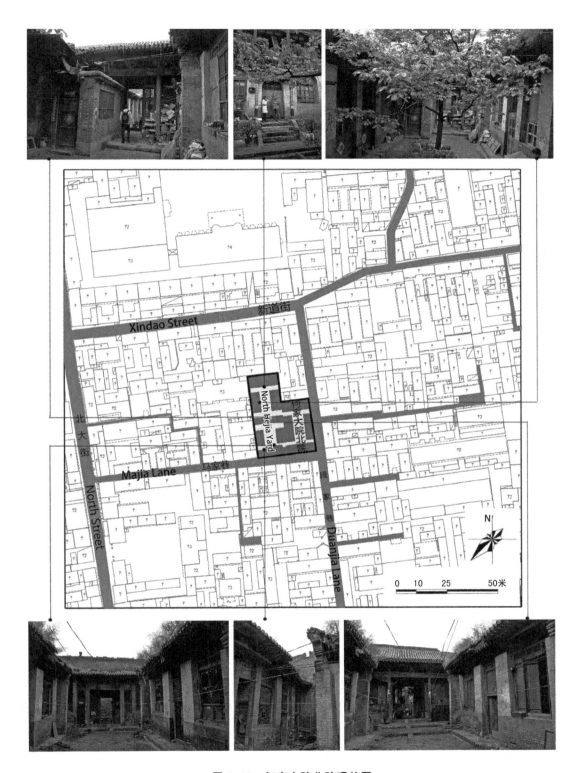

图 3-19 何家大院北院现状图

（图片来源：底图祁县古城 CAD 测绘图由祁县旅游局提供，李彦巧改绘，图中照片均为李冰拍摄，2017 年）

（八）何家大院北院

1. 概述

祁县著名商家何家的住宅北院位于马家巷 17 号和 19 号，邻近长裕川茶庄正门。

17 号院创建年代不详，现存为清代建筑，占地面积 614 平方米，中心位置坐标为东经 112°19′7.93″、北纬 37°21′26.13″。建筑坐北朝南，呈二进院落布局（图 3-19）。何家大院北院中轴线上由南至北依次建有南房、过厅、正房，内院、外院两侧的厢房各有三间。现状为两个院落分别由两户居民居住，内院为公产，外院为私产。

19 号院创建年代不详，现存为清代建筑，占地面积 398 平方米，中心位置坐标为东经 112°19′8.44″、北纬 37°21′26.03″。19 号院为一进四合院落，呈坐北朝南布局。院落四周设带垛口的高大院墙，院内中轴线上由南至北依次建有南房、正房，两侧为东、西厢房。院内木雕、砖雕精美，但是房屋原有门窗装修形制已被后人更改。

2. 现状问题

何家大院北院的两个院落的门楼保存完好，木构件表面油漆彩画褪色剥落，屋顶泥土、杂草堆积。外院已无人居住，东、西厢房门窗破损，屋檐出现变形或局部坍塌，木构屋檐等构件已经腐朽，油漆彩画完全消失。墙面窗台下部青砖出现不同程度的酥碱现象。内院一层有住户居住，院内东南角落有一处加建红砖库房。二楼无人居住，门窗破损，屋顶有杂草和泥土堆积，亟待维护（图 3-20）。

图 3-20　何家大院北院建筑现状问题

（图片来源：李冰、李彦巧拍摄，2017 年）

（九）何家大院南院

1. 概述

祁县何家是城内著名商业资本家，其资产最多时达 1 000 万元，仅城内就有七大商号。南大街何家大院创建年代不详，现存为清代建筑，占地面积 2 385 平方米，中心位置坐标为东经112°19′7.72″、北纬 37°21′17.23″，由东、西并列的两个坐北朝南的院落组成（图 3-21）。东、西两座院落内建筑均保存有雕刻精美的石雕、砖雕、木雕构件。西院为一进二院，其中：前院为一进院落，现存东厢房、南房和北侧的一间房屋；后院为二进院落，中轴线上建有南房、正房，两侧厢房为里院五间，外院三间。东院中轴线上由南至北依次为南房、过厅、正

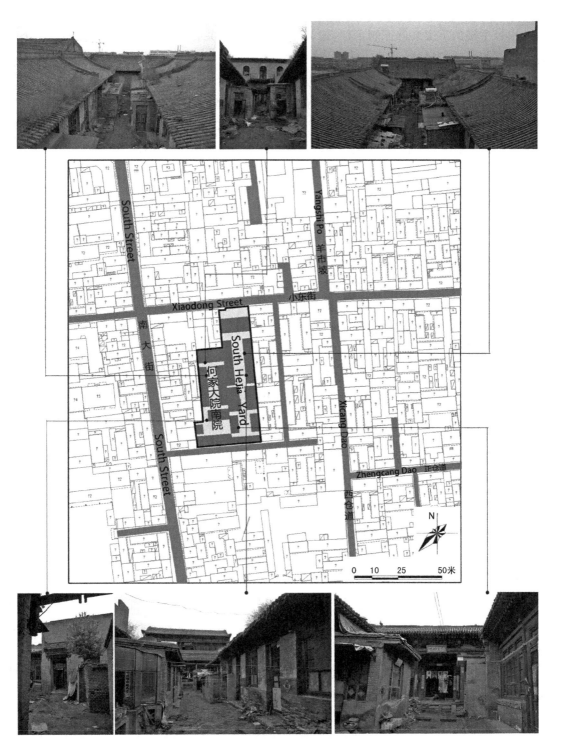

图 3-21　何家大院南院现状图

（图片来源：底图祁县古城 CAD 测绘图由祁县旅游局提供，李彦巧改绘，图中照片均为李冰拍摄，2017 年）

房、厕所，两侧厢房为里院十间，外院三间。东院的北侧建主楼，为东院的主体建筑，二层砖木结构。主楼的下层装修原制不存，建筑门窗洞口均为拱形，砖雕图案精美，拱形门窗下部砖面具有西洋建筑风格。

2. 现状问题

何家大院南院建筑因地基沉降不均导致墙面开裂，部分裂缝长度贯穿墙面，亟须采取保护措施。建筑门头和屋檐瓦片存在破损，杂草丛生。正房屋脊有多处损坏。多户居住导致院落内部多处私搭乱建，并对原有历史建筑产生了一定程度的破坏。木构件表面的油漆彩画全部褪色剥落（图3-22）。从总体来看，何家大院南院整体保存比较完整，历史价值和艺术价值很高，是祁县古城内重要的特色民居之一。

图3-22 何家大院南院建筑现状问题

（图片来源：李冰、李彦巧拍摄，2017年）

何家大院南院现已完全公产，居民完全迁出，院落和建筑等待专业维修队伍进驻。

三、祁县古城内公共绿化空间选址调研

祁县古城内传统城市肌理比较密集，各种尺度街道空间几乎全部由建筑围合界定，缺少休闲、绿化功能的城市开阔公共空间（图3-23）。但是，由于人为拆除、自然倒塌等原因，古城内出现了一些较为开阔的地块。根据历史遗产建筑保护的原则，在绝大多数情况进行重建历史建筑并不受到鼓励，因为这种做法并不能恢复已经丧失的历史信息。因此，这些闲置地块使得创造符合当代旅游功能和本地居民生活需求的公共空间成为可能。

（一）原县衙地块

1. 概述

原县衙地块是古城内部面积最大的空地之一，面积约为2.24公顷，中心位置坐标为北纬37°21′24.46″、东经112°18′48.50″（图3-24）。县衙地块用地西南角紧挨着古城西城门，

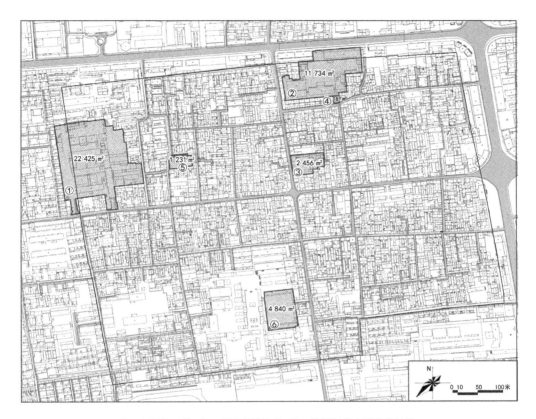

①—原县衙地块；②—祁县宾馆地块；③—长裕川茶庄西北角地块；
④—原武装部地块；⑤—原火神庙地块；⑥—原祁县中学地块

图 3-23　祁县古城内公共休闲绿化空间位置图

(图片来源：底图祁县古城 CAD 测绘图由祁县旅游局提供，李彦巧改绘)

出西城门即是西关城(今西关村)，两城之间原有城壕相隔，今已湮灭。此处历史上曾经为县衙、寺庙、学宫等建筑群，1949 年后被拆除，建成工业厂房、商住或住宅院落等。

地块现状北侧为废弃工厂；南侧两条道路通向古城西大街；西侧为古城边界；东侧为城隍圪道，依然还保持着部分古城景观；西南侧为古城西门；东南侧临街地段较为开阔，有古树以及简陋的戏台(图 3-24)。地块内部有大树若干，树冠丰满，形状优美，其中东侧的大树已成为城隍圪道的重要景观。

2. 结论与建议

原县衙地块和祁县古城西大街的连接处比较宽阔，和街道毗邻的界面宽度达 20 米，可以作为城市节点进行特殊设计。该节点空间右侧建筑是祁县古城老年协会位置，可以根据居民生活习惯，对此处进行以适合老人活动为主的公共空间设计，具体设计内容包括、健身器材、座椅、遮阳篷、绿化、与儿童共处的活动空间等。

县衙地块空地可以考虑作为停车场用地，但是应注意避免形成巨大、枯燥的停车场氛围，应注意保持这片巨大的场地和古城的交通系统联系便捷，如在东侧连接城隍圪道在北侧和西侧开辟出入口等。停车场的边界需要进行特殊设计，如：边界用绿化进行隔离；保留

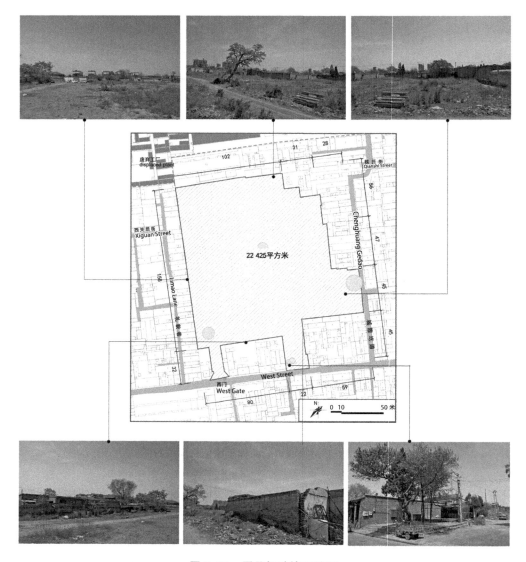

图 3-24　原县衙地块现状图

（图片来源：底图祁县古城 CAD 测绘图由祁县旅游局提供，李彦巧改绘，图中照片均为李冰拍摄，2017 年）

地段内部已经存在的大树；停车场地使用植草砖；停车场地分成若干组团，和公共活动空间交错布置；部分停车场可以设计在建筑的底层，二层以上用作其他公共活动功能。总体指导原则是主要作为停车场功能，景观上和古城的亲切氛围相协调，同时容纳一定比例的公共活动（旅游休闲、老人、儿童活动等）功能。

（二）祁县宾馆地块

1. 概述

祁县宾馆地块总面积为 1.17 公顷，中心位置坐标为北纬37°21′30.27″、东经112°19′7.05″，北临友谊西街，西临古城北大街东侧民居，东临废弃工厂，南临民居（图 3-25）。

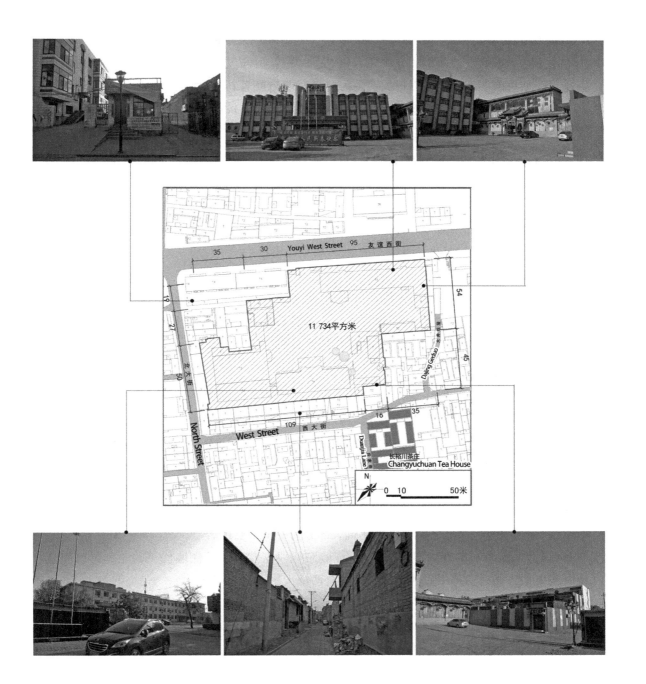

图 3-25　祁县宾馆地块现状图

（图片来源：底图祁县古城 CAD 测绘图由祁县旅游局提供，李彦巧改绘，图中照片均为李冰拍摄，2017 年）

地块内部包括祁县宾馆及其餐厅、祁县武术协会、祁县老区建设促进会、锅炉房等现代建筑，其中宾馆餐厅入口为传统风格。

2. 结论及建议

由于这里紧临友谊西街和古城北入口，交通便利，可安置游客接待中心、遗产阐述中心类建筑。地块内部的建筑可以根据实际需要进行改造或者新建，建造外观应为当代建筑风格，同时能够传达祁县历史古城建筑的特点，并满足现代化设施、旅游展示和接待等各种功能要求。

（三）长裕川茶庄西北角地块

1. 概述

长裕川茶庄西北角地块总面积约 187 平方米，中心位置坐标为北纬 37°21′28.38″、东经 112°19′8.26″。地块北侧毗邻祁县宾馆，东西两侧临民居，南临古城新道街（图 3-26）。目前地块属性为私有产权，现状是空地。

2. 结论与建议

目前看来，这一地块面积较小，有可能用作古城道路的节点。地块的功能可以考虑休息、座椅、凉棚、小品、绿化等，也可以考虑作为游客接待中心（祁县宾馆地块）在新道街的出入口。这样，游客可能从这里直接抵达长裕川茶庄主入口。

（四）原武装部地块

1. 概述

原武装部地块位于祁县古城北大街南部东侧，接近中心十字街，东临段家巷，南靠东大街，西临北大街，北倚马家巷，中心位置坐标为北纬 37°21′24.03″、东经 112°19′5.69″。原武装部地块范围用地总面积 2 456 平方米（约 0.25 公顷）（图 3-27）。

原武装部地块用地西南侧靠近十字街口，所处地段繁华，人流较多。该地块沿街均为祁县传统风格商业铺面，南侧东大街传统商业店铺建筑较好地保持着历史风貌，北大街沿街建筑为商业建筑，北部马家巷内部建筑大部分为一至二层民居。

目前，场地内部的现代建筑被完全拆除，东侧段家巷民居的侧墙优美的轮廓得以完全地展现出来。场地内部中心和南部角落各有两棵大树，树型优美。

2. 结论与建议

建议保留场地原有古树，新建任何建筑都要充分利用和尊重古树所形成的场所感（genius loci），并保留东西两侧的优美视野：基地东侧的历史民居和基地西侧北大街对面的历史建筑形成了优美的天际线。基地临街一侧不一定用建筑填满，也可以留出一定面积作为古城公共空间、绿化休闲空间，服务于游客和居民。

（五）原火神庙地块

1. 概述

原火神庙地块位于火神庙街和西廉巷之间，面积为 1 231 平方米，中心位置坐标为北

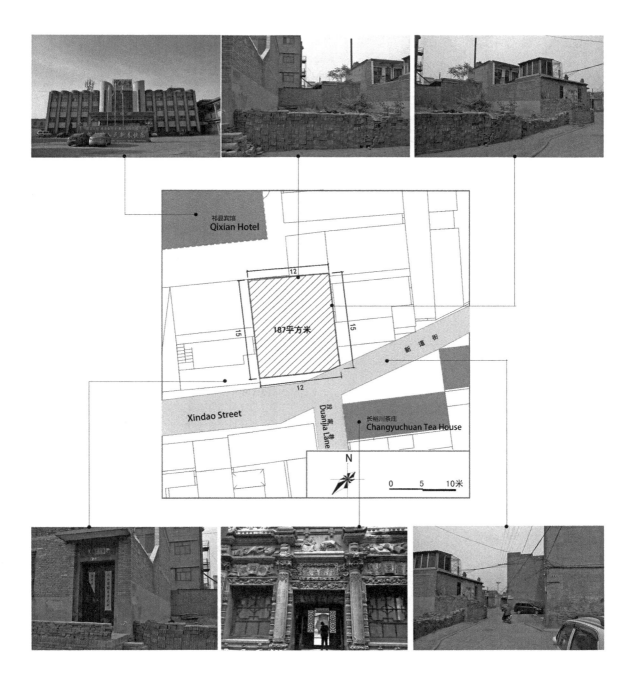

图 3-26　长裕川茶庄西北角地块现状图

（图片来源：底图祁县古城 CAD 测绘图由祁县旅游局提供，李彦巧改绘，图中照片均为李冰拍摄，2017 年）

图 3-27　原武装部地块现状图

（图片来源：底图祁县古城 CAD 测绘图由祁县旅游局提供，李彦巧改绘，图中照片均为李冰拍摄，2017 年）

纬37°21′24.33″、东经 112°18′55.71″。地块北侧为原合盛元茶庄遗址（万里茶道遗址之一），南侧偏东毗邻天恒川茶庄遗址，西靠火神庙街（图 3-28）。基地现状为废弃的灯光球场，有围墙封闭，东侧有较为开阔的疏散广场，广场东侧有留有 1960 年代历史痕迹的现代建筑门洞。

2. 结论与建议

原火神庙地块可以保留体育运动健身功能，从东西两侧进入，这样不仅有利于人流疏散，也有利于丰富两侧街巷空间。地块南侧和北侧的两处民居旧址作为遗产参观的目的地，场地东侧现代特色风格的建筑门洞留存了古城历史发展脉络的重要痕迹，建议保留。

（六）原祁县中学地块

1. 概述

原祁县中学地块位于祁县古城西南隅，中心位置坐标为北纬37°21′14.00″、东经112°19′3.51″，南面和北面各有一栋混凝土二层楼房（图 3-29）。祁县古城目前仅存的两栋寺庙建筑都临近这个空地。关岳庙门亭（gate house）位于该地块东南角，文庙建筑群旧址位于该地块西侧。目前，该地块内已经动迁完毕，不再有学生活动。南侧教学楼已废弃，北侧的教学楼作为临时教室使用，根据需要随时可以迁出。两栋楼之间的空地现状为废弃操场。

2. 结论和建议

原祁县中学地块西侧的文庙是省级文物保护单位，原来归祁县中学教学使用，现在学校已经迁出。这样，当文庙被修复以后，如何进入文庙成为重要问题。政府有意向将本地块作为昭馀书院用地。那么，无论这块基地设置怎样的新功能，都有可能成为从南大街进入文庙的必经区域，从南大街向西规划街巷，进入并穿过地块，抵达文庙建筑群南面的入口。同时需要注意的是新的街巷和仅存的关岳庙门亭应形成恰当的关系。

四、遗产阐述路线

通过对昭馀古城重点院落和所有街巷的深入调研，结合古城各级文物保护单位的实际分布情况，笔者筛选出一部分艺术价值高、风貌保存好、代表性强、特色鲜明的院落和街巷，针对游客不同的游览时间，设计了 3 条差异化游览路线。这些路线均以游客集散服务中心（原祁县宾馆地块）为起讫点，以古城东北隅两处全国重点文物保护单位为游览核心，历史风貌街道将重要景点串联成闭合流线，展示古城之精华。

（一）线路一：半天精致游览路线

该路线全路径长 1.5 千米，游览范围主要集中在古城东北部，渠家大院和长裕川茶庄是重点遗产阐释地（图 3-30）。针对不同游客的需求，参观时间可能有 1～3 小时的变动。线路一具体如下所示：

游客集散服务中心（原祁县宾馆地块）—段家巷北段—何家大院北院—马家巷—段家巷北段—长裕川茶庄—段家巷北段—新道街中段—高原圪道—东大街东段—渠家大院—

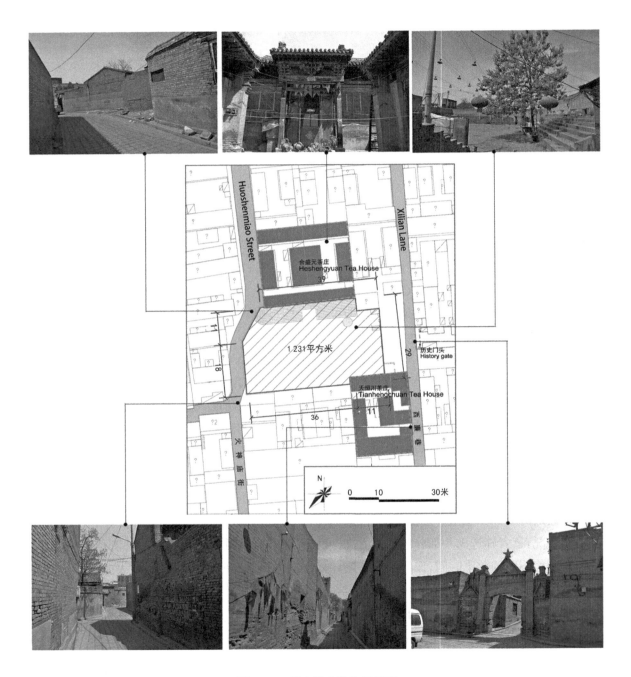

图 3-28　原火神庙地块现状图

（图片来源：底图祁县古城 CAD 测绘图由祁县旅游局提供，李彦巧改绘，图中照片均为李冰拍摄，2017 年）

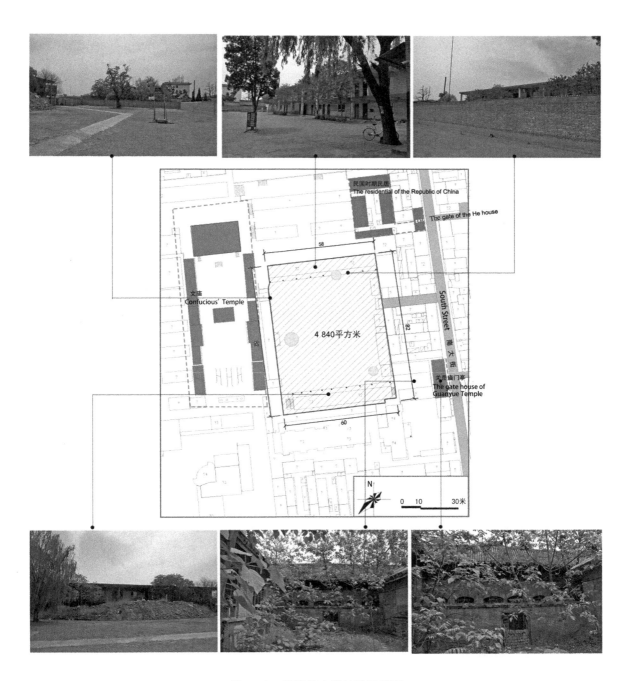

图 3-29　原祁县中学地块现状图

（图片来源：底图祁县古城 CAD 测绘图由祁县旅游局提供，李彦巧改绘，图中照片均为李冰拍摄，2017 年）

图 3-30 昭馀古城游览线路一：半天精致游览路线（彩图见插页）

（图片来源：底图祁县古城 CAD 测绘图由祁县旅游局提供，李彦巧改绘）

聚全堂药铺—东大街—渠源浈牛房院（珠算博物馆）—永泰盛钱庄—义生泉油店旧址—渠本翘故居（度量衡博物馆）—裕兴源—长泰川圪道—长泰泉商行旧址—北大街—北大门—游客集散服务中心。

（二）线路二：全天精品游览路线

该路线全路径长 2.4 千米，游览范围主要集中在古城东北部和南部，渠家大院、长裕川茶庄、文庙及何家大院是重点遗产阐释地（图 3-31）。针对不同游客的需求，参观时间可能

图 3-31 昭馀古城游览线路二：全天精品游览路线（彩图见插页）

（图片来源：底图祁县古城 CAD 测绘图由祁县旅游局提供，李彦巧改绘）

有2～4小时的变动。时间超过一天以后,第二天起始点可能变更为游客的住宿地。线路二具体如下所示：

　　游客集散服务中心(原祁县宾馆地块)—段家巷北段—何家大院北院—马家巷—段家巷北段—长裕川茶庄—段家巷北段—新道街中段—高原圪道—东大街东段—渠本翘故居(度量衡博物馆)—义生泉油店旧址—永泰盛钱庄—渠源浈牛房院(珠算博物馆)—渠家大院—聚全堂药铺—东大街—姑姑庵前—古槐树—大德通票号旧址—小东街中段—明楼院—劼家大院—贾世裕钱庄旧址—范子彦住宅—武甫文宅院—竞新学校旧址—西仓道—何大门—何家院—南大街南段—关岳庙门亭—规划路一—文庙—规划路二—南大街—道教院—十字大街交叉口—裕兴源—长泰川圪道—长泰泉商行旧址—北大街—北大门—游客集散服务中心。

(三) 线路三:两天精细游览路线

　　该路线全路径长3.2千米,游览范围集中在古城全境,渠家大院、长裕川茶庄、文庙、何家大院以及部分重点民居是重点遗产阐释地(图3-32)。针对不同游客的需求,参观时间可能有5～6小时的变动。第二天起始点将根据游客的住宿地有所变更。线路三具体如下所示：

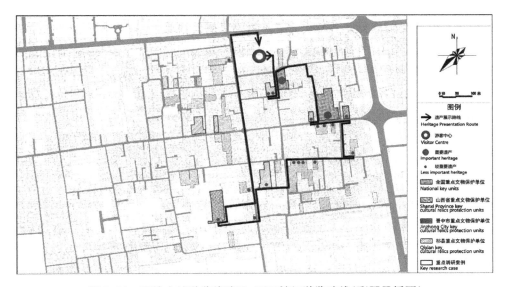

图3-32　昭馀古城游览线路三:两天精细游览路线(彩图见插页)
(图片来源:底图祁县古城CAD测绘图由祁县旅游局提供,李彦巧改绘)

　　游客集散服务中心(原祁县宾馆地块)—段家巷北段—何家大院北院—马家巷—段家巷北段—长裕川茶庄—段家巷北段—新道街中段—高原圪道—东大街东段—渠本翘故居(度量衡博物馆)—义生泉油店旧址—永泰盛钱庄—渠源浈牛房院(珠算博物馆)—渠家大院—聚全堂药铺—东大街—姑姑庵前—古槐树—大德通票号旧址—小东街中段—明楼院—劼家大院—贾世裕钱庄旧址—范子彦住宅—武甫文宅院—竞新学校旧址—西仓道—何大门—何家院—南大街南段—关岳庙门亭—规划路一—文庙—规划路二—南大街—道

教院—十字大街交叉口—西大街—益华公司旧址—谦和诚杂货铺旧址—晋恒银号旧址—大德诚茶庄—泰来绸缎店旧址—宏晋银号旧址—大德恒票号—亿中恒茶票庄旧址—义集生杂货铺旧址—休憩绿地广场（县衙旧址）—西大门—西大街西段—西廉巷—乔九少住宅—规划路三—合盛元票号旧址—火神庙街北段—正廉巷—张定久住宅—渠姓小商人住宅—许道合院—许家住宅—北大街北段—长泰川圪道—长泰泉商行旧址—北大街—北大门—游客集散服务中心。

五、昭馀古城大街商铺立面改造基础调研评估

东、西、南、北大街上的商铺从 1998 年开始进行改造，试图恢复历史街区的风貌，建成祁县晋商老街旅游景区。昭馀古城大街上的建筑可以大致分为三种类型：历史建筑、现代建筑、仿古建筑。

昭馀古城大街上的现代建筑大多建于 1990 年代以前，完全没有考虑与历史城市和建筑景观的协调关系。这种类型的现代建筑严重地破坏了昭馀古城的历史风貌，是进行立面改造工程的首选目标。另外，部分仿古风格的现代建筑由于做法粗糙和拙劣，也没有起到积极的恢复古城历史风貌的作用。

在四条大街的商铺立面景观中，还存在两个普遍的严重问题。

第一，商铺建筑外立面的防盗卷帘门和历史建筑完全不协调。防盗卷帘门是出于商铺安全的考虑而必须采取的功能性建筑配件，但直接并且严重地影响了历史店铺的外观形象，需要寻找更佳途径予以解决。如联系相关厂家，进行历史商铺防盗设施的设计和生产，既在外观上符合历史风貌，也要在功能上满足坚固防盗的要求。同时，也要注意产品的造价问题，价格不能高昂到商家难以接受的程度，避免符合需要的产品无法得到普遍推广。关于防盗产品的设计，可以调动工业设计类高校师生的设计兴趣，最终找到符合上述要求的产品。

第二，商铺招牌的尺寸、色彩及外观与历史古城毫无关联。这是大部分古城的通病，招牌对现代都市的伤害并不明显，而对古城的影响是至关重要的。一般情况下，商铺的招牌在尺寸上尽可能符合原有商铺立面的比例，这方面可以参考祁县古城的历史照片。需要特别注意的是，古城内一旦引入世界知名品牌的商铺，如星巴克、麦当劳等等，其牌匾的设计应低调而高雅，使游客和居民都能够容易地接受它们在古城的存在。古城政府以及规划部门应予以严格的监督和控制。

（一）西大街

西大街北侧共有临街建筑 29 座，其中历史建筑有 22 座，影响古城风貌的建筑有 7 座，包括现代建筑 3 座、仿古建筑 2 座、需修复建筑 2 座。

西大街南侧共有临街建筑 33 座，其中历史建筑有 24 座，影响古城风貌的建筑有 9 座，包括现代建筑 1 座、仿古建筑 3 座、需修复建筑 5 座。

西大街临街建筑的立面改造最为迫切的为现代建筑，从十字街的立面评估来看，西大街立面的真实性良好，现代建筑所占比例只有 6%。昭馀古城西大街立面现状及位置

如图 3-33 所示。

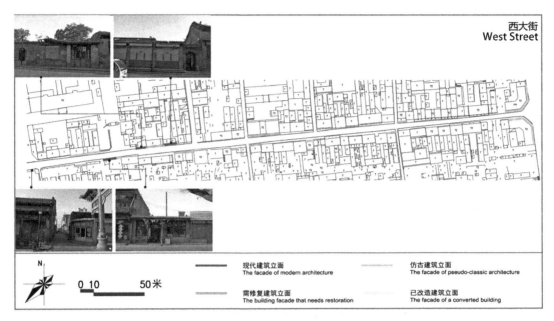

图 3-33 昭馀古城西大街立面评估

（图片来源：底图祁县古城 CAD 测绘图由祁县旅游局提供，李彦巧改绘，图中照片为李彦巧、李冰拍摄，2017 年）

（二）东大街

东大街北侧共有临街建筑 26 座，其中历史建筑有 18 座，影响古城风貌的建筑有 8 座，包括现代建筑 4 座、仿古建筑 2 座、需修复建筑 2 座。

东大街南侧共有临街建筑 22 座，其中历史建筑有 10 座，影响古城风貌的建筑有 12 座，包括现代建筑 6 座、仿古建筑 6 座。

东大街临街建筑的立面改造最为迫切的为现代建筑，从十字街的立面评估来看，东大街立面的真实性一般，现代建筑所占比例达到 21%。昭馀古城东大街立面现状及位置如图 3-34 所示。

（三）北大街

北大街东侧共有临街建筑 21 座，其中历史建筑有 12 座，影响古城风貌的建筑有 9 座，包括现代建筑 6 座、仿古建筑 1 座、需修复建筑 2 座。

北大街西侧共有临街建筑 20 座，其中历史建筑有 11 座，影响古城风貌的建筑有 9 座，包括现代建筑 7 座、仿古建筑 1 座、自行改造建筑 2 座。

北大街临街建筑的立面改造最为迫切的为现代建筑，从十字街的立面评估来看，北大街立面的真实性较差，现代建筑所占比例达到 32%。昭馀古城北大街立面现状及位置如图 3-35 所示。

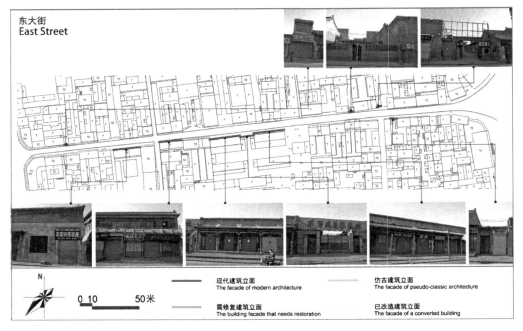

图 3-34　昭馀古城东大街立面评估（彩图见插页）

（图片来源：底图祁县古城 CAD 测绘图由祁县旅游局提供，牛筝改绘，图中照片为李冰、李彦巧拍摄，2017 年）

图 3-35　昭馀古城北大街立面评估（彩图见插页）

（图片来源：底图祁县古城 CAD 测绘图由祁县旅游局提供，牛筝改绘，图中照片为李冰、李彦巧拍摄，2017 年）

（四）南大街

南大街东侧共有临街建筑 29 座，其中历史建筑有 10 座，影响古城风貌的建筑有 19 座，包括现代建筑 16 座、仿古建筑 2 座、需修复建筑 1 座。

南大街西侧共有临街建筑 26 座，其中历史建筑有 13 座，影响古城风貌的建筑有 13 座，包括现代建筑 9 座、仿古建筑 2 座、需修复建筑 2 座。

南大街临街建筑的立面改造最为迫切的为现代建筑，从十字街的立面评估来看，南大街立面的真实性最差，现代建筑所占比例高达 58%。祁县古城南大街立面现状及位置如图 3-36 所示。

图 3-36 昭馀古城南大街立面评估

（图片来源：底图祁县古城 CAD 测绘图由祁县旅游局提供，牛等改绘，图中照片为李冰、李彦巧拍摄，2017 年）

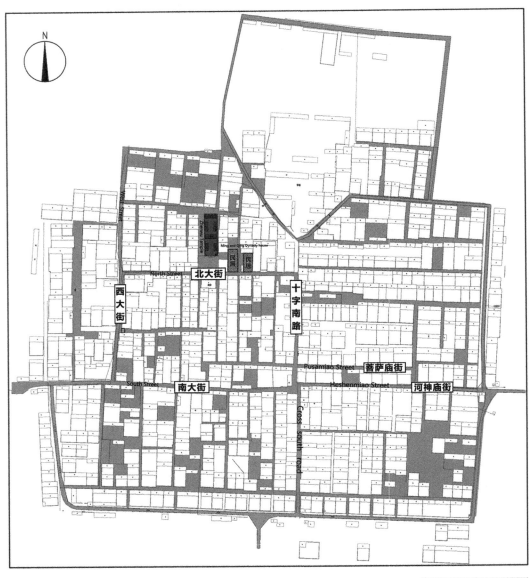

谷恋村代表性遗产民居位置图
Guliancun Representative Location Map

图 3-37 谷恋村代表性遗产位置图

（图片来源：底图谷恋村 CAD 测绘图由祁县旅游局提供，李彦巧改绘）

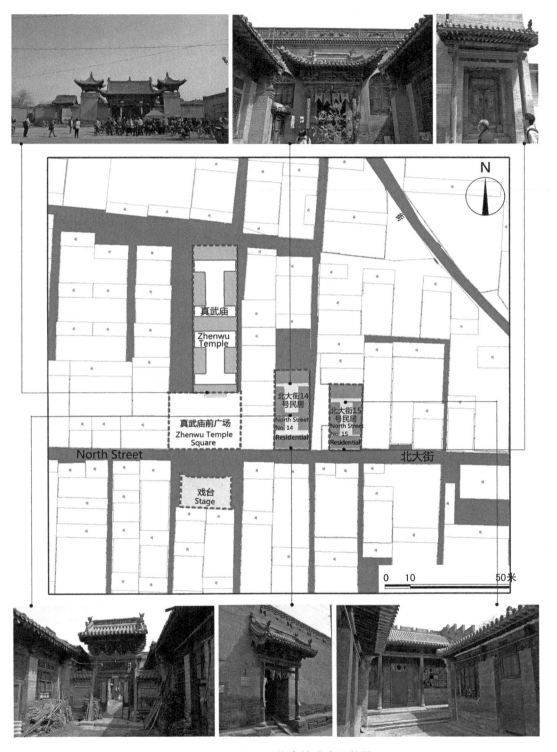

图 3-38　谷恋村代表性遗产现状图

（图片来源：底图谷恋村 CAD 测绘图由祁县旅游局提供，李彦巧改绘，图中照片为李冰、李彦巧拍摄，2017 年）

六、谷恋村遗产建筑调研评估

谷恋村最重要的建筑遗产是位于村北的真武庙（图 3-37），但因真武庙于 2016 年进行了修缮，所以此次调研的重点为谷恋村北大街 14 号和 15 号民居。这两处遗产具有极高的历史和艺术价值，保护意义重大，而且邻近真武庙及前广场，便于游客参观。

（一）谷恋村北大街 14 号民居

1. 概述

谷恋村北大街 14 号民居创建年代不详，现存为清代建筑，占地面积 480 平方米，中心位置坐标为东经112°23′13.68″、北纬 37°24′18.35″，为二进院落，呈坐北朝南布局（图 3-38）。院落的外墙高，墙头有垛口；建筑屋顶为单坡，院落以北为正，东西长、南北窄，呈长方形。现为原户主后人居住。

2. 现状问题

谷恋村北大街 14 号民居建筑整体保存完整，东、西厢房墙体下部的青砖受潮气侵蚀和冻融的循环影响，出现严重的酥碱现象。所有木构件油漆彩画褪色脱落。院门口的门墩石雕被毁，仅剩基座。正房女儿墙处的石雕保存完好。建筑内部木梁腐蚀严重，墙面多处有明显裂缝，一层屋顶局部渗水（图 3-39）。

图 3-39　谷恋村北大街 14 号民居现状问题

（图片来源：李冰拍摄，2017 年）

目前原院落主人的后人居住在厢房，正房闲置。院落整体保存状况尚可，室内木梁以及室外砖墙下部状况较差，须进行局部修复。

（二）谷恋村北大街 15 号民居

1. 概述

谷恋村北大街 15 号民居创建年代不详，现存为明代建筑，占地面积 343 平方米，中心位置坐标为东经112°23′14.56″、北纬 37°24′18.31″，一进四合院落，呈坐北朝南布局。建筑屋顶为单坡顶，院落以北为正，东西长、南北窄，呈长方形。外墙墙头有垛口及瓦装饰，墙头下方约

1.5 米处有砖砌出挑腰线，这是明代民居外观的典型特征。院落入口处有精美的砖雕屏风。

2. 现状问题

谷恋村北大街 15 号民居建筑整体保存完整，建筑墙体下部的青砖出现轻微的酥碱现象。所有木构件油漆彩画褪色或脱落。院落入口的砖雕屏风被少量破坏。建筑屋面瓦、檐口等木构件已修复，目前状态较好。室内屋顶木构件的结构性能较好，但是彩画几乎脱落殆尽。室内设施陈旧，且有大量灰尘，须清理和清洁(图 3-40)。

图 3-40 谷恋村北大街 15 号民居现状问题
(图片来源：李冰拍摄，2017 年)

目前原院落主人的后人居住在厢房，正房闲置。院落整体作为一般民居条件尚可，作为重点遗产保护对象则须对木构件、砖墙等进行少量修复。

七、小结

祁县古城是迄今为止我国较为罕见的历史文化价值极高、保护完整且未受旅游业冲击的历史古城之一。它所面临的遗产保护问题，在国内的建筑历史保护领域具有相当的普遍性。本节的研究不仅可以为祁县古城中相关历史文化遗产的保护与建筑环境的提升提供参考和依据，也可以为国内其他古城的遗产保护提供借鉴和启发。

诸多因素给历史建筑遗产带来负面影响，包括当代建筑技术的冲击、人们生活方式的转变、传统建筑技术的逐渐式微、遗产保护意识的淡漠、遗产维修资金匮乏等。保护技术层面的探讨，并不能完全解决遗产所面临的所有问题。与国内很多古城类似，不当资本的介入与保护意识的淡漠使得对于祁县古城建筑遗产的态度很难达成共识，继而导致建筑遗产逐渐衰败，濒临消失。但是，从另一种意义上讲，祁县古城也是幸运的，当地部门已经着手和国内外专家共同探讨古城的永续发展策略，对古城内的建筑遗产进行保护和开发利用。作为明清"万里茶道"国际商道的重要节点，祁县正与中、蒙、俄三国"万里茶道"沿线的 31 座城市积极合作，力争联合申报世界文化遗产项目。目前，法国开发署贷款、县级配套资金等已经逐渐落实，祁县古城整修与提升的工作已经启动。同过度商业化或者古城历史价值被忽略的当下古城保护乱象相比，祁县古城遗产的未来令人充满希望①。

---

① 原文为《山西祁县诏馀古城及谷恋村重点遗产保护可行性研究：遗产专题调研报告》，2017，项目负责人：李冰。文章在本书编辑过程中有所调整。

第二节 祁县古城遗产的在地性
保护与发展研究

中国山西省历史城镇遗产数量庞大。近年来，建筑遗产和古城保护条例的相继颁布及各项管理制度的逐步完善，对山西省内文化遗产的生存环境产生了积极影响。但由于保护基数大，难免出现一些具有丰富遗产价值的古城因保护力度和方式的不当而面临着损坏、衰退甚至消失的困境。毗邻世界文化遗产平遥古城的山西祁县古城，就在这样的历史进程中逐渐衰落。如何应对缺乏实质性支持的古城振兴，发掘古城遗产潜在的文化价值，实现从保护物质空间环境转变为对遗产的价值重现，是目前古城保护需要关注的重点[①]。遗产保护的在地性研究有助于帮助政府更有针对性地解决发展中的困境。在制定保护规划时，针对关键点提出的基础设施建设、改造更新方案和区域资源整合方式，帮助改善古城的发展环境，避免出现因产业结构趋同、过度商业化开发而导致的竞争力不足等情况。本节结合中国山西祁县政府与法国开发署合作的祁县古城遗产保护与发展项目，通过理论研究和案例分析，提出在项目启动的初始阶段从文化梳理、价值挖掘、保护规划和管理运营等方面强化古城遗产在地性的保护模式。

一、遗产保护和利用过程中的"在地性"和法国的遗产保护经验

"在地性"由英文"in-site"翻译过来。其特点是在保护中认识城市的地方性特征，了解其所在的城市空间、自然环境与历史文化演变过程，可以说这些要素构成了城市的空间基因，形成了城市特色。通过转变规划设计方法，为城市建设、自然保护、文化传承与推动地方经济和社会发展提供有效途径[②]。梳理关于历史保护相关的国际文件不难看出，遗产保护逐渐向保护遗产所在的城镇及区域方向发展，更加注重文化遗产所在的历史、自然及社会空间。以此次项目合作方法国为例，法国除了拥有大量保存完好的历史城区，对遍布各地的历史村镇的保护也十分到位。这些村镇对法国文化多样性表达和遗产保护观念宣传具有实际意义。重要的是这些村镇参与了地方经济和社会的发展，很好地诠释了遗产保护的在地性特点，而不是机械式的对保护模式的套用[③]。在这个过程中，法国"建筑、城市和景观遗产保护区"制度的建立无疑产生了巨大的影响。这一制度发展至今主要经历了三个阶段：

---

① 邵甬.法国建筑·城市·景观遗产保护与价值重现[M].上海：同济大学出版社，2010.

② 段进，邵润青，兰文龙，等.空间基因[J].城市规划，2019，43（2）：14-21.

③ 邵甬，马利诺斯.法国"建筑、城市和景观遗产保护区"的特征与保护方法：兼论对中国历史文化名镇名村保护的借鉴[J].国际城市规划，2011，26（5）：78-84.

第一阶段：1983年《地方分权法》设立，中央政府的权力下放，市镇拥有了城市规划和城市管理的权利。地方政府可以对本地具有地方价值的遗产进行保护，创造本地的文化认同，促进地方的复兴和发展。由此"建筑与城市遗产保护区"制度开始成为指导地方性遗产保护的主要制度。

第二阶段：1993年《景观保护和价值体现法》颁布，主要是为解决在经济发展过程中出现的大地景观"趋同化"的趋势。避免趋同化的一系列手段的基础就是对当地空间特性的充分挖掘，从而将被认为美好的所有对象，包括城市的、乡村的、自然的、人工的、有形的、无形的，只要可以展示历史文化和遗产特征的所有要素进行整体性的保护，这样的做法对形成地区特色具有帮助。

第三阶段：2010年《建筑与遗产价值增值区》则体现了将遗产的静态保护积极融入城市发展这一过程，通过细致的管理与阐释工作，致力于遗产增值工作。这种遗产增值既有遗产核心价值的阐释、阐发的含义，也有遗产为公众、社会提供更好服务的经济社会含义。

制度的实施过程也充分体现地方性特征。首先由专业团队带领，结合当地居民的建议和需求，对具有地方性特征的要素进行调查、挖掘和分析；其次是地方性保护和价值重现，保护规划依附于城市的发展，对地方的城市规划具有指导作用；最后是管理制度的地方性，包括管理、资金保障和文化传播都更具有针对性，这也归因于权力下放和公众参与。这些措施对于遗产的在地性保护都具有实际意义。

二、法国开发署祁县项目的背景和"在地性"的特殊挑战

祁县政府旨在通过此次国际合作项目，将法国遗产保护的先进理念引入昭馀古城的保护规划中，对祁县整体发展起到促进作用。此次项目的实施主体由法国开发署和祁县人民政府共同组成。法国开发署为古城保护和城市更新发展提供关键的技术与资金保障，古城更新的任务则由当地政府执行。双方本着优化文化和自然遗产的保护和利用原则制定三项共同目标：形成具有全球推广价值和国际履约示范意义的文化遗产本体保护和周边环境整治模式；形成具有经济可持续和带动社区发展的文化遗产管理体制、机制和公众参与模式；形成文物保护与城市更新发展及产业发展结合的模式。针对这三项共同目标，双方提出了文化遗产保护、文化遗产阐释与传播教育、能力建设工程、遗产旅游与公众参与五个维度的建设内容①。另外，古城中原本固化的生活、生产方式会受到改造、引资等外力的作用，很可能出现旅游发展与原住生活模式间的不平衡，进而影响城镇发展的可持续性。因此，原住民的参与对政府工作的开展、实现发展的平衡具有重要作用。

首先，项目依托当地政府及高校、研究院对昭馀古城做了详细的调研与建档，扩大了保护范围，将具有类似文化特色的村庄纳入统一保护和利用的范围。同时项目做好文化

---

① 祁县古城保护与城市更新发展示范项目可行性研究示范小组. 祁县古城保护与城市更新发展示范项目［R］. 2017-03-27.资料由祁县文物旅游局提供。

遗产安全工程，全面消除古城的安全隐患，开展对古城中心的重点建筑的测绘和修缮工作，这些建筑基础质量较好，见效较快，对项目后续进展的推动作用明显。其次，项目对重点服务项目进行建设，比如文化阐释中心、绿道及基础设施建设，改善古城及古城所在周边区域的服务水平，已经完成的昌源河国家湿地公园也是由法国开发署与祁县政府合作开发，现已成为祁县重要的生态资源，并同乔家大院、谷恋村等优秀遗产资源一并纳入全域旅游的总体规划中。最后项目还借鉴法国先进的宣传与管理理念，着重对遗产的传播教育、数字化管理体制和社区发展等方面进行建设，利用有形的建筑遗产空间进行遗产保护理念的教育，增加居民对当地文化的认同感和参与感，形成领先山西境内同质地区的遗产传播水平。

总体来看，遗产保护不再是对遗产本身的机械性保护和盲目的商业利用，它要求集合时间和空间上更为广阔的范围，发挥每个建筑、每个城镇、每个区域独特的文化潜力，形成更加稳定的遗产景观体系。一系列城市更新活动，对提升地区旅游者和社群的共生关系、提升古城的文化价值和管理水平、推动区域文化景观的整体构建都具有帮助，对突显历史研究价值和谨慎复原文化具有重要意义。

三、祁县古城的"在地性"遗产保护行动和计划

关于遗产保护是如何体现"在地性"这一特征的，笔者希望通过以法国开发署与祁县合作项目为例，选取其中几个重点项目，从文化要素挖掘、价值认知利用、保护规划实施三个方面来介绍，并最终体现规划管理保障的在地性特征，为古城带来新的充满内涵的发展格局。

祁县县城位于山西省晋中市祁县昭馀镇，西南毗邻平遥。目前祁县县城是县域内社会经济最为发达的地区，第二、三产业发展态势良好，同时依靠优越的区位条件和便利的交通设施，近年来，旅游业逐渐成为第三产业的核心。县城历史文化遗产丰富，现为国家级历史文化名城。五千年的积累给这片土地带来了丰富的文化遗产，其核心遗存昭馀古城位于县城西南部，县域内还拥有全国重点文物保护单位乔家大院，同时祁县的非物质文化遗产同样丰富，如称雄明清五个世纪的晋商文化，以祁太秧歌为代表的歌舞、面食、民间工艺等文化。历史上的祁县也是人才辈出，"外举不避仇、内举不避亲"的祁奚大夫，巧使"连环计"的司徒王允，诗坛大家王绩、王勃、王维，还有三国演义的作者罗贯中先生，都生于这片土地。法国开发署正是认识到了这些优秀文化遗产极高的观赏和研究价值，才决定实施贷款计划，制定一系列的保护和发展规划，以期改善古城保护现状，延续文化遗产价值[①]。

（一）昭馀古城渠家大院——基于文化要素的在地性挖掘

充分挖掘昭馀古城的发展历史，认识古城格局的"表征"，分析形成物象特征的"内

---

① 李娜.基于多源数据的古城活力提升策略研究：以山西省祁县昭馀古城为例[D].大连：大连理工大学，2019.

因"，是制定保护规划的基础。昭馀古城的发展从"时间—空间"来看主要经历了三大阶段。从春秋战国时期开始，起初城邑位于今城东南 7.5 千米的古县村。北魏太和年间（477—499）迁至现址，并开始修建城市，方城十字格局初显。直至明清时期，随着经济发展，古城内出现了建设高峰，商业街市、老店铺开始在十字大街上出现，文庙、武庙以及城隍庙等宗教建筑相继建成，此时古城格局以棋盘式道路为骨架，形成"一城、四街、二十八巷、四十大院"的严谨结构。进入 20 世纪，伴随着战争及中华人民共和国成立后的经济发展，古城的建筑形式和传统格局随着城市发展而演进，用于军事用途的建筑改造和为城市扩张而拆除的城墙都在诉说着重要历史见证的消失。但好在古城内并没有进行大规模的建设，早期的十字大街格局、晋商院落和文庙等历史建筑得以保存，只是缺乏合理的保护和整体性的规划而略显碎片化。随着县城中心逐渐向东北方向移动，昭馀古城这个昔日繁华的中心正逐渐丧失活力。

归结影响昭馀古城格局形成的"内因"可以发现，不同于按照礼法宗制布局的古城，昭馀古城的建筑形制与城市格局受商贸发展、居民传统生活和佛教影响较多。以东、西、南、北四条大街为十字骨架，两侧旧时都为商号店铺，采用传统的前店后场建筑格局。其次受到渠家和乔家两大家族的影响，在城内形成了"东为渠半城，西为乔半城"一说。这充分说明，当时的古城格局还是以居民群落组合为主，群落组合遵守规则，体现向心性。同时，古城内寺庙各司其职，成为古城内空间、信仰乃至文化的中心，作为古城内公共空间、地标建筑和精神文化的集中场所，维系着古城千余年来的社会、经济、文化网络。古城格局的形成也离不开商业的发展，由此形成的居民生活模式构成了延续至今文化氛围，因此保护古城的同时要保护居民的传统生活。

对作为传统民居的集大成者——渠家大院的保护是文化要素在地性的重要体现。渠家大院位于昭馀古城内东大街 33 号，始建于清乾隆年间，后经过扩建、修建形成了现在的规模，目前拥有 11 个院落、1 条甬道和 44 座建筑，是中国北方汉民族富商民宅建筑的典范。渠家大院整体保护展示项目如图 3-41 所示。保护项目的另一部分是长裕川茶庄，其旧址为渠家商业的老字号，作为历史上晋商开设时间最长、规模最大的茶庄之一，拥有 5 个院落、1 条甬道和 19 栋建筑。两者结合对展现传统晋商生活、展示晋商文化具有极高的历史价值。项目目标依据现状使用情况，将其定位为以博物馆的形式展示完整的晋商生产、生活，包括其居住、家族祠堂及其商业活动，同时开辟专门的展室，宣传万里茶路，彰显祁县作为晋商文化中心和世界茶商之都的地位。在实施过程中，项目按照《渠家大院文物保护规划2008—2025》的相关要求，针对目前建筑出现的墙体裂缝、颜色脱落、木构件腐蚀及青砖酥化等问题，编制有关渠氏祠堂、渠本翘故居的修缮方案[①]，编制渠家大院和长裕川茶庄展示提档升级方案，包括制作形式多样的文创产品和更加现代化的博物馆策展方案，后期还将对员工讲解水平和管理人员能力进行系统培训、提升，以期能够最真实地延续传统文化价

---

① 李冰，耿钱政.山西祁县古城历史建筑遗产的评估与思考[J].城市建筑,2019,16(10)：5-8.

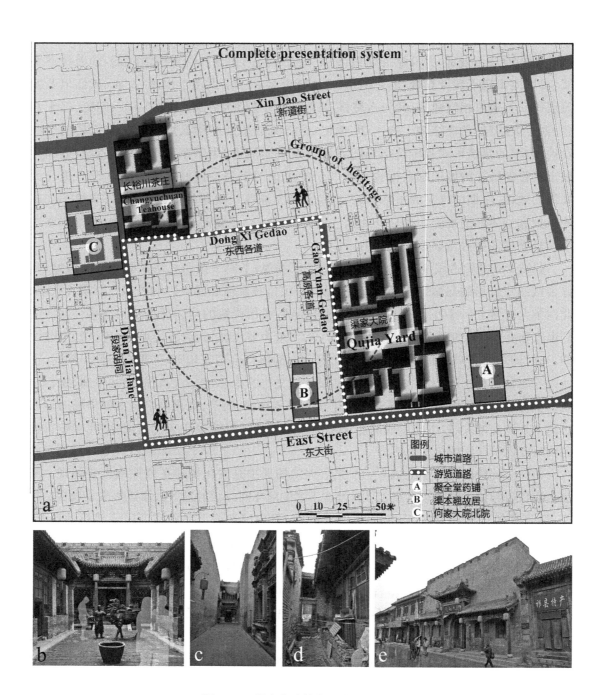

图 3-41　渠家大院整体保护展示项目

(图片来源:底图祁县古城 CAD 测绘图由祁县旅游局提供,程磊改绘,图中照片均为李冰拍摄,2017 年)

值。一系列的措施，都是基于对晋商文化的深入了解，这样才能够使游客更容易获得良好的游览经历。

（二）古城十字大街——基于价值认知的在地性利用

目前遗产保护中对遗产价值的再利用逐渐受到重视，如何通过更加专业化、创新化和细致化的手段，使得遗产价值在当代社会背景下能够同居民生活需求紧密结合，是需要政府、设计团队以及居民共同合作完成的。这种遗产价值的认知与利用不同于将其改造为公共建筑，更强调原住民能在其中扮演更加重要的角色；其做法也不仅仅是对历史文化的集中展示或功能的还原，而是更加注重古城历史氛围的重塑，进而为公众、社会提供更好的服务，推动当地发展。这也就是遗产保护在地性的第二个特征：认知遗产价值，形成具有地方性特色的利用模式。十字大街在昭馀古城保护过程中就扮演了这样一个角色。

十字大街是古城基本格局的主干，同时是古城商业文化的象征，其历史价值不言而喻。作为旧时商号的集中地，时至今日，十字大街依旧有大量建筑保存着传统的平面格局、立面结构和饰面装饰等，被誉为"晋商第一街"。目前，十字大街多为服务于古城居民的生活型商铺，部分被利用为特色博物馆，如镖局博物馆、度量衡博物馆、珠算博物馆等。建筑基本保留传统样式，但也存在相当一部分与古城历史风貌不符的现代建筑，其所占比例达到了29%。商铺建筑外立面的防盗卷帘门和商铺招牌与历史古城的整体形象毫无关联，造成了只注重功能而忽视美观和协调的局面，严重伤害了古城的历史氛围。整体来讲，目前古城十字大街的业态多以对内服务为主，虽也发展旅游，但整体历史氛围的营造不到位，主题不突出，旅游的趣味性不高。

十字大街保护利用项目（图3-42）的目标和定位就是通过编制《商铺标牌广告招幌规范性导则》和《东西南北大街沿街建筑保护修缮方案》等设计导则，对建筑沿街立面修缮复原，同时改善街巷空间环境，适当增加垂直绿化和景观小品，引入限时、限行的交通政策，打造适合步行的古城交通网络。在业态方面，调整恢复其传统商业结构，在此基础上增加相关非物质文化遗产、文创产品及具有传统文化特征工艺展示等活动区域，指导原住居民参与到商业和文化宣传活动中，同时以十字大街沿街商业为核心项目，深入两侧建筑内部，构成立体商业，打造成集观光旅游、文化展示、住宿接待、餐饮娱乐等功能为一体的，符合现代消费需求的新型旅游地。尽管对于目前主体为商业的业态形式没有大的调整，但出于体现文化价值的目的，更多地对文化氛围和体验方面进行了在地性的调整，重新定位了十字大街在古城中所扮演的重要角色，并以此为骨架，串联起包括文庙、县衙、服务中心等重要节点，激活古城历史文脉。此外，对建筑细部改造施行的严格标准和应用的技术对于提升建筑本身价值具有重要意义，并应确保居民有愿意参与到这项对自身有利的改造项目中。

（三）昌源河国家湿地公园——基于区域保护的在地性实施

在经历了文化要素的充分挖掘和保护定位后，实施就是进一步体现在地性保护的手段。本节以同为法国开发署资助、已经落成的祁县昌源河国家湿地公园为例，说明通过对

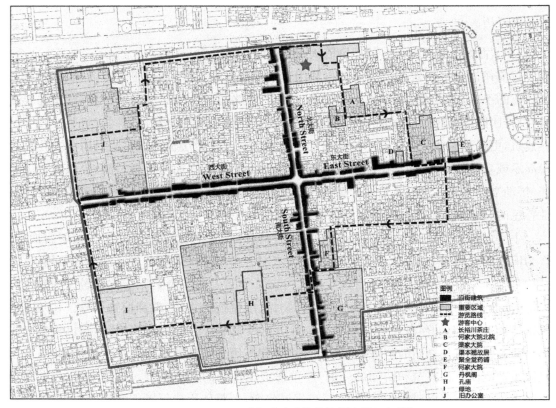

(a) 十字大街保护利用项目平面图

(b) 十字大街鸟瞰图

(c) 十字大街街景

图 3-42　十字大街保护利用项目

（图片来源：底图祁县古城 CAD 测绘图由祁县旅游局提供，程磊改绘，图中照片均为李冰拍摄，2017 年）

遗产保护对象的泛化来增加区域整体美化、减缓遗产保护与城乡发展割裂的困境，从而对古城保护产生的积极影响；同时也说明遗产保护在规划过程中的在地性特征，即通过城镇整体发展的框架形成网络来增强遗产价值。

　　昌源河国家湿地公园位于山西省祁县中部，自古就是昭馀八景之一（图 3-43）。国道 G108、G208 从湿地公园北向和东向贯穿，连接祁县县城，形成了很好的空间发展网络。湿

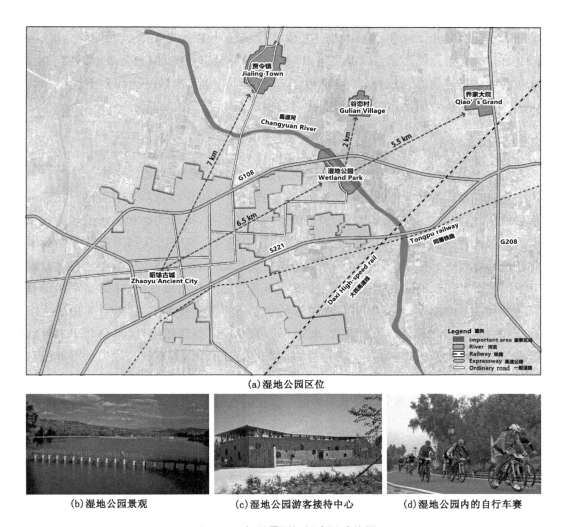

(a) 湿地公园区位

(b) 湿地公园景观　　　　(c) 湿地公园游客接待中心　　　　(d) 湿地公园内的自行车赛

图 3-43　祁县昌源河国家湿地公园

(图片来源：底图祁县古城 google 卫星图，程磊改绘。照片来源如下：左图：金筱婷 提供；中图：金筱婷 提供；右图：张慧杰.美丽祁县：第三届"中国中元杯"湿地公园自行车大赛［EB/OL］.（2019 - 10 - 21）.https://mp.wcixin.qq.com/s?__biz = MzA5NDk4NDAzNw = = &mid = 2649733882&idx = 1&sn = e26711a9c2ee0ae127988e73db11e8b4♯rd)

地公园内部分为河流湿地、沼泽湿地和人工湿地三大湿地类和七个湿地型，占地 526.65 公顷，并拥有包括栽培植物在内的有维管束植物 428 种、脊椎动物 234 种。湿地公园对改善祁县生态环境、提升城市景观具有重要作用。

昌源河国家湿地公园建设由法国设计师进行整体设计，引进了法国湿地修复的先进理念，制定了四方面的建设任务，即湿地保护工程、科研检测工程、宣传教育工程和基础设施建设工程。建成后的湿地公园以湿地景观为主，包含有水域景观、河流景观、沼泽景观等类别，并融入区域特殊的地貌景观、洞穴景观、人文景观等，形成湿地保育区、湿地恢复区、宣教展示区、合理利用区以及管理服务区，共同为宣传生态文化、红色文化、晋商文化及其他民俗特色提供载体。目前包括如鸟类公园、观鸟塔、科普馆、山地自行车大赛等一系列宣教活动陆续在公园展开。未来，祁县政府还将发挥区域联动优势，为有效连接昭馀古城、湿地公园、民俗村、乔家大院等祁县高品质景点而规划一条绿道系统，构造全域旅游发展格局。建成后的绿道将兼具绿色慢行、休闲游憩、生物迁徙等功能，这对保护和利用现有祁县景点，整合旅游资源，增加祁县的旅游吸引力具有促进作用①。

四、小结

本节通过对建筑、古镇和区域三个层面的遗产保护案例介绍，提出遗产保护过程中应关注文化、价值、保护和管理的在地性特征，这是提升遗产保护项目质量的关键。在经济发展落后地区，居民文化保护意识薄弱，遗产价值得不到重视，损坏文物和破坏遗产的现象屡见不鲜。因此，保护的首要任务是对古城的居民进行教育，使居民认知历史并参与到展示文化遗产的过程中。接下来进行的一系列城市更新活动才具有实际意义，才能在此基础上提升地区旅游者和社群的共生关系，突显历史研究价值。总的来看，这样的实践活动是具有创新性和挑战性的，面对不熟知的管理体系和复杂的资金管理模式，面对先进的遗产保护观念和更为针对性的在地保护模式，面对今后的可推广性和适用性，都会对中国目前的遗产保护工作产生积极的影响。这样一个庞大的项目工程，也需要适当规模的专业团队加入，因此，对目前国内的历史保护教育也具有积极的意义，为中国遗产保护项目的开展和解决方案提供灵感，这将实现更加广义上的遗产保护的在地性②。

---

① 昌源河湿地公园项目可行性研究报告[R]，2012.资料由祁县文物旅游局提供。
② 原文题目"Ancient City Protection and Urban Renewal Development in QI County：Selected Examples"，发表于5th World Multidisciplinary Civil Engineering-Architecture-Urban Planning Symposium WMCAUS 2020，作者：苗力，程磊，李冰。文章在本书编辑过程中有所调整。

第三节 游客与本地居民共生的
昭馀古城活力提升研究

一、本地居民的昭馀古城

昭馀古城位于中国山西省晋中市祁县城关内，建于公元 227—233 年。今天的昭馀古城仍保存着 1 700 多年前的城市形态，集传统街巷、店铺和寺庙于一体，保存着"一城、四街、二十八巷、四十大院"的整体格局。古城现存大量历史建筑遗产，除个别遗产仅供游人参观以外，大量级别较低的历史建筑仍然承担着诸如茶庄、作坊、居住等具体的职能。古城中央十字大街上的商业行为和城内中小学的相关活动，都为这座古老的城池带来勃勃生机。总之，昭馀古城至今仍是祁县人正常居住和生活的场所，是一座气氛浓郁的生活型历史古城。

法国开发署在协助建设祁县县城以东的昌源河沿岸湿地公园的过程中，无意中发现了昭馀古城这座活着的人类遗产，并深深被其穿越时空的鲜活魅力所吸引。法国开发署遂主动提供贷款和技术支持，于 2018 年正式与中国政府就"祁县古城保护与城市更新发展示范项目"签约，这也是法国开发署在中国进行的首个文化遗产类保护项目。

在构思伊始，保护昭馀古城生活的原真性被视为基本原则。与同样位于山西省的平遥古城采取的商业化开发模式不同，昭馀古城力图最大限度地保留原住民及其既有生活，通过改善古城的基础设施、提升古城环境品质，积极发展旅游与相关服务业，塑造古城居民与外来游客和谐共生的活力城镇。那么，本地居民与游客在昭馀古城中的时空分布有着怎样的规律？应该如何构建两者的和谐共生关系？如何通过合理的规划延续和增强古城的活力？这些问题成为昭馀古城保护和开发规划的关键，也是本节研究的出发点。

二、昭馀古城本地居民与游客的相关调查

（一）昭馀古城简介

古城东西长 835 米，南北长 698 米，面积 54.9 公顷。整座城池呈长方形，东南缺一角。历史曾有砖砌城墙，设 4 座城门，5 座角楼，外设护城河。后由于战争的破坏和建设的需要，城墙已拆毁（图 3-44）。由于没有城墙的阻隔，如今的昭馀古城已经跟古城外的县城连为一体。古城内部以居住为主要功能，在中央的十字大街两侧集中了古城最为繁华的商业（图 3-45）。

（二）本地居民的构成分析

昭馀古城内人口稠密，人口构成复杂，现状常住人口数量约 6 000 人，包括原住民和外来租户。古城位于县城的中心。随着县城的发展，为了追求现代化的居住环境，大量古城

图 3-44　昭馀古城区位与鸟瞰

（图片来源：祁县旅游局提供）

图 3-45　昭馀古城历史与现状土地利用（彩图见插页）

（图片来源：底图祁县古城 CAD 测绘图由祁县旅游局提供，李娜改绘）

内的原住民从古城内部迁移到县城。同时，县域内又有大量人口从远郊和附近的乡村来到中心城区寻求就业机会，这部分人很多会选择落脚在房租低廉的古城。另外，由于全县唯一的中学设立在古城内部，古城中还居住着大量陪子女读书的临时租户。古城内的原住民为了获取租金利益最大化，纷纷在原有院落内部进行扩建和加建，促成古城建筑密度较大、环境杂乱的面貌。

（三）游客的构成特征

昭馀古城的旅游业在地域范围知名度不高，2016 年上半年，全县主要景区（点）共接待国内外游客 89.89 万人次。笔者研究团队针对到访古城的游客进行了问卷调查，共回收 403 份有效问卷。抽样调查游客到访祁县的目的（问卷为多选，故占比总和不为 1）。从调查问卷可以发现希望了解当地历史文化的游客占比最高（80.4%），其次，75.2% 的游客希望获得更多的本地特色菜，58.4% 的游客希望获得更多的娱乐活动。由此可见历史价值对于昭馀古城吸引外来游客的重要性。针对游客结伴类型的调查显示，到访游客和朋友一起旅行的占据最大比例（30%），其次是情侣或夫妻（23%）、家人（17%），故对于特色民宿有着较大需求（图3-46）。昭馀古城内以居住建筑为主的建筑群适合开发具有地方特色的民宿，通过较低的启动成本提升古城活力。

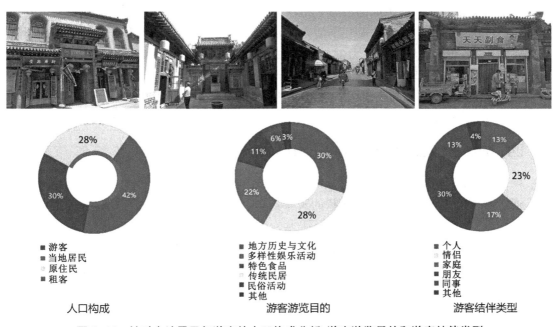

图 3-46　针对本地居民与游客的人口构成分析、游客游览目的和游客结伴类型

（图片来源：分析图由黄晓燕绘制，照片均由苗力拍摄）

三、本地居民和游客对古城活力的贡献度

古城整体活力由旅游淡季活力和旅游旺季活力共同构成（图 3-47）。

图 3-47　昭馀古城淡季、旺季活力

(图片来源：底图祁县古城 CAD 测绘图由祁县旅游局提供，李娜、黄晓燕改绘)

　　旅游淡季活力主要由古城本地居民构成，通过多次的实地踏勘发现，由于昭馀古城尚未进行大规模旅游开发和商业改造，所以除小长假、黄金周等特殊旅游季节点，古城内其他时间段的活力基本由本地居民产生。本地居民的上下班通勤、上下学、休闲娱乐、购物就餐等一系列丰富的生活活动构成了古城内的旅游淡季活力。所以本节将非旅游季获取的人群聚集数据定义为旅游淡季活力，借助热力数据获取和处理的高效性，将旅游淡季活力在时间层面进一步细分为工作日活力和休息日活力。

　　旅游旺季活力由古城内游客和本地居民共同构成，特指旅游旺季、一定规模的游客进入古城后与本地居民共同组成的活力。相较于淡季活力较为平缓持久的特点，旅游旺季活力则随时间明显波动。提出旅游旺季活力的原因在于，通过淡季活力和旺季活力的差异对比，来体现游客对于古城整体活力的影响作用，借此挖掘游客的活动行为规律以及游客对于古城的需求，为旅游旺季活力的提升奠定研究基础。

　　总之，由于昭馀古城旅游开发尚处于初级阶段，游客季节性涌入对古城活力的影响虽然作用明显，但古城本地居民所贡献的活力无论在淡季还是旺季都占据重要地位。

四、昭馀古城活力的影响因子及相关性分析

（一）影响古城活力的四个维度

　　通过对昭馀古城的活力分布现状的观察，将古城活力的分析概括为空间、功能、文化、体验四大维度。研究对昭馀古城进行了活力分析模型的构建，包括：搭建昭馀古城空间数据库，进行分析单元的绘制，对四个分析维度进行指标的量化，将旅游淡季活力与旅游旺季活力分别与影响因子进行相关性的分析。其间借助了地理信息系统（GIS）空间分析工具、空间句法、数理统计等技术，通过网格划分和空间连接，完成了栅格数据、矢量数据、文本及数字等多类型数据的关联、整理和分析[①]。

（二）活力与四个维度评价因子的相关性分析

　　通过 Pearson 分析可以得到，功能维度与活力强弱的相关性最强，空间维度则最弱。首先，各个维度的综合得分与活力数据均通过了相关性检测，在 0.01 级别显著相关，并表现出

---

① 李娜.基于多源数据的古城活力提升策略研究：以山西省祁县昭馀古城为例[D].大连：大连理工大学，2018.

不同程度的正向线性相关，反映出遴选的影响因子是切实有效的，且均起到积极的影响效果①。其次数据显示出四个维度与旅游淡季活力相关程度的排序为：功能＞体验＞文化＞空间。与旅游旺季活力相关程度的排序则为：功能＞文化＞体验＞空间，即对于游客活动为主的旅游旺季活力而言，文化维度对其产生的影响强于体验维度，但对于本地居民而言，则更关注日常的环境生活品质。同时，可以发现，旅游旺季活力与各个维度的线性相关程度都要更高，可以推测游客的行为活动更容易受到活力分析模型中各个影响因子的作用，就具体维度的单个影响因子而言，旅游旺季活力与旅游淡季活力的明显差异表现在受功能密度、功能混合度的影响程度以及与完整性的相关程度。

以上将活力分析模型应用于昭馀古城的活力解析，得到了4个维度下12个影响因子与旅游淡季活力、旅游旺季活力的相关程度，完成了多源数据支持下的古城精细化研究及数据洞察。在此基础上便于提出基础性和针对性的活力提升策略②。

五、基于共生理念的昭馀古城空间整治

城市触媒理论提出的渐进式的更新模式为历史街区的整体更新提供了思路，对于解决历史文化街区的空间、功能、文化要素衰退及活力退化的问题有较强的实践意义。将城市触媒理论应用于昭馀古城活力提升的研究中，可以概括为点、线、面三种类型的策略③。将重要的文化遗产和市民的主要生活场所视为"点"，将游客的旅游路线和本地居民的生活路线视为"线"，用"点"和"线"作为触媒，带动整个古城的"面"的整体活力提升。

（一）多样化旅游路线的开发

考虑到游客的需求多样，停留时间存在差异，结合古城的旅游资源空间分布特征设置了三条不同的游览路线。其中，"半天精致游览路线"全长1.5千米，覆盖的范围主要集中在古城东北部，以新建的游客服务中心为起讫点，路线串联了古城东北区所有的高分值分析单元，渠家大院和长裕川茶庄是重点的遗产阐释地。"全天精品游览路线"全长2.4千米，包含古城内四个维度所有最高分值的分析单元，涵盖古城东北部和南部，渠家大院、长裕川茶庄、文庙及何家大院是重点遗产阐释地。"两天精细游览路线"全长3.2千米，游览范围覆盖古城全境，渠家大院、长裕川茶庄、文庙、何家大院以及个别重点民居地是重点遗产阐释地。第二天起始点将根据游客的住宿地会有所变更。

（二）本地居民生活空间品质的提升

古城内原有建筑密度较高，街巷密集，外部公共空间和绿地匮乏。古城范围内现有一些因工厂拆迁和建筑倒塌等形成的闲置用地，为建设公共绿地提供了空间条件。因而，方案计划利用古城内现有闲置用地设立主要服务本地居民的公园绿地体系。古城的城墙的缺失使古城与周边县城的发展连为一体，古城便没有了清晰、明确的边界，这降低了古城的可识

① 李娜.基于多源数据的古城活力提升策略研究：以山西省祁县昭馀古城为例[D].大连：大连理工大学，2018.
② 李娜.基于多源数据的古城活力提升策略研究：以山西省祁县昭馀古城为例[D].大连：大连理工大学，2018.
③ 金广君，陈旸.论"触媒效应"下城市设计项目对周边环境的影响[J].规划师，2006，22(11)：8-12.

别性。因此,建议拆除古城周边一定范围内的没有历史价值、质量较差的建筑,建设一条环城绿带重新界定古城发展边界,也为在一定距离外观赏古城整体风貌提供了空间。

古城内部游园和环城绿带提升了本地居民的生活空间品质,同时这些路线也与游客的路线有交集,是促进交流交往、形成本地居民与游客共生的重要空间载体(图 3-48)。

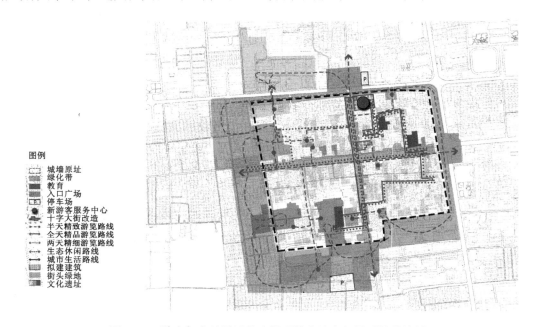

图 3-48　游客与本地居民共生的昭馀古城空间品质提升计划
(图片来源:底图祁县古城 CAD 测绘图由祁县旅游局提供,李娜、黄晓燕改绘)

六、小结

本节借助"共生理论"的概念,将昭馀古城视为一个活力共生系统,那么游客和本地居民均为系统中的共生要素。研究首先结合旅游旺季与淡季活力的定性和定量分析,清晰展示昭馀古城活力的现状特征和问题。其次,揭示昭馀古城与进行过商业开发以旅游服务业为主的历史古城相比较仍然保留了生活型古城的特征,由本地居民带来的活力与游客贡献的活力同等重要,且古城的整体活力仍有大幅度提升的空间。进而,结合多源数据分析出的结果,分析古城活力与空间、功能、文化、体验四大维度的相互影响。最后,以"游客和本地居民共生"为价值导向,提出多重策略来提升古城生存空间和环境品质,促进两种人群的融合共生,为昭馀古城创造可持续发展的活力源泉①。

---

① 原文题目为"Vitality Promotion Study of Zhaoyu Ancient City Based On Symbiosis Between Tourists and Local Residents",发表于 UIA 2021 RIO：27th World Congress of Architects,2021,3(3):755-760。作者：苗力,黄晓燕,李冰,李娜。文章在本书编辑过程中有所调整。

第四节　水环境变化对山西古城城址演变的影响

纵观世界古代文明，"逐水而居"是一个普遍的文明现象：从两河流域的美索不达米亚、尼罗河畔的古埃及、印度河沿岸的哈拉帕，到长江、黄河流域的华夏，水一直是文明的摇篮。同样，我国的古代城市选址也都大多位于水源丰沛的河湖之滨，如泾渭之于西安，黄河之于郑州、开封、济南，长江之于重庆、武汉、南京、上海，永定、潮白之于北京等等，可以说"依水而建，因水而兴"是我国城市文明的一个显著特点[①]。

山西作为华夏文明的发源地之一，是目前我国古代文化遗产保存最为丰富的地区[②]。太原盆地城市群又是山西古文明的核心地带。奴隶社会时期，这里就属古九州之一；春秋末期，"三家分晋"标志着我国奴隶制的终结；李渊父子发迹于此，建立盛唐，综合国力达到我国封建社会顶峰；明清两代，资本主义萌芽又诞生于此，晋商驰骋华夏500年，足迹遍布东北亚。可以说，太原盆地一直都处于古代中华文明的中心。

在城市建设方面，太原盆地自公元前556年姬奚在祁地设城邑起，至今已有近2700年的不间断城建史。笔者在对太原盆地进行现场调研后发现，区域内10座古代县城均选址于远离汾河、盆地边缘的山麓地带，宏观区位上呈现出环状分布的特点；而处在盆地中心、平坦肥沃的汾河中游两岸，却没有城市"依河而建"，一直处在我国古代文明中心的太原盆地，却似乎与我国"逐水而居"的城市文明相"背离"，令人费解。进一步研究后，笔者又发现这些城市在选址建设、迁移时序等方面也具有一定的一致性，本节将对此进行分析。

一、"疏水"的城市群选址

本节的研究对象是区域内尚存的10座县区级古城（含市辖区、县级市和县，在古代均为县制，以下统称"县城"），分别是榆次、太谷、祁县、平遥、介休、孝义、汾阳、文水、交城、清徐，区位分布如图3-49所示。在盆地北端，晋阳古城作为古代都城跨汾水而建，省会太原老城临汾水而建，符合我国城市"依水而建"的特点，故而不列入研究范围。本节主要对10座城市在选址上的特点进行具体描述。

---

① 吴庆洲. 中国古城选址与建设的历史经验与借鉴（上）[J]. 城市规划，2000，24（9）：31-36.
② 山西境内的全国重点文物保护单位总数达452处，位居全国第一。数据来源为国家文物局网站（http://www.ncha. gov.cn/）。

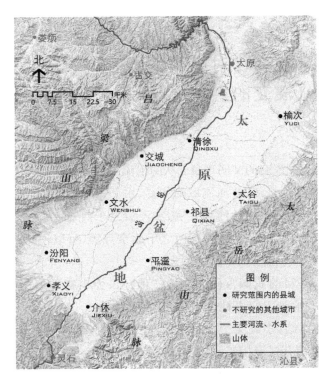

图 3-49　太原盆地城市群及研究范围区位图

（图片来源：底图为腾讯地图地形，耿钱政改绘）

（一）城址远离汾河，沿边环状分布

笔者首先分析了这 10 座县城与今汾河干流的高差及其最短距离，如图 3-50 所示[①]。在地势上，榆次、太谷最低海拔在 793～803 米之间，祁县等五城最低海拔在 764～768 米之间，介休、汾阳最低海拔在 754～757 米之间，最南部的孝义最低海拔为 739 米，平均海拔为 767.5 米，恰好落在众数区间内，城、河海拔的平均高差为 20.9 米。城、河距离上，在盆地平原区平均宽度仅为 30～40 千米的情况下，祁县、平遥、介休、孝义四城与汾河距离 5～10 千米，榆次、太谷、汾阳、文水、交城五城距离为 16～22 千米，清徐距汾河最近为 3.6 千米，十城平均距离达 13.1 千米。

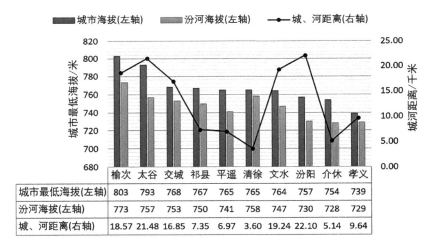

	榆次	太谷	交城	祁县	平遥	清徐	文水	汾阳	介休	孝义
城市最低海拔(左轴)	803	793	768	767	765	765	764	757	754	739
汾河海拔(左轴)	773	757	753	750	741	758	747	730	728	729
城、河距离(右轴)	18.57	21.48	16.85	7.35	6.97	3.60	19.24	22.10	5.14	9.64

图 3-50　10 座县城的城、河距离及高程统计

（图片来源：耿钱政绘制）

---

① 本节所有海拔高程及距离数据均由笔者通过 ASTER GDEM 全球数字高程模型获取；ASTER GDEM 是美国国家航空航天局（NASA）和日本经济贸易产业省（METI）的产品。

从城、河距离上看，汾河并不是这些县城在古代选址时所依靠的主要水源，即使在现代城市快速扩张的情况下，过远的距离依然使城市建成区难以触及汾河；总体上，10座县城皆位于盆地边缘的山麓地带，呈现出"远离汾河、环状分布"的特点。

（二）城址不断迁移，隋唐趋于稳定

通过对地方县志等相关文献资料①的整理和分析，笔者又对这10座县城的历史沿革进行统计，结果表明它们大多初建于春秋至秦汉时期，之后的一段时间内，城址一直处在变动迁移状态，到南北朝至隋唐趋于稳定。此后，除文水县城在宋代有过一次迁移以外，其他城市再无变化，10座县城共计迁移12次（表3-3）。

表3-3 太原盆地10座县城城址变迁年份统计

	榆次	太谷	祁县	平遥	介休	孝义	汾阳	文水	交城	清徐
春秋	前247	—	前556	—	—	前594	前514	—	—	—
秦-汉	—	前220	—	前220	—	前400	—	—	—	—
三国-晋	—	—	300	—	—	—	221	—	—	—
南北朝	—	577	447	424	578	493	448	—	—	—
隋	582	—	—	—	—	—	—	—	596	596
唐	—	—	—	—	—	—	—	—	691	—
宋	—	—	—	—	—	—	—	1 098	—	—

注：变迁年份统计自[清]储大文《钦定四库全书·山西通志》卷八，第7～14页及第34～38页。
（表格来源：耿钱政自绘）

从城址高程的变化上看，9次是从高到低，3次从低到高（图3-51）。其中，从低到高迁移的起点高程均为750米±1米，相比同时期的其他城市明显偏低，而在迁移后都一举提升14米以上。在从高到低的迁移中，所有起始高程都在758～829米之间。但无论是怎样迁移，在南北朝至隋唐时期，有7座城市最终稳定在754～768米之间（除榆次和太谷全域地势高、孝义全域地势低），这表明此高程区间在这一时期最适合进行城市建设。

二、城址变迁因素探究

事实上，无论是这10座县城如今呈现出的"环状分布、远离汾河"，还是"城址变迁"等相关特点，最主导的原因都离不开那个已经完全湮灭，却曾横亘整个太原盆地的远古大

---

① 文献包括：《钦定四库全书·山西通志》[清]储大文；《康熙祁县志》[清]郭霈修，周继芳编纂；《乾隆太谷县志》[清]郭晋修，管粤秀纂；《康熙榆次县志》[清]张鹤腾修，褚袂纂；《乾隆汾州府志》[清]戴震纂，孙和相修；《重修平遥县志》[清]王绶；《嘉庆介休县志》[清]陆元鏸；《乾隆孝义县志》[清]邓必安；《光绪文水县志》[清]王炜；《光绪交城县志》[清]夏肇庸；《顺治清源县志》[清]和羹。

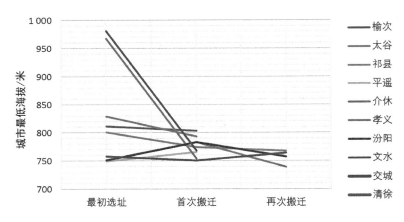

图 3-51　十座县城城址迁移高程变化统计(彩图见插页)

(图片来源:耿钱政自绘)

湖——昭馀祁古湖。

(一)远古大湖湮灭,区域环境巨变

汾河中游的太原盆地在新生代中新世晚期受喜马拉雅山运动影响,形成了断陷盆地①,积水成湖,称为昭馀祁泽薮,祁地之名即来源于此,后又名晋阳湖。此湖在《尚书》《史记·夏本纪》《禹贡》《周礼·职方》《诗经·魏风·汾沮洳》《汉书·地理志》等古籍中均有记载,如"方圆数百里,烟波浩渺""陂泽连接,其薮有九,故谓之九泽,总名曰昭余祁"等,这充分说明太原盆地昭余祁的水势浩荡丰盈。总之,此湖承担着太原盆地的生活用水、农业灌溉、交通运输、气候调节、蓄水抗洪、净化环境等重要职能,为古代山西第一大湖。

随着新构造运动与汾河的侵蚀切割,湖水切穿灵霍峡谷南流,水位随之下降。后又因地面抬升,人类繁衍又破坏上游森林来开垦农田,湖面萎缩加快。魏晋南北朝时,战乱连年,植被继续遭毁,水土严重流失,昭馀祁被分割的边缘部分逐渐和其主体分离,被《水经注》记载下来;唐宋时期人口的急剧增长,迫使人们向太行山、吕梁山纵深处开发,山林被砍伐,水土流失进一步加剧,这时的昭馀祁泥沙淤积日益严重,湖面迅速萎缩;到了宋代,只剩祁薮(唐称蒿泽)一处,其他小湖逐渐湮废;金元时期,昭馀祁最终湮灭了②。仅存的邬城泊清代也因汾水改道而完全干涸③。

总之,与现代汾河流域半干旱的气候相比,历史上的太原盆地是一个水草丰美、气候湿润的地区。而昭馀祁古湖作为古代太原盆地最重要的地理因素,其从有到无的剧烈变化,必然对其区域内的城市选址有重要影响。

---

①　孟万忠. 历史时期汾河中游河湖变迁研究[D]. 西安:陕西师范大学,2011.

②　孟万忠. 历史时期汾河中游河湖变迁研究[D]. 西安:陕西师范大学,2011.

③　戴震纂.孙和相修.乾隆汾州府志:山西府县志辑·第二十七册[M].南京:凤凰出版社,2005.

(二)湖水不断下降,城址逐水而变

学者王尚义①、孟万忠②通过遥感卫星图片透视和地质钻孔的方式,结合史料对昭馀祁古湖的湮灭过程进行勘探,笔者在其"昭馀祁与文湖湮灭示意图"③的基础上,通过 GIS 高程分析方法,结合人类活动遗址的年代及高程,推测出不同水位条件下昭馀祁古湖的大致范围,如图3-52 所示。研究发现古城城址迁移与湖岸后退的一致性,水环境的剧烈变化是影响太原盆地古城城址变化的首要原因。

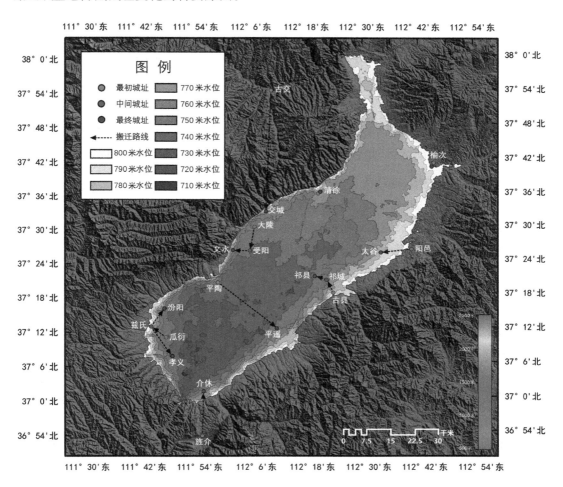

图 3-52 不同水位和年代条件下的山西盆地古湖与古城相对位置模拟(彩图见插页)

(图片来源:底图为腾讯地图地形,耿钱政改绘)

注:① 因古代高程数据无法获取,此图的制图高程采用 2011 年数据,由地质运动和人类活动导致的古今地貌差异无法纳入研究范围,因而本图对湖面大体变化过程进行模拟,所示湖面范围仅供参考。
② 对于搬迁路线绘制,榆次汉代城址位于今榆次老城东北角,有汉代城墙可考;清徐前身梗阳古城,该城无法考证,据传城址在今清徐南关附近;瓜衍、兹氏二城为汾阳和孝义共有前身。

---

① 王尚义. 太原盆地昭余古湖的变迁及湮塞[J]. 地理学报,1997,52(3):72-77.
② 孟万忠. 历史时期汾河中游河湖变迁研究[D]. 西安:陕西师范大学,2011.
③ 孟万忠. 历史时期汾河中游河湖变迁研究[D]. 西安:陕西师范大学,2011.

首先，居民日常生活、农业耕作都需要方便的水源。湖水水位的下降，造成湖岸的后退和地下水位下降，城市用水越发不便，在引水技术尚未发展成熟的情况下，古人只能不断废弃原有城址，向海拔更低、更靠近湖面的方向转移。其次，水位下降的影响还体现在交通运输上。《诗经》中提到的"彼汾沮洳"[①]，表明了汾河流域存在着大量的湿地；《左传·僖公十三年》记载的"泛舟之役"[②]，亦充分说明了水运是流域内主要的交通方式，汾河具有通航大船的能力。因而城市为了更方便地进行物资运输，向水面靠近亦是十分合理的选择。

总之，盆地内古代县城的城址迁移方向与湖水水面变动的方向是基本一致的，这恰恰反映出古人对水源的追逐过程，依然符合我国城市文明"逐水而居"的特点。

三、城址稳定原因分析

进一步研究发现，在湖面萎缩过程并没有结束的情况下，城址变迁的过程却在北魏至隋唐的 200 余年间逐渐结束，此后城址基本固定，本章将其归结为以下原因：

（一）湖面加速萎缩，搬迁失去意义

从数学的角度看，湖面面积 y 与湖水下降高度 x 呈函数关系。笔者以现今太原盆地地形地势为基础，以 1 000 米为水面起始高程，对昭馀祁古湖的水位下降和面积的变化过程进行粗略模拟（忽略地质构造等因素产生的地形变化），得出分段函数如公式（3-1）所示：

$$f(x) = \begin{cases} 6\,529.65 - 12.98x & (x \in [0, 200]) \\ 66\,361.63 - 11\,714.62\ln x & (x \in (200, 300]) \end{cases} \tag{3-1}$$

其图像如图 3-53 所示，两段拟合函数的 R^2 值分别为 0.998 和 0.966，这表明拟合度很高。从函数图像中可以很明显地看出，在湖面水位高于于 800 米时，湖水面积减小速度较慢，呈线性关系。随着水位的继续下降，低于 800 米后，越靠近湖底，湖床的地势就越平缓，所以在年均蒸发量[③]基本稳定的情况下，湖面萎缩速度加快，面积呈对数下降趋势。同时，由水土流失所导致的湖床抬高，更进一步加剧了古湖的萎缩速度。

祁县等七城的最终城址都位于 754～768 米的高程区间内，恰好处在湖面快速萎缩的进程中。因此，当古人们意识这种情况后，已经可以预期到古湖未来的消失，搬迁基本失去意义。

（二）取水难度降低，城址趋于稳定

随着古人取、用水方式的进步，盆地内建于南北朝至隋唐时期的城市，在建设初期就已

---

① 沮洳指水旁低湿的地方。引自程俊英.诗经译注[M].上海：上海古籍出版社，2014.

② 晋国饥荒，秦国派了大量的船只运载了万斛粮食，由秦都雍城（今陕西凤翔南）出发，沿渭水，自西向东五百里水路押运粮食，随后换成车运，横渡黄河以后再改山西汾河漕运北上，直达晋都绛城。运粮的白帆从秦都到晋都，八百里路途首尾相连，络绎不绝，史称"泛舟之役"。

③ 蒸发量是指在一定时段内，水分经蒸发而散布到空中的量，通常用蒸发掉的水层厚度的毫米数表示。注意蒸发量并非蒸发总水量。

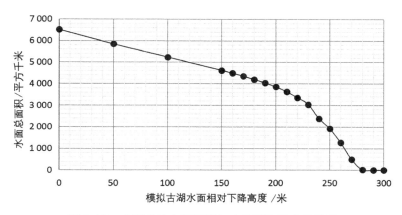

图 3-53 太原盆地古湖面积与水位下降高度的关系

（图片来源：耿钱政自绘）

经有存水的考虑，不少城市都把水池围在城墙内，使生产、生活用水得到一定程度的自给自足。在对这 10 座县城的 1970 年代卫星图进行分析时，笔者发现这种"围水于城"现象十分普遍，如图 3-54 标注部分所示，太谷、汾阳和文水三城的城墙内部均清晰的保有大片水面。尽管由于人口迅速增加，现今水池已经消失，但可以逆向推测出，城市在初建时期水面的确是具有一定规模的。同时，由于城市已经处在海拔较低、地势平坦的位置，地下水位相对更浅，居民利用水井开采地下水变得更加容易，因而城市已经无须继续向萎缩的湖面迁移。

太谷县城

汾阳县城

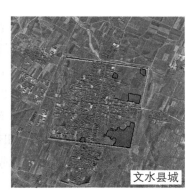
文水县城

图 3-54 1970 年代三县城卫星影像图中"围水于城"的现象

（图片来源：美国国家地质勘探局 USGS 卫星图）

注：1970 年代卫星影像图来源于 https://www.usgs.gov。

（三）汾河灾害频繁，城市避而远之

《管子·乘马》载曰："凡立国都，非于大山之下，必于广川之上。高毋近旱而水用足，下毋近水而沟防省。"事实上，太原盆地这 10 座县城城址的最终固定也有防洪方面的考虑。如

图 3-55 所示,汾河太原盆地段为河流中游,与上下游相比,这里地势平坦,河流落差最小,水流速度最慢,年径流量却最大①②,这样的水文特点极易造成河流改道、洪水泛滥。

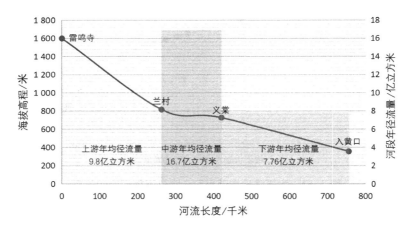

图 3-55 汾河各段落差及径流量统计

（图片来源：耿钱政自绘）

注：径流数据分别使用上游汾河水库站、中游二坝站、下游石滩站,数据来自谢洪,肖娟,范肖
予,等.汾河上中游生态径流量计算研究[J].水电能源科学,2017(9)：25 − 27.

有学者统计,自明洪武十四年(1381 年)到 1948 年的 568 年内,汾河流域先后发生 132 次洪灾③,平均每 4.3 年就发生一次。如此频繁的洪涝灾害,对于城市选址的科学性也是极大的考验。如清徐,由于西部腹地纵深所限,县城东距汾河干流仅 3 600 米,因而饱受水患困扰,面向汾河的东门首当其冲。据旧志记载,明弘治二年(1489 年)知县胡显宗开东门,十四年(1501 年)七月,因汾水涨复塞,后又重开。明嘉靖三十二年(1553 年)白石河、汾水并溢,平地水深余丈,东门复塞。明万历十九年(1591 年)知县邵莅重修开东门,创建门楼,城台宽 9 米,门洞进深 14 米,城楼通高 13 米,形制与西门相仿。外建东关厢,挑壕深阔以资守御。清道光二十四年(1844 年)汾水再次入城,东街房屋损塌甚多④。短短350 余年,东门就三开三塞,汾河泛滥之巨大影响可见一斑。又如文水县城,旧城建于北魏真君九年(448 年),位置在今旧城庄处,但海拔高度仅为 750 米,与其最近处的汾河海拔为749 米,城、河高差仅 1 米,洪涝严重,至宋元符年间(1098—1100 年)终于不堪水患,迁至今址,海拔提高了 14 米城址才稳定下来。可见,远离汾河的城市选址确实也是有防洪减灾方面的考虑。

（四）城市规模已定,搬迁耗资巨大

除了以上水因素的影响以外,城市和人口规模变化对城址的变化与稳定的影响同样不

---

① 谢洪,肖娟,范肖予,等. 汾河上中游生态径流量计算研究[J]. 水电能源科学,2017,35(9)：25-27.

② 梁述杰. 汾河径流特性分析[J]. 山西水利科技,2004(4)：72-73.

③ 苏慧慧. 山西汾河流域公元前 730 年至 2000 年旱涝灾害研究[D].西安：陕西师范大学,2010.

④ 清徐县人民政府网站(http://www.qx.gov.cn/)。

可忽视。以祁县为例，在人口较少的春秋时期，初建的古县村城址（前556—300）在使用了856年后，才搬迁至祁城村（300—447），而仅仅又过了147年，县城就搬到了祁县的昭馀古城（447年至今）并沿用至今。笔者通过对历史人口资料的整理，发现祁县城址变迁与人口演变过程也存在一定一致性。

自东汉以来，北方胡人大量内迁，尤其是并州①和关中地区成为主要人口接纳区，因而汉胡混杂，人口剧增②③。这一人口迁移的量变过程至十六国时期发生质变，以北魏拓跋氏为代表的五胡族人相继于此建国，与此对应的正是147年间祁县城址的两次迁移。第一次迁移至祁城村，其规模是按照之前古县村的缓慢人口增速来推算的，因而建设规模不大，而在人口迅猛增长的情况下，很快就另建新城了，即今祁县昭馀古城。

昭馀古城建于北魏初期，政权稳定，国力强盛，山西地区又是北魏政权的京畿所在，所以城市建设的规格和完整性都比较高，规模也已经与明清时期的县级城市接近，所以即使城池后来又经历了多次战乱和人口增长，城址也依然可以继续使用。同时，城市规模的扩大也意味着搬迁带来的消耗和影响也更大，所以用至今再无变动。

四、小结

总体上看，尽管太原盆地的10座县城在今天呈现出"远离汾河"的分布特点，但笔者深入研究后发现，这些城市的选址在6世纪以前是一直处于变化中的，这一变化过程恰恰体现出古人建设城市时对于湖水的追逐过程，依然是符合我国城市选址"依水而建"的普遍特点。随后，湖水干涸、水面萎缩的速度加快，汾河中游的不稳定水文环境容易引发水患，加上规模不断扩大的城址，继续迁移城市已经失去意义。最终，太原盆地"环状城市群"的格局得以稳定下来。这一城址演变过程是对昭馀祁古湖变迁为汾河这一自然进程的适应与调整，是自然力量对当地百姓生活重要影响的直接反映。

同时，从汾河流域城址迁移的动因上看，10座古代县城的不断迁移，源于对用水、防洪、地形、地貌等城市安全因素的综合考量，是古人2 000余年间对城市选址不断探索的过程，更是古人留给当代人的在城市选址上的宝贵经验。如今形成的"环状分布"的特点，在一定程度上是古人在历经各种问题、进行综合权衡之后，总结出城市建设的"最佳选址"。因此，除了历史科研价值，本节的结论对汾河流域新城的建设选址、城市发展方向的确定、城市的防洪减灾等现代城市规划都具有重要借鉴意义。

从当代全域旅游的视角看来，历史留给太原盆地的生态结构——城市环、绿心、汾河——正是当地独特的旅游资源。随着太原经济圈的拓展，10座县城已全部被纳入该规划的"基本圈层"内，成为山西省重点发展区域。笔者建议，首先应保护太原盆地及汾河上游整体的自然生态环境，减缓水体的退化速度。其次，在此基础上，依托丰富的历史文化资

---

① 并州，古地名，今太原盆地地区。
② 史念海. 十六国时期各割据霸主的迁徙人口（上篇）[J]. 中国历史地理论丛，1992，7（3）：89-116.
③ 卢小慧. 十六国时期非汉民族内迁山西及其影响述论[J]. 学海，2013（5）：172-178.

源,发展古城文化旅游;依托盆地中心平原,发展现代生态农业旅游;依托汾河两岸景观,发展绿色生态廊道。最后,使其与太原经济圈内各要素有机组合、优势互补,形成多层次、有特色的城市体系,实现区域内整体环境的可持续发展①。

---

① 原文题目为"水环境变化对古城城址演变的影响研究",发表于《华中建筑》,2019(8):129-133。作者:耿钱政,李冰,苗力,李娜,周凯宇。文章在本书编辑过程中有所调整。

第四章

世界文化遗产
丽江古城研究

第一节　非规则形态古城的诞生与演变

法国城市历史学家皮埃尔·拉夫当将历史城市分为两种类型，即创造而成的城市（ville créée）和随机生长的城市（ville spontannée）。简言之，前者是由统治权力机构规划确立的几何形态城市，后者是在没有人为设计的情况下产生的人们日常生活影响下形成的不规则的非几何形城市。在欧洲，非几何形的城市案例更多地呈现于中世纪的古城，如法国的卡尔卡松、意大利的锡耶纳。自然形态的城市也存在于中国古代。复杂而不规则的非几何形态城市，给人以随机发展、未经规划的印象，如陕西榆林市的佳县、云南丽江古城等。

美国学者斯皮罗·科斯托夫（Spiro Kostof），则对皮埃尔·拉夫当描述的第二种城市形成过程提出质疑，认为不规则形态的城市同样是刻意规划的结果，他称之为"人为的画境"。在西方学者眼里，人为创造的世界应该是经过推敲的，反映着某种理性秩序的美。但是，设计推敲一个弯曲的迷宫式的街巷，这样复杂浩繁的工作总令人不可理解。因此，"人为画境"的设计模式在古城的发展进程中是否存在是一个值得探讨的问题。对某一古城案例进行回溯研究，探究它的产生和演变进程，是对这一问题的有益探索，有助于理解迷宫般的街巷空间的生成机制是刻意为之还是自发生长的结果。

云南省丽江市的大研古城是纳西族最大的聚居地。由于整体保护完好，古城于1997年作为"世界文化遗产"被列入《世界遗产名录》。古城内河道密布，街巷顺应地势与河流的自然形态，蜿蜒曲折，丰富多变。没有城墙的界定，城的边界和周边的农田穿插交融，使得丽江古城成为有机自然形态的经典遗存（图4-1）。从古城街道的肌理来看，四方街构成交通网络的中心，几条主街由它而起向外呈放射状。次要街巷则随着主街辅助蔓延，同时随着自然的地形与河道呈现出不规则性。曲折的放射形状主街呈现出自内向外自然发展的逻辑。但是，古城的历史发展演变过程与放射状的形式特征是否具有联系？曲折自然的平面形态是自发生长的结果还是人为的刻意设计？

本节将以云南丽江为例，在现有的史料基础上，结合笔者发现整理的最早航拍图，对大研古城的城市形态发展演变进行梳理，分析古城的城市肌理特征，总结城市形态形成的内在逻辑，探讨古城的城市形态和其诞生发展过程的内在关系。

1—四方街；2—木氏土司府旧址；3—流官府城；4—狮子山；5—1932—1941 年修建的大理至丽江公路；
6—木家院；7—流官府衙；8—县衙；9—南校场；10—西门；11—西门；12—南门；13—北门

图 4-1　1944 年丽江大研古城航拍图

（图片来源：①ALFRED S. Cities in China（Urbanization of the earth 7）[M]. Berlin-Stuttgart：Édition Gebrüder Borntraeger，1989.②照片中数字以及指北针均为李冰添加，土司府和流官府衙轮廓根据蒋高宸. 丽江：美丽的纳西家园. 北京：中国建筑工业出版社，1997：62.并结合本图信息绘制）

一、村寨聚落与玉河：自然要素影响下的自发生长

约公元 3 世纪末，邛筰地区①②的羌人大批南迁，陆续定居于今四川、云南等地。他们繁衍生息，并且不断融合居于原地区的土著和外来民族，而成为纳西先民，被称为"么些""摩梭"。公元 4—5 世纪，一部分纳西先民移居到丽江坝区，在这里建造村寨，进行农耕活动。坝区河流附近土壤肥沃，适宜耕作，因而成为定居地的首选（图 4-2）。丽江坝中部狮子山下的玉河沿岸，即现在的大研古城区域，是纳西先民早期的安居地之一。

---

① 本节提及的"人为设计"是指由统治阶层或者专业人士参与的规划和设计活动，而由居住使用者自行建造的活动被认为是随机演化、自发生长的发展模式。
② 汉朝时西南夷邛都、筰都两名的并称，约在今四川西昌、汉源一带。

图 4-2　从狮子山看丽江坝子

注：照片摄于 1920 年代。

（图片来源：ROCK J F. The ancient Na-khi kingdom of southwest China［M］. Cambridge：Harvard University Press，1947.）

从更大的区域范围来讲，丽江府处于四川、西藏和云南三省的交通要冲，西北通达藏区，东北抵达四川，东南连接云南省腹地大理昆明。数条历史古商道在此交会，其中包括著名的"茶马古道"和"南方丝绸之路"。隋末唐初，丽江古城就有了定期的露天摊户市场（半月或 7 天一集）①。纳西语称城市产生之前的村落群为"巩本芝"。"巩"是仓库，"本"是村寨，"芝"指集市。这一名称的含义就是有仓库、有集市的村寨②。早期的集市规模较小，位于阿溢灿、川底瓦等村落附近。唐中叶，今古城地区逐渐形成城镇③。唐朝人樊绰在《云南志·云南城镇》中提到的桑川即现在丽江大研古城一带④。

大研古城街道流传至今的纳西语古名称提供了历史村寨的一些信息，包括早期村寨的地点、图腾信仰、历史事件等。这些村寨在产生之初，规模较小，通常围绕一条主要道路发展，因此，原始村落的名称在历史上演化为相关联的街道名称。在大研古城区域内，其中比较古老的村落包括中河东岸的"川底瓦"，意为"鹿地村"，即双石桥一带，现在的玉龙桥附近，西河和中河的分水处；中河两岸的"吉底泊"，意为"河对面的村寨"，在今百岁坊；中河西岸的"巴瓦"，意为"崇尚蛙图腾的村寨"，在今七一街八一段。另外，还有中河北岸的"阿溢灿"，意为"蒙古人居住过的村寨"，在今密士巷。南宋末期，蒙古军由北向南征讨大理国，途

---

①　木丽春. 丽江古城史话［M］. 北京：民族出版社，1997.

②　蒋高宸. 丽江：美丽的纳西家园［M］. 北京：中国建筑工业出版社，1997.

③　此处提及的"城镇"，相当于"乡镇"或"集镇"，不能定义为"城市"，因为此地依旧以农业活动为主，村落附近伴有定期或者不定期的交易市场。来源：李汝明. 丽江纳西族自治县志［M］. 昆明：云南人民出版社，2001.

④　为方国瑜和尤中的考证结论，来源：李汝明. 丽江纳西族自治县志［M］. 昆明：云南人民出版社，2001.

经丽江,纳西先祖叶古年后代麦良归附蒙古军。忽必烈的军队在现在的"密士巷"村寨放马宿营[1]。另外,在狮子山西南侧白马龙潭河水流经的地方,有古村寨名为"拉日灿",直译为"有虎威的蛇村",即崇尚蛇图腾的村落。在众多村落中,这几个原始村落是现有资料可查的村落,位置都集中于河流两岸或水源地附近,具备原始村落生存的必要条件。因此,这些村落表明了大研古城地段最早的么些先民在唐宋甚至于更早时期的分布概况[2](图4-3)。

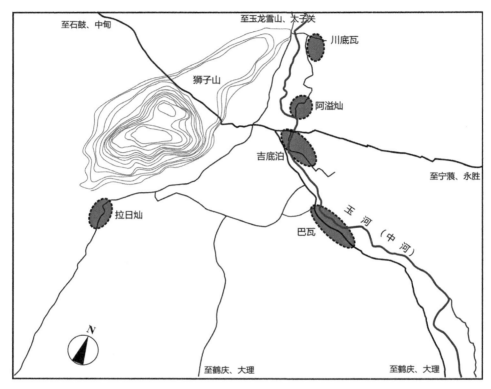

图 4-3　村寨集市时期的原始村落

(图片来源：李冰根据 1944 年古城航拍图绘制)

　　这一时期的丽江古城区域是以农耕为主的村寨聚落,没有统治力量的参与,纳西先民是建造村落的主角。与农耕劳作相关的田垄、排水渠以及原始的步道已经形成,它们自然地顺应地形、地势和河流的走向。这一形式秩序被后来的城市所吸收,如斯皮罗·科斯托夫所认为的"城市形成之前的土地划分模式多半是不规则城市形式最基本的决定因素"。通过 1944 年的卫星图可以看出,古城边缘正在形成中的城市向乡村伸展,城郊农田划分网

①　李汝明. 丽江纳西族自治县志[M]. 昆明：云南人民出版社,2001. 另外,木丽春认为么些人称蒙古人为"阿洛",而不是"阿余"。此村落靠近"阿余纳当",崇信猴子图腾氏族的圣地,因此,"阿余灿"村应称为崇尚猴子图腾的村落(木丽春. 丽江古城史话[M]. 北京：民族出版社,1997.)。牛耕勤认为此村落应该意为以木府为中心,右面的村寨(牛耕勤. 名城丽江旧话[M]. 昆明：云南民族出版社,2006.)。
②　木丽春. 丽江古城史话[M]. 北京：民族出版社,1997.

格和网格中建成的房屋暗示了它们的紧密关联。

二、土司府衙与西河：第一次人为规划

元朝末年，丽江路官署由石鼓迁到今大研古城①。此时的大研尚处于城市形成的早期阶段。时任元朝通安州知州纳西先祖"阿甲阿得"在明洪武十五年（1382年）归顺明朝。第二年，明太祖赐阿得"木"姓，于是土司"木得"将治所迁到现在狮子山脚下的古城地段②，这里开始成为有据可考的真正意义上的城市，而且成为新的纳西族政治统治中心。

丽江大研古城从元代起已经粗具规模③，玉河西面的西河约在此时开挖④⑤。西河的平面形态和木府的位置有紧密关系，可以看出中原地区城池护的城河形态对其的影响。木氏土司将狮子山脚下作为自己的行政府邸以及家眷驻地，兴建"丽江军民府衙署"。同时，在北面从接近狮子山脚下的玉河引出支流——西河，绕到府邸前面形成护城河。很明显，这样的布局受到中国中原文化传统背山面水的风水城建原则的影响。并且，东南与西北的建筑朝向符合丽江当地的气候特征，属于最佳朝向。

丽江军民府衙署的修建成为丽江古城建设史上最为重要的举措。它位于玉河与狮子山中间较为宽敞地带，并和原有村落群距离适中。土司木得汇集了当时的能工巧匠的智慧，仿照北京的建筑样式建造土司府，这成为大研城市发展和建筑历史的里程碑。经过明代历任土司的修建，富丽堂皇的土司府建筑群建成了（图4-4）。虽然原有的土司府毁于19世纪与20世纪交接时期的战火，但是徐霞客的描述"宫室之丽，拟于王者"是对这个建筑群价值的肯定。

同时，土司府和村落群之间地带的民居迅速地被带动而发展起来。木氏土司采取多项措施鼓励各地移民定居大研城，他们包括白沙街、罗波城（今石鼓）、束河街的部分手工业居民，甚至包括外域的各种技艺人、商人等。土司将沿着中河或西河水系的宅基地赐予新移民⑥。据《丽江县城建志》记载，四方街前身为莲花池，后由木氏土司仿其府印之形状，填池辟为市场。暗喻"权镇四方"，故名为四方街⑦。大研古城的集市也逐渐从中河边的鹿地村、阿余灿等地转移到四方街⑧。于是，四方街成为当地最大的露天交易市场。在四方街西面西河上面的两座古桥是这一时期建筑物的历史见证⑨。此时，作为放射状街道的中心四方

---

①　和慧军. 丽江地区志：上卷[M]. 昆明：云南民族出版社，2000.

②　蒋高宸认为木氏土司将治所从丽江坝北部的白沙迁到大研（蒋高宸. 丽江：美丽的纳西家园[M].北京：中国建筑工业出版社，1997.），而根据清《乾隆丽江府志略》记载，原阿甲阿得的通安州治所位于流官府城以东三里，今开文村。

③　和慧军. 丽江地区志：下卷[M]. 昆明：云南民族出版社，2000.

④　李汝明. 丽江纳西族自治县志[M]. 昆明：云南人民出版社，2001.

⑤　木丽春. 丽江古城史话[M]. 北京：民族出版社，1997.

⑥　木丽春. 丽江古城史话[M].北京：民族出版社，1997.

⑦　和康. 丽江地区交通志[M].昆明：云南民族出版社，1997.

⑧　木丽春. 丽江古城史话[M].北京：民族出版社，1997.

⑨　纳西语称这两座桥为"次此启着"和"奥古起着"，但是，历史的古桥在1993年进行的城市建设时被拆毁。现在的石桥为重建。来源：杨俊生. 丽江纳西族自治县志（1991—2000）[M].昆明：云南民族出版社，2004.

街才真正形成。

图 4-4　土司府门前的忠义坊

注：忠义坊位于土司府门前广场，是土司府幸免于战火的历史遗存。该照片摄于 1920 年代，从照片中
　　可以隐约地感受木府建筑当年的辉煌。该遗迹后毁于"文化大革命"。

（图片来源：ROCK J F. The ancient Na-khi kingdom of southwest China[M]. Cambridge：Harvard
University Press，1947.）

　　因此，丽江古城的诞生是在木氏土司的主导下，修建了土司府，开挖了西河，再结合周
边村落，由古城原住民和外来居民逐步发展而自然形成的（图 4-5）。四方街只是在特殊的
地点应运而生的大规模露天集市，它对古城具有至关重要的地位，但并不是古城诞生的起
点。古城街道和宅基地的肌理划分方式更多地顺应原有农田的划分方式以及河流、沟渠的
走向。因此，不规则的街巷空间秩序只是顺应自然形态理念的外在表现，而不是专业人士
或能工巧匠在美学上刻意推敲的结果。

三、流官府署与东河：第二次人为规划

　　清雍正元年（1723 年），中央政府降木氏土司为土通判，委派流官管理丽江，史称"改土
归流"。首任流官知府杨㻛到任后，开始了丽江古城城建史上的第二次大规模扩张。清雍
正三年（1725 年），他在古城东北面金虹山麓建丽江府衙署，并且在官府建筑群四周修筑城
墙。官府建筑群包括流官府署、县署、千总署、左司把总署、积谷仓、万镪库、演武场等[①]。修
建了流官府衙以后，考虑到新建流官区域大片农田的灌溉问题，又从双石桥南 50 米处向
东南分出支流。支流称为"东河"，用以灌溉流官府城内外的农田，方便城内居民使用[②]。

① 李汝明. 丽江纳西族自治县志[M]. 昆明：云南人民出版社，2001.
② 在清乾隆八年（1743 年）编撰的《乾隆丽江府志略》中已有记述东河，因此，东河至少在 1743 年以前已经修好。而牛
　耕勤认为，任何一条都不是改土归流以后修的，此结论值得商榷。

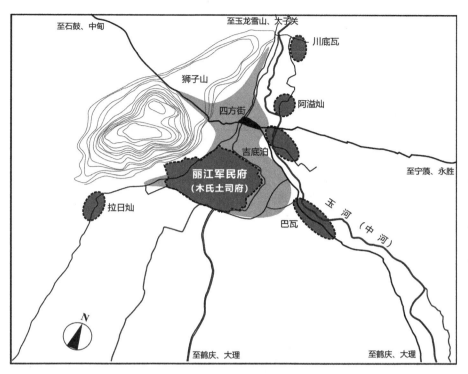

图 4-5　木氏土司时期的丽江范围

(图片来源：李冰绘制)

和木氏土司府不同，流官府城修建的城墙内除了官府建筑还包括大量农田和部分居民村落（图4-6）。只是城内并没有修建新的集市，因此，城内的百姓以及官员都要出城到四方街进行商品交易。清乾隆十六年（1751年），由于地震，城墙倒塌。虽然后经流官修复重建，但是清乾隆五十八年（1793年），又因建筑简陋而倒塌，此后未再修复①。

至此，大研古城的城市框架已经形成，包括围绕中河以及四方街周边聚集的村落区域、中河以西的

图 4-6　大研古城东部流官府城区域

注：照片摄于 1920 年代。

（图片来源：ROCK J F. The ancient Na-khi kingdom of southwest China[M]. Cambridge：Harvard University Press, 1947.）

---

①　李汝明. 丽江纳西族自治县志[M]. 昆明：云南人民出版社,2001.

木氏土司府区域以及中河以东的流官府城区域(图 4-7)。19 世纪下半叶,滇西北杜文秀起义,丽江地区成为清官军与起义军的主战场,清军与回民在丽江反复争夺对峙。丽江古城遭受了极大的破坏,众多有价值的古建筑毁于兵焚,其中包括文昌宫、真武祠、玉音楼、玄天阁、武庙、忠义祠、节义词、木氏土司的府衙建筑群以及流官府内的县署、学署等等。清同治末年以后,社会相对安定,经济逐步复苏,民居建筑恢复修建①。

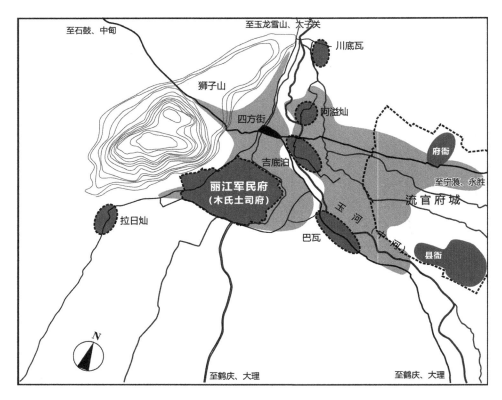

图 4-7 流官府时期的丽江古城范围

(图片来源：李冰绘制)

流官代替土司统治是丽江当地统治方式的重大变革,它直接导致了城市形态的巨大变动。古城的范围由原来的玉河西岸为主迅速拓展到了玉河东岸。流官规划主导的流官府城是和土司府相对应的另一个统治核心。但是,流官的财力不如当年的土司雄厚,因此,城墙也由于质量问题经常倒塌,而最终没有得到恢复,城墙的痕迹也逐渐消失在居民自发的建设中。古城的街巷空间与城市肌理依旧保持顺应自然的地形与河流的走向。丽江古城的复杂形态实际上是顺应自然的简单规律的外显,它并不强调人为的审美观念独立于自然要素以外,而是和环境自然要素融为一体。

---

① 和慧军. 丽江地区志：下卷[M]. 昆明：云南民族出版社,2000.

四、商贸兴盛与城建：经济要素促进下的自发生长

民国初年的 1913 年,清代的丽江府被废除,原府署改为丽江县治所。日本侵华战争期间,中国大陆沿海商道被封锁,在崇山峻岭之中的步行古道重新繁荣起来。连接四川、云南、西藏一直到印度的茶马古道成为当时中国唯一对外的物资输送通道。丽江作为古道上的重要驿站,商业活动达到顶峰,甚至被称为"云南的小上海"①(图 4-8)。由战争因素促成的这次繁荣是丽江纳西城市发展史上重要的一页。清末战乱对古城造成的破坏,在此时得到了极大的恢复。这些商业的繁荣"促进了大研城市建设的发展,出现兴建改建房屋的高潮"②。这个时期由于经商而富裕起来的人家买地兴建自家的花园或者宅院。例如,古城的富商李达三家的府宅花园"玉龙花园",位于古城北面,直到 1990 年代依旧是丽江城曾经的著名景点之一③。

图 4-8　民国时期四方街的繁荣景象

注:照片摄于 1920 年代。

(图片来源:ROCK J F. The ancient Na-khi kingdom of southwest China [M]. Cambridge: Harvard University Press, 1947.)

到 1940 年代,丽江古城虽然经历了几个世纪的演变,但是其城市结构和城市肌理依旧清晰,建筑的历史价值和传统建筑特征都没有受到破坏和削弱(图 4-1)。1944 年的照片是迄今为止所发现的最早的大研古城的航拍照片,记载了丰富的历史信息,尤其展现了大研

---

①　李汝明. 丽江纳西族自治县志[M]. 昆明:云南人民出版社,2001.

②　李汝明. 丽江纳西族自治县志[M]. 昆明:云南人民出版社,2001.

③　在 2000 年,玉龙花园和周边的一些民宅被一起改造成四星级酒店玉龙花园大酒店。

古城在民国时期的城市肌理。不规则的农田单元构成城市发展变化的基本细胞，交通路线在田埂的网络中形成。四方街在这时成为明显的城市中心，五条主要街道（新华街、五一街、七一街、金星巷—光碧巷、新华街黄山段）由四方街向外发散。这五条主要街道连接大研周边地区，向北通达玉龙雪山、太子关，向东北通达重庆，向东南通达永胜，向南通达云南腹地大理、昆明，向西北通达石鼓以及藏区中甸。古城民居建筑群以这几条主路为轴线向外逐渐伸展，与农田形成交织状态（图4-9）。

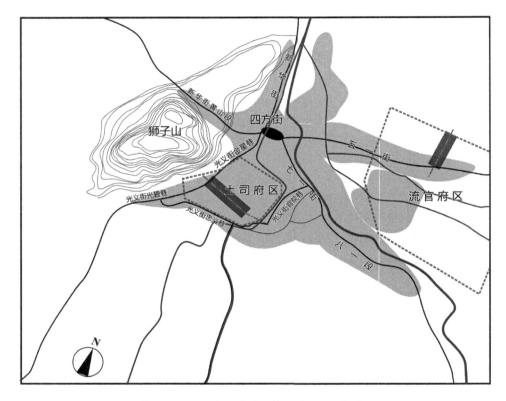

图 4-9 丽江大研古城结构示意（1940 年代）

（图片来源：李冰绘制）

北面的今新华街地段，当时是玉河两岸的农田。西南郊是民国时期（1932—1941）修建的大理至丽江的公路，是当时唯一的现代车行公路，但是由于无人管理和维护、无法通车而被废弃[①]。当年的土司府建筑群的轴线清晰可辨，完全不同于顺应自然地形以及河流的纳西民居。流官府城墙已经倒塌，城墙的轮廓接近消失，但是依照南北主轴线建设的原流官府衙建筑群仍然保存完好。从府城内部民居的分布可以看出城市由西向东的发展趋势。

民国期间的政治统治虽然有了变动，但是并没有影响丽江的城市形态。国际战争的因素导致地处偏僻的丽江经济迅猛发展。古城原本由于地方战乱遭到重大破坏，但经济的发

① 李汝明. 丽江纳西族自治县志［M］. 昆明：云南人民出版社，2001.

展促进了当地的居民的建造热情,他们按照原有的城市脉络自发地发展古城。

五、小结

大研古城地段经历了从村落群到土司统治,再到流官统治,最后到民国时期的诞生和演变过程,每个阶段受到不同主导因素的影响,但是始终贯穿着自发生长的模式。放射状的街道及其中心四方街广场,只是城市形态的特征,并不意味着古城从四方街诞生、由内向外放射状发展。

村寨聚落时期没有统治机构的统一规划,纳西先民的自发的村落农田建设活动主要受到自然地形和河流的影响,这一影响最终导致了后来的丽江古城曲折复杂的街巷空间的形成。统治阶层定下了最初的城市框架,当地居民在既定的道路河流以及土地划分的框架内逐渐地自发地发展、充实这个城市。在小尺度层面,官府建筑群依旧坚持着中轴对称的建造模式,而大的城市街道空间还保持着曲折复杂的自然形态。民国时期经济的繁荣促进了大研的城市建设,在当地居民的自发努力下古城进一步发展、壮大。

最初由统治阶层刻意规划的丽江大研古城,并没有使整个城市呈现出规则的几何形态。也就是说,丽江古城的发展进程综合了皮埃尔·拉夫当所描述的人为创造和自发形成两种类型的特征。本杰明·芒福德提出的"有机规划"的概念有助于理解非规则的自然形态城市形成机制。"有机规划并不是一开始就有个预先定下来的发展目标;它是从需要出发,随机而遇,按需要进行建设,不断地修正,以适应需要,这样就变得连贯而有目的性,以致能产生一个最后的复杂的设计,这个设计和谐而统一,不下于事先制定的几何形图案。"丽江古城的案例印证了民众力量在城市发展过程中的重要作用,它能够自发地调整修正古城的形态与功能,以适应不断变化的城市需求,使城市充满勃勃生机。

"人为的画境"对于丽江就是与自然相和谐的外在形态,这种貌似复杂的城市肌理并非由天才的规划师、建筑师费尽心机推敲而成的杰作,它反映的是纳西居民内在的对自然的敬畏态度,它深深地根源于纳西族宗教与传统文化之中①。

---

① 原文题目为"非规则形态古城的诞生与演变研究:以云南丽江大研古城为例",发表于《华中建筑》,2014(11):151-156。作者:李冰,苗力。文章在本书编辑过程中有所调整。

第二节　大研古城保护区的民居改造评析

　　1997年，云南丽江古城成为中国第一批被列入《世界遗产名录》的城市（图4-10）。对于以旅游业作为发展方向的丽江来讲，这一称号具有其他旅游城市不可比拟的广告效应。这些关键因素使得丽江的城市以及地方经济在旅游业的带动下得到了迅速发展，成为中国新兴旅游城市发展的典范。同时，丽江也获得了国内外众多的荣誉称号，而在这些重要的荣誉中，丽江古城遗产保护民居修复项目获得的"联合国教科文组织亚太地区2007年遗产保护优秀奖"（2007 UNESCO Asia-Pacific Heritage Award of Merit for Culture Heritage Conservation）尤为引人注目。它意味着在丽江古城成功地发展了旅游的同时，纳西族文化遗产大研古城民居的保护成果获得了联合国教科文组织的肯定。

图例

保护区

缓冲区

案例民居位置

0 _____ 200米

图4-10　丽江大研古城保护区以及缓冲区范围（彩图见插页）

（图片来源：李冰根据两方面来源绘制。① Google Earth；② Jing Feng et Yukio Nishimura. Rapport de mission: vieille ville de Lijiang（Chine）（811）[M]. Paris: Comité du patrimoine mondial de l'Unesco, 2008.）

　　然而，众多的游客以及原住民对丽江古城"过度商业化"表达不满，社会各界对历史古城所面临的种种危机表示出担忧。传统质朴的纳西文化在旅游大潮中逐渐变了味道——大量原住民迁出，外来商户进驻古城迎接着四面八方慕名而来的游客，纳西族日常生活的文化传统转变为招揽游客的工具。传统的纳西民居也被纷纷改造成接待游客的设施，如民居客栈、旅游纪念品店铺、歌舞厅饭店等等。

传统民居体现了纳西族特有的历史文化价值，在遗产保护核心区范围内的纳西民居应该受到最严格的保护。这一区域也是游客最密集的区域，其传统民居必然承担着沉重的接待游客的压力。从商业角度看，它所面临的改造动作也是最大的。如何处理改造与保护的矛盾则是衡量丽江古城能够可持续发展的重要指标。笔者就古城民居改造这一课题进行了多年的实地调研和思考，下面通过"酒吧一条街"上的一个民居改造案例，初步介绍古城核心旅游地段传统民居的改造状况。

一、案例追踪：核心保护区的民居改造

在游客聚集的古城主要街巷，越来越多的民居被改造成旅游纪念品商铺以及冠以传统歌舞之名的夜总会、酒吧。其中最著名的就是由古城北入口通向四方街的新华街，新华街被称为"酒吧一条街"。"纳西风情客栈"位于四方街广场以北50米，新华街翠文段西侧巷内。客栈主人是纳西原住民和先生。这是一个传统的小型院落式住宅，只有一栋东西朝向的三开间木结构建筑。自1998年起，他将自己的民宅改造成接待游客用的民俗旅店。和先生的子女则搬到新城居住，他本人和妻子留在古城经营客栈，他的母亲时年八十多岁，身体健康，时常来客栈帮忙做些零活。院内底层靠近大门的一间卧室由夫妇俩人自用。其余的五个房间用于接待游客，底层两间客房，二层三间客房。和先生的改造并没有触动其传统的木结构住宅，只是在院内自建两处一层砖混平房作为厨房、卫生间和淋浴间，由主人和客人共用。

2005年，房东和先生开始将自己的客栈出租给外地人经营。租客将传统房间进行了改造，将两个客房配置了独立的卫生间，两层砖混结构，紧邻木结构的老房子。这两个客房成为该客栈的"标准间"，符合城市内一般旅馆的要求。原有面积有限的院落，被增建的卫生间挤占得更加紧张（图4-11、图4-12）。

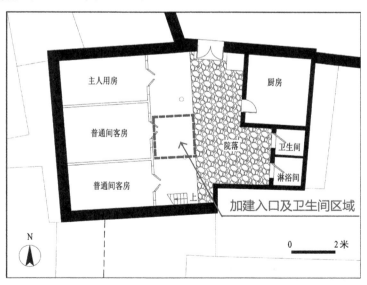

图4-11　纳西风情客栈平面示意

注：中间虚线部分是2005年外来经营者新增加的卫生间的位置。这样，原来的普通间被改造成标准间。
（图片来源：底图大研古城CAD测绘图由丽江市建设局提供（2006年），李冰改绘）

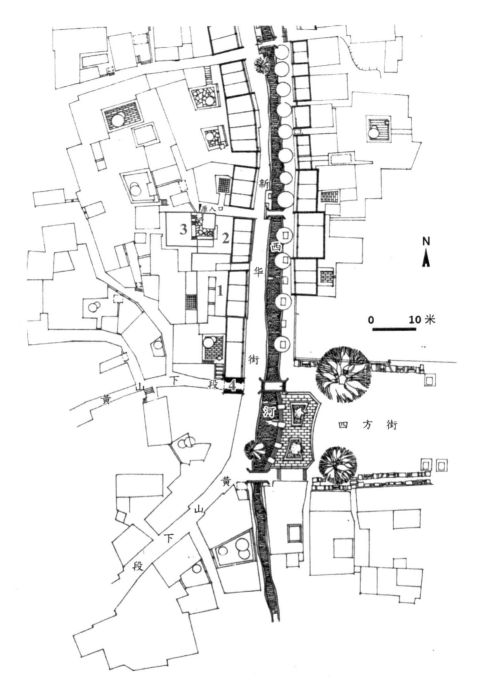

1—"后街五号"歌舞厅初始位置；2—歌舞厅初期扩建部分；
3—歌舞厅后期扩建部分(原纳西风情客栈)；4—科贡坊

图 4-12 "后街五号"歌舞厅平面位置示意

(图片来源：李冰根据蒋高宸.丽江：美丽的纳西家园[M].北京：中国建筑工业出版社,1997.绘制)

随着旅游的发展，古城内的歌舞酒吧逐渐兴起。游客通常用白天的时间在旅游景点参观，因此这些场所在白天客人寥寥。19 时以后，疲惫的游客开始光临酒吧，边用餐边观赏歌舞。新华街西侧的"后街五号"是其中的商业经营比较成功的歌舞酒吧之一。它从最初新华街边的一个院落民居，逐步壮大，并吞并周边的民居。2007 年，"纳西风情客栈"成为这个酒吧的第三个被吞并的院落民居。经营者是一位来自四川的年轻人。2008 年 3 月至 4 月，经营者投资约 100 万元对整个三家毗邻的传统住宅进行了改造。原纳西风情客栈的院落被改造成室内空间，入口大门被砖墙堵死，内部成为室内接待柜台（图 4-13、图 4-14）。原有的主要木结构被保留，而且新增了很多木结构用以支撑覆盖在原有院落上的顶棚（图 4-15）。经营者将传统的灰瓦覆盖在新增的屋顶结构上，试图保留传统的建筑特征和古城整体协调。但是，纳西传统建筑内部的院落空间在这个改造中被取消。

图 4-13　原纳西风情客栈入口 图 4-14　原纳西风情客栈入口处内部改造成接待吧台

（图片来源：李冰拍摄，2008 年）　　　　　　　（图片来源：李冰拍摄，2008 年）

图 4-15　由覆盖院落改造而成的"后街五号"歌舞厅室内

注：虚线范围内是原有院落区域。

（图片来源：李冰拍摄，2008 年）

在外立面改造过程中，原有的临街立面变得完全开放通透，侧面原本没有窗的山墙新开了窗户，以便接待顾客。原来用于农村晒谷场的带孔木柱也被应用到立面中成为酒店的装饰，旧木材的使用是为了适应新酒吧接待功能，以接近原有纳西古城的色调和风格（图4-16～图4-18）。

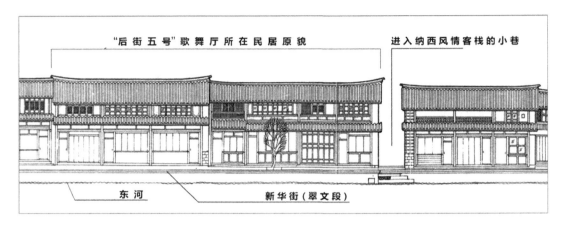

图 4-16　"后街五号"歌舞厅改造前沿街立面（1997 年以前）

（图片来源：蒋高宸.丽江：美丽的纳西家园［M］.北京：中国建筑工业出版社，1997.）

图 4-17　"后街五号"歌舞厅改造前的民居（1980 年代）

注：照片面向四方街广场方向拍摄，中央为西河，河上建筑在 1993 年城市改造时被拆除。右侧为现"后街五号"歌舞厅位置的民居。

（图片来源：朱良文.丽江古城与纳西民居［M］.2 版.昆明：云南科技出版社，1988.）

图 4-18 "后街五号"歌舞厅改造后的沿街立面

(图片来源：李冰拍摄，2008 年)

二、创新还是破坏：对改造案例的认识与评价

通过对比大研古城内的传统纳西民居的主要建筑特征，进一步认识和评价这些适应旅游商业功能的民居改造。

传统的纳西民居主要糅合白族和藏族、汉族民居的特征，自成体系，成为中国少数民族经典的民居类型之一。尽管大研古城中民居平面形式比较不规则，但是其空间逻辑都是由建筑围合院落而成。按照围合院落的建筑数量的多少，纳西民居可以分为两坊拐角、三坊一照壁、四合五天井、前后院、一进两院等类型。院落的大小与形状根据房屋主人的经济实力和地段的特征各有不同，其主要功能是给房间内部提供采光和通风。建筑主体为木结构，基座部分为石材勒脚，墙面为土坯砖墙或者白色抹灰，在立面上使用木材的部分大多涂以暗红色油漆，这点体现了藏族建筑的色彩特征。屋顶一般为双坡，山墙大多数为悬山，屋檐出挑深远，双坡交会处有形态各异的木悬鱼作装饰。这种处理是纳西民居建筑的主要特色之一。

外地房客按照自己的旅游经营的需要进行的建筑改造，在不同程度上脱离了原有纳西建筑的传统。和大研古城的纳西传统民居相比较，新华街"后街五号"歌舞酒吧这一案例具有如下特征：

首先，传统的木结构建造技术在这里没有得到正确的应用。例如，传统的木榫卯结构使建筑自身具有柔韧性，在地震等天灾情况下，这种结构发生一定的变形以疏导地震波，但自身不毁坏。因此，即便墙体倒塌，木柱梁等结构一直安全地承托屋顶，减少对居民的生命安全的伤害。而和"后街五号"类似的改造工程，采用了木材料以获得外观效果，但"通常不符合木结构的正确做法，在结构以及防火上都存在安全隐患。如果遇上地震，后果不堪设想"①。

其次，这个大规模的建筑改造工程违背了纳西丽江古城的保护原则。按照 2005 年通过的《云南省丽江古城保护条例》第十条："保护区内的历史建筑禁止拆除，进行房屋、设施整修和功能配置调整时，外观必须保持原状"②。这一改造工程临近四方街，位于保护地段的核心区。它将其他功能的建筑构件移花接木地应用到立面上，并且对原有立面进行了重大改变，包括完全变更沿街立面门窗位置，在原本没有窗的山墙面开设窗户，并堵塞原有院落门洞。另外，笔者认为，外观的含义也应该包括院落屋顶部分。因为从狮子山上鸟瞰丽江古城，鳞次栉比的灰瓦屋顶是古城重要特色之一。少部分覆盖院落的屋顶从材料和色彩上已经和灰瓦屋面格格不入。从更严格的意义上讲，即便院落覆盖上灰瓦屋顶，原有屋顶体量围合院落的虚实空间逻辑也被破坏。

使用当地的木材料，并突破传统的做法，以取得和古城氛围视觉上的相协调，这种做法从某种意义上讲带有创意的萌芽，应该可以在古城周边的缓冲地带适当使用，但是不适用于古城核心保护区，因为这种做法几乎完全破坏了遗产建筑原有的历史信息，已经不是 1997 年列入《世界遗产名录》时的状况。更何况，这些"创意"做法还伴随着安全隐患。

三、由点及面：古城核心地段的改造手段梳理

从"纳西风情客栈"到"后街五号"歌舞厅的一部分，这个民居前后经历了大约八年的时间，不断地被改造，从外观到内部空间都发生了重大变化。这个过程也显示出古城内原有民居改造最具普遍性的两种模式。

第一，单独式改造。由于纳西民居在舒适度方面并不能完全满足游客的需要，比如说没有独立的卫生间，部分公共空间的卫生条件不能满足游客的要求，主人和游客共用院落等公共空间而产生使用上的冲突，等等。因此，一些传统的纳西民居就被局部或者全部改造，包括增加客房内的独立卫生间，将院落加以分隔，以区分游客及房东各自的活动区域。这些改造通常造成加建部分侵占原有的院落，院落越来越小，甚至拥挤，传统建筑体量逐渐地变得琐碎等问题。虽然为了保证古城整体的协调，几乎所有的新增体量都用传统的灰色瓦片坡屋顶覆盖，但是，这些改变依旧清晰可辨（图 4-19）。

第二，合并式改造。随着旅游业的快速发展，一些客栈或酒吧通过商业竞争合并了邻近的民居，通过更大规模的改造工程来扩大室内经营空间。这样，原来每户民居的界线被取消，院落被覆盖成为室内空间。这一特征越来越多地出现在古城商业经营繁华地段，尤其是在新华街、东大街以及四方街周边，我们能够清楚地看出原有院落被覆盖，改造成其他用途的室内空间（图 4-20）。

---

① 刘先生，当地木匠，2008 年于大研古城接受笔者调研。
② 在 2005 年以前，丽江当地执行的是 1994 年获批的《云南省丽江历史文化名城保护管理条例》，其中第二章第九条为"一级保护区为严格保护级，在该区内的房屋和设施整修、新建和功能配置调整，都必须保持原状"。按照这个标准，"后街五号"歌舞厅位于一级保护区，其改造不符合条例的规定。

图 4-19　从狮子山望大研古城

注：虽然绝大多数城内的建筑依旧被灰色瓦屋面覆盖，但是建筑的改造或增加的体量清晰可辨，它们通常并
　　不符合纳西民居的传统建造方式以及外观特征，包括使用砖混结构的屋顶，改变传统纳西建筑的形体特
　　征，在原有建筑上增加的小体量构件，等等。

（图片来源：李冰拍摄）

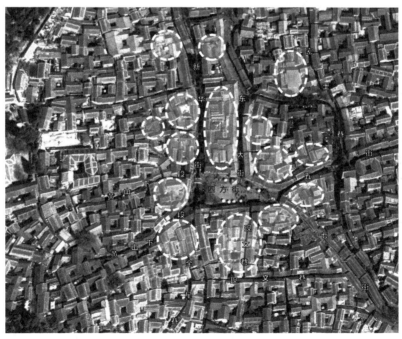

图 4-20　大研古城内游客密集街区传统院落被改造成室内空间

（图片来源：李冰绘制，底图为 2012 年 Google Earth 卫星图）

215

除了上述两种改造模式，还存在第三类模式，即国际资金和技术支持下的民居维护。本节开头提到的丽江民居改造项目就是通过原住民和政府合作、获得了捐助者特殊资金资助和外来专家的技术支持的案例①。具体说来，丽江古城保护管理局与全球遗产基金会（Global Heritage Fund）于 2002 年签署了《丽江古城传统民居修复协议》，共同筹资对古城内年久失修的民居建筑进行补助修复，促使居民生活质量和水平的提高，以鼓励他们在古城长期居住，确保传统民族文化得到传承和弘扬。2002—2006 年，丽江古城（包括束河与白沙）一共有 174 户民居得到修复，其中 101 户传统建筑具有较高的建筑美学价值，而 73 户是基于原住民的贫困家境②。在旅游商业发展冲击下，按照《丽江古城传统民居修复协议》进行的民居修复和改造做法，为其他的居住者和经营者的民居改造修复提供了值得参考的示范（图 4-21）。但是，和丽江大研古城的总户数约 4 478 户相比③，这些按照遗产保护原则得到修复的民居不及总数的 4%。

(a)修复前 　　　　　　　　　　　　　　　　(b)修复后

图 4-21　美国全球遗产基金会资助下修复的丽江民居

（图片来源：http://globalheritagefund.org/what_we_do/overview/completed_projects/lijiang_china）

这三类民居改造维护模式并行于旅游大潮冲击下的丽江古城。随着古城旅游业的发展壮大，自由竞争下成功的商家兼并周边小规模经营的院落，逐步使用尺度和规模更大的兼并式改造模式。这种运作模式在古城的小尺度空间遭到游客和原住民的普遍诟病，它所衍生出来的"超级歌舞娱乐厅"也成为改变古城院落形态的诱因。通常，外来商户仅仅是把古城作为盈利的工具，不可能主动地将纳西民居按照符合遗产保护要求的模式进行民居改造。原住民的参与、专家的技术指导、政府的政策导向，乃至国际遗产保护资金的支持，这

---

① 丽江市地方志办公室.丽江年鉴 2008[M].昆明：云南民族出版社，2009.

② http://www. unescobkk. org/culture/world-heritage-and-immovable-heritage/asia-pacific-heritage-awards-for-culture-heritage-conservation/previous-heritage-awards-2000—2010/2007/award-winners/lijiang-ancient-town/

③ 2003 年大研古城数据为 4 478 户。来源：杨桂芳，丁文婕，葛绍德.丽江古城旅游环境研究[M].北京：民族出版社，2005.

些因素的介入形成了第三种改造模式，但是它只能起到技术层面上的示范作用。如果古城内的商业经营活动大部分由外地客商所掌控，同时管理部门对古城改造的监管不到位，那么改造修复后的古城、传统建筑的外在形态永远会受人诟病。

四、小结

遗产保护的各种原则是国际业界的共识，并不是束缚建筑师创造力的桎梏，它针对不同的保护地段，界定了民居改造的"度"。这个"度"是确保遗产建筑原真性的基础，是遗产古城长远发展的保证。1980 年代，朱良文教授曾带领国内外建筑系学生到大研古城参观讲解典型的纳西族传统民居。当年这一经典的场景意味着丽江大研古城虽然经历了各种变动，但是仍然成功地保留了原真的纳西传统民居。在当今旅游业带动下繁荣起来的丽江大研古城，正在逐步远离这个本质。

法国城市学者弗朗索瓦·阿舍尔（François Ascher）指出："城市形态是社会内在逻辑的产物，是城市内各种原动力所作用的结果。"①当我们对丽江的城市、院落、建筑改造后的形态质疑的时候，这种形态变化则暗示了其背后内在社会逻辑的本源变化。大研古城的案例改造中，建造、修复、保护等技术层面的问题并不起决定性作用，实质问题是古城核心地带原住民的流失、租客随意改造传统民居的政策默许以及管理部门对商业及改造行为监管的缺失。这些基本前提不改变的情况下，遗产保护者、建筑设计师、规划师的合理意见以及专业上的才华不会有用武之地。因而，只有从古城遗产保护的长远视角出发，积极鼓励并扶持原住民在古城内居住并经营，严格约束古城内不当的旅游经营活动，同时对古城内的民居改造进行严格控制以符合国际通行的遗产保护要求，才能杜绝不当民居改造行为，将纳西族祖先留下的优秀文化遗产继续传承给子孙后代②。

---

① ASCHER F. Les nouveaux principes de l'urbanisme[M]. Paris：Editions de l'Aube，2015.
② 原文题目为"世界遗产古城保护区民居改造研究：基于云南丽江大研古城现状的评析与思考"，发表于《华中建筑》，2016(3)：175-179。作者：李冰，苗力。文章在本书编辑过程中有所调整。

第三节　旅游冲击下束河古镇的遗产保护

至 2019 年,中国共有 55 处世界遗产,与意大利相同,是拥有最多的联合国教科文组织世界遗产的国家。然而,如果按照遗产数量和土地面积的比例来判断,中国在遗产密度方面远远落后于意大利。此外,数量只能体现遗产保护的部分真实状况。在各种遗产中,活的遗产,有人居住的历史城镇的保护难度最大。只有包括"丽江古城"在内的两个中国古镇被列入《世界遗产名录》,可见它们在中国文化遗产保护中的重要性和特殊性。

丽江古城于 1997 年被联合国教科文组织列入《世界遗产名录》,其范围包括大研古城、束河古镇和白沙古村,这个位于中国西南高原的贫困小镇所拥有的纳西族的领地文化、宏伟的建筑和独特的农业景观因此得到了很好的保存。自 1997 年,曾经是贫困地区的束河,已经成为丽江地区最受欢迎的旅游地。束河的发展经验被称为"束河模式"和"2004 年中国经验"。束河作为保护性开发的典范被介绍给许多中国古镇。然而,在其 20 年的发展过程中,束河收到了许多游客对其保护区内过度开发旅游的投诉,束河和丽江古城甚至收到了联合国教科文组织的"黄牌"警告。

本节通过对束河 20 年的跟踪研究,回顾束河古镇的旅游开发过程,并对其旅游开发和居民区改造中存在的某些问题进行深入的分析和反思。

一、从商业重镇到沉寂的村落

作为"丽江古城"的三个组成部分之一,束河古镇位于大研古镇北面 6 千米处,它们都处于丽江盆地的群山之中。束河古镇的海拔高度约为 2 400 米,介于西藏和云南腹地之间。由于当地气候,大多数藏族和汉族商人都喜欢在束河停留,将此地作为他们的贸易中转站。自 14 世纪以来,束河已成为汉族和藏族之间生产和交易皮革的重要场所。特别是在 1940 年代,束河成为茶马古道上最富有的村庄之一。1950 年代初,束河主要经济发展模式发生转变,居民开始从事并不擅长的农业生产。他们的生活水平迅速下降,束河因此成为贫困区。

1997 年,丽江古城被列入《世界遗产名录》,大研古城的旅游业迅速发展,而同为遗产但地处偏远的束河古镇直至 2002 年依旧处于贫穷状态。当地居民人均收入 800 元左右,仍在当时的国家贫困线标准(637~882 元)范围内。如古镇内大量衰败的古建筑及民居亟待维修、市政基础设施落后、没有自来水及公厕等城市问题亟待解决。但是,束河古镇凭借历史文化优势被很多旅游投资商看好,他们希望能够针对部分重点地段进行旅游开发。为避免大研古城旅游开发混乱无序的状态在束河重演,当地政府希望能够找到一家实力雄厚的公司对束河进行整体开发,同时对核心保护区进行整体保护,维护古镇的完整与独特。

二、整体开发的遗产旅游

2003 年,丽江市政府选择昆明的昆明鼎业集团有限公司担任这一重要角色。总投资5亿元的束河旅游开发项目利用 2003—2004 年"非典"期间游客数量减少的空档期施工完成。

在政府的指导下,项目尽可能地保留了原有的建筑遗产和一些农田景观。与大研古城政府投资修缮历史建筑、更新基础设施的做法不同,束河古镇由昆明鼎业集团有限公司出资更新基础设施,修缮历史建筑,重建部分已经消失的历史建筑。作为昆明鼎业集团有限公司投资的补偿,丽江政府允许其在束河古镇的南侧兴建旅游新区,包含住宿、餐饮和其他旅游服务功能以避免过量的游客对古镇的冲击。新区占地 14.9 公顷,包括商业中心、餐馆、公共场所、银行、酒店和停车区。城市肌理与建筑样式模仿束河古镇,多用混凝土框架结构(图 4-22)。然而,新区紧贴古镇南侧建设,占用原有的大片农田景观。新旧建筑片区之间并未设置明确的缓冲带以识别束河原有历史建筑群,因而降低了古镇的历史文化价值。

图 4-22　束河古镇南侧的"茶马驿站"新区

注：新区建筑包括照片中部屋顶颜色较浅的建筑以及近处在建的建筑。

（图片来源：杨俊生.丽江纳西族自治县志(1991—2000)[M].昆明：云南民族出版社,2004.）

束河的开发项目涉及的利益相关者主要包括地方政府、开发商、古镇居民和外地游客。他们各自的责任关系如下：

① 政府的政策引导。在最终确定束河古镇旅游开发之前,丽江市政府多次邀请专家学者、基层干部和当地群众召开会议探讨古镇的保护与发展问题,最终确立了"在保护中发展、用发展来促进保护"及"市场化运作"的基本思路。对于束河古镇保护区,政府推行中国古城保护传统的三级保护区制度,规范开发商的开发建设活动,严控古镇建设的历史风貌。

② 开发企业的投资。昆明鼎业集团有限公司完成了公共基础设施的现代化、翻修受损的旧建筑、公厕及景观照明等建设工程，重建 2 个曾经消失的历史寺院，修缮破损的古建。同时，紧邻古镇南侧建设新区开展旅游活动。

③ 居民与游客。游客的到来给当地提供了马夫、司机、餐饮服务生等诸多工作岗位，仅昆明鼎业集团有限公司就提供了 300 多个职位。同时，开发商将一些保护区内的传统民居统一改造成客栈、店铺、酒吧等。2002—2006 年，束河劳动力从事农业的比例从 94% 快速下降到 41%，2006 年的接待游客人数为 300 万人次，是 2003 年的 100 倍。当地村民人均年收入由 2002 年的 800 元提升至 1.5 万至 4 万元不等。

按照官方的说法，束河古镇的旅游开发 3～4 年以后，基本达到了预期目标，是一个多方共赢的发展模式①。

三、遗产保护区内的建筑改造

为对开发商对束河古镇公共空间现代化建设投资进行合理补偿，政府将特定地块分配给开发商进行商业建设。然而，由于模仿纳西族历史建筑的特别建设区靠近文物保护区，原有居住区周围的农田景观遭到破坏，使"假古董"和真正的历史建筑之间的区分变得困难。

在束河保护区范围内，昆明鼎业集团有限公司牵头改造了部分民居，用作接待游客的客栈、餐饮和纪念品商店。他们希望在毗邻的新区尽可能满足更多的旅游需求。和中国其他古城一样，古城区更加吸引游客。因而，束河保护区内的传统民居不可避免地越来越多地被改造成接待游客的客栈。而束河原住民无力与外地的经营者竞争，因此，大多数人选择将自己家的院落出租给外地人经营，换取一次性支付 5 年的租金②。

出于保护遗产风貌的缘故，当地政府禁止房屋的买卖，而只允许出租房屋，用丽江当地传统的建造方式进行改造。2006 年颁布的《云南省丽江古城保护条例》禁止对核心保护区内的建筑外立面进行任何改动③。但这种比较粗略的表达很难保证民居改造的程度是否符合联合国教科文组织的要求。实际上，当地政府允许在保护区域内使用纳西族的方法进行改造和重建。因此，功能上的变化导致了空间划分或建筑结构发生重要变化④。

传统的纳西族民居建筑包括五种类型，两坊拐角、三坊一照壁、四合五天井、前后院、一进两院⑤。建筑高度 1～2 层，开敞的室外院落是最主要的特色（图 4-23），常用于晾晒谷物、饲养禽畜、种花等。应对旅游需求，传统民居多被改造为民宿、店面、餐饮、娱乐等类型。建筑与院落空间常被不同程度地改造，甚至于重建，以增加房间数量、加固结构、

---

① 年继伟. 束河古镇的保护与开发：云南历史文化名镇旅游发展的经验分享[J]. 小城镇发展，2009(6)：42-47.
② 陈菊，车振宇，田晓然. 当前旅游发展对丽江束河古镇的影响[C]//全国"农村建筑评价与保护"学术研讨会暨 2009 年建筑史学术年会论文集. 昆明：昆明科技大学，2009：177-181.
③ 张松. 城市文化遗产保护国际宪章与国内法规选编[M]. 上海：同济大学出版社，2007.
④ 李冰，苗力. 关于世界文化遗产城镇保护区内传统民居改造的探索：以云南省丽江市大研古镇为例的评论与思考[J]. 华中建筑，2016，34(3)：175-179.
⑤ 蒋高宸. 丽江：美丽的纳西家园[M]. 北京：中国建筑工业出版社，1997.

扩大原有空间大小、添加卫生间等，从而适应旅游的需求。从不同时间的卫星图对比能够发现束河古镇保护区内一些重大变化（图 4-24）。纳西族的传统院落一般由独立的长方形建筑围成，屋顶部分为悬山双坡顶，极少存在互相咬合的 L 形或 T 形单栋建筑。为了增加面积，原有的建筑特征往往会被改变，例如，改建建筑的进深被加大，组合更加随意，院落也被填充（图 4-25）。

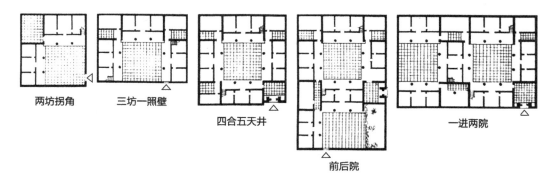

图 4-23 纳西族的基本院落类型

（图片来源：蒋高宸.丽江：美丽的纳西家园［M］.北京：中国建筑工业出版社，1997.）

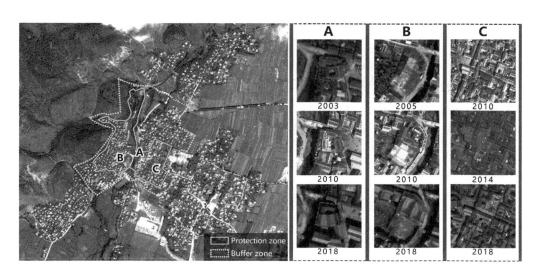

图 4-24 束河保护区内的重要改造工程（彩图见插页）

（图片来源：2003—2018 年的卫星照片）

另外，发展旅游以后，许多传统纳西建筑的立面发生了不当改变。传统建筑首层或侧墙一般朝向内院开窗，很少朝向街道开窗。下层墙体的主要材料是石头或砖石，而上层墙体则用灰砖、土坯砖和夯土建成，涂上或不涂白色油漆。而临街商业店铺相对开敞，有木质窗和门板（图 4-26）。在外地租客的改造或重建后，为满足经营者的要求，只保留了"传统风格"的木质结构和传统砖墙，正面、侧面或立面的窗户都是随意搭建的。

图 4-25　束河保护区域的多样改造和重建

注：为满足不同的旅游活动，束河的一些历史建筑被改造或被新建筑取代。黑线表示历史民居被破坏后
　　的新建筑。白线表示传统民居的院落被玻璃或瓦片屋顶覆盖。

（图片来源：https://720.vrqjcs.com/t/08d42433c6b7f85d）

图 4-26　束河古镇内的院落被改造成商业铺面

（图片来源：上图来自蒋高宸. 丽江：美丽的纳西家园[M].北京：中国建筑工业出版社,1997.；下图为李冰
摄影,2008 年）

保护区内的建筑改造须遵循相应的国际准则以避免破坏遗产。在这样的规则制约下做改造对优秀的建筑师也是一个相当大的挑战，因为这需要精湛的专业技能。诚然，这些建筑改造的做法是在非保护区域内将现代功能和传统建筑结合起来的创新。而不幸的是，这些实践由于其任意的改造而破坏了保护区内的纳西族遗产，违反了遗产保护的真实性原则，抛弃了纳西族的建筑传统。世界遗产地被一些笨拙的"丽江传统风格"的拼凑所代替。

四、解析丽江古城的保护法规

在不同的改造类型中，束河古镇的建筑遗产和文化价值被削弱。有必要从法规的角度探讨束河古镇旅游开发问题的根源。1994年，云南省颁布了《丽江历史文化名城保护管理条例》。根据这一条例，保护对象只有大研古城，束河不在保护之列[①]。但九年后，束河古镇的保护策略受到了当时大研的保护理念的影响。真实的建筑遗产的数量从内部一级保护区域减少到外部三级保护区域。而且，三级保护区的保护要求没有一级保护区那么严格，从而模糊了遗产保护区的边界，造成原始建筑遗产与仿制品的混淆。保护区内的建筑改造语汇变得混乱，因此束河古镇的建筑遗产甚至文化价值都在逐渐消失。

2006年3月，《云南省丽江古城保护条例》颁布实施。保护对象包括大研古城、束河古镇和白沙古村。但是，这一法规的颁布却表明了在2003年启动的束河旅游开发的前3年，束河古城的保护处于无法可依的状况。条例第九条规定"鼓励原住居民在丽江古城居住。对居住在古城内的原住居民户由丽江古城保护管理机构按照有关规定给予补助"。笔者实地采访得知留在丽江古城生活的原住民每个月发放10元钱补助，仅相当于普通人家一个人一天的伙食费用，这对于留下的原住民完全没有吸引力[②]。

条例第十条规定："对丽江古城实行分区保护，保护范围划分为保护区、建设控制缓冲区和环境协调区。保护区内的历史建筑禁止拆除，进行房屋、设施整修和功能调整时，外观必须保持原状；建设控制缓冲区不得建设与古城功能、性质无直接关系的设施，确需改建、新建的建筑物，其性质、体量、高度、色彩及形式应当与相邻部位的风貌一致；环境协调区内不得进行与古城环境不相协调的建设。"这本质上就是从保护区中心向外部逐步降低保护要求，和1994年版的三级保护区保护要求一样，要求在三个区域进行遗产保护，保护要求从内部（一级保护区）到外部（三级保护区）逐渐减少。令人失望的是，在实际操作中，束河保护区内的做法完全与规定不符，拆旧建新的现象比比皆是（图4-24）。

在处罚上，第二十九条第一款规定对不同保护等级的民居擅自进行修缮改造，处罚金额从500至20 000元不等。与同外来商户少则几十万、多则几百万的民居改造投资相比，这一规定

①　张松. 城市文化遗产保护国际宪章和国内法规选编[M]. 上海：同济大学出版社，2007.
②　BING L. Patrimoine et mutation urbaine dans le cadre du développement touristique[D]. Paris：Université de Paris 1，2012.

的罚款数额少得可怜，外地商户会宁愿缴纳罚款，而按照自己的意愿改造束河传统民居[1]。

束河在旅游发展中出现的遗产保护问题，在 2003 年以前的大研古城就已经出现甚至于泛滥[2]。但是，这些问题在束河的旅游商业开发过程中并没有引起重视。在官方法规中，除了要求建设和改造要与丽江古城相协调这种模糊的语言外，没有具体规定去限制外来商户的建筑改造。

五、小结

束河古镇能够成为世界文化遗产，靠的是 800 多年积淀的纳西民族文化、独特的纳西古镇、周边农田景观、精美的纳西建筑及世代生活在这里的原住民。旅游业迅速发展成为当地政府和百姓脱贫的途径，也冲击着当地的文化遗产。

束河的旅游开发，使当地政府、开发商及外地商户都在旅游中获得了不同程度的经济利益。但是，遗产地原住民的流失和纳西人独特的生活环境的变味，更使得世界遗产失去最初意义。在建筑的改变过程中，建筑师及工匠这一群体并不是世界遗产地城市变差的根源。保护法规的缺漏与滞后是更深层次的原因，更反映了制定者们在遗产保护意识上和操作上，距离世界文化遗产的要求存在着相当的差距。

在丽江古城被列入《世界遗产名录》20 年以后的 2017 年，丽江当地管理部门举行了重新制定《云南省丽江古城保护条例（草案）》的听证会。迟到的举措毕竟意味着进步的可能，我们也许能够看到一些希望。及时地重新评估束河保护区建筑遗产的状况，及时地探讨补救的措施，针对破坏遗产的行为建立严格的惩罚措施……，都将是迈向遗产保护的正确步骤。从管理部门到居民，全体社会的遗产保护认知意识水平的提升，注重遗产的长远价值，才是建立遗产保护屏障的根本[3]。

---

① BING L. Patrimoine et mutation urbaine dans le cadre du développement touristique[D]. Paris：Université de Paris 1，2012.

② 李冰，苗力.世界遗产古城保护区民居改造研究：基于云南丽江大研古城现状的评析与思考[J].华中建筑，2016，34（3）：175-179.

③ 原文题目为"Protection status of a world cultural heritage site under tourism development：case study of Shuhe ancient town"，发表于 Materials Science and Engineering，Volume 960，5th World Multidisciplinary Civil Engineering Architecture Urban Planning Symposium-WMCAU，15-19 June 2020。作者：李冰，邢振鹏，苗力。文章在本书编辑过程中有所调整。

第四节　急速城市化中的丽江城中村

中国西南边陲的丽江是纳西族的主要居住地，它地处云南西北，东面接壤四川省，西北面与迪庆藏族自治州毗邻。丽江市人口 115 万[①]，市域面积 20.6 平方千米，介于青藏高原和云贵高原之间。丽江古城海拔 2 400 米，所处的丽江坝子是云南西北部面积最大、最为肥沃的高原盆地之一（图 4-27）。长江上游的金沙江在深山峡谷内经多次转折，环绕在丽江坝子东、西两侧。

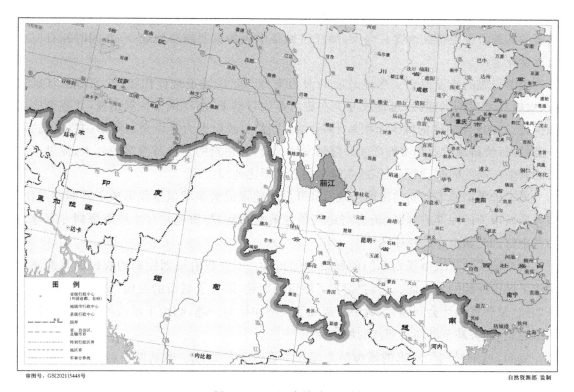

审图号：GS(2021)5448号　　　　　　　　　　　　　　　　　　　　　　　自然资源部 监制

图 4-27　丽江市的地理位置

多样的地理环境造就了丽江丰富的自然旅游资源，丽江的大多数土地处于自然未开发状态。2003 年"三江并流"地区作为"世界自然遗产"被列入《世界遗产名录》。丽江境内的部分区域位于"三江并流"遗产区内，因此，丽江市成为同时拥有自然和人文两项世界文化遗产桂冠的地区。

---

① 2006 年的数据。来源：丽江地方志办公室.丽江年鉴 2007[M].昆明：云南民族出版社,2008.

历史上，纳西族先人的开放态度使纳西族聚居区成为多种文化和宗教的交会地带。各种外来宗教，如道教、汉传佛教、藏传佛教甚至基督教和伊斯兰教，都相继在纳西族地区生根。纳西族本土文化为东巴文化，2003 年，东巴古籍文献作为非物质文化遗产被联合国教科文组织列入《世界遗产名录》。

13 世纪，大研古城在丽江坝子中部的狮子山东南麓建成，成为纳西族的首府①。20 世纪中叶，古城已扩展至 1.4 平方千米。大研古城没有城墙，类似巨大的村落，古城形态自然延伸，融入周边农田。传统的纳西族民居主要为毛石基础，木结构，一至三层。房间环绕中心方形院落布局，融合了汉、藏和白族建筑风格而独具特色。自然村落分散在坝子内，连通村落和大研古城的主要道路和农田网络体系融为一体。因此，水道、小桥、蜿蜒的小路、田野和周围的山峦共同组成和谐迷人的乡野景观。

1994 年以来，旅游业成为丽江的支柱产业，发展迅速。1996 年的地震并没有影响这座古城成为世界文化遗产，在国际和国家的财政援助下，大研古城进行了恢复性重建，城市公共服务和旅游设施得到改善。今天，丽江古城是中国的重要旅游地之一，并同时拥有三个世界文化遗产。

旅游设施的建设得到了当地政府的大力支持。丽江城市现代化建设，如城市基础设施、水电和互联网的建设，迅速展开。在旅游业的带动下，丽江城市发展迅速，并逐渐向周边扩张。2005 年丽江的城市面积是 1994 年的四倍。政府大力建设交通网络、基础设施和旅游景点，使得旅游业和房地产项目蓬勃发展。公路、建筑的建设及游客的到来，促进了城市的繁荣。与此同时，城市周围越来越多的农用地迅速城市化。

另一种类型城市空间的出现与政府和开发商建设的繁荣城市景象形成了鲜明的对比。在大型城市街区内部或郊区，街道与建筑景观破败混乱，与田地并存。城市规划专家称之为城中村，即"城市中的村庄"。

这些城中村是城市规划部门的城市管理盲点。不受政府规划控制的农民的自发建设形成了城市面貌的另一面。它们"损害了城市的面貌，阻挠了城市的发展，妨碍了村庄的经济调控，是严重的社会问题"，"城中村造成了经济和社会问题，制约了城市的可持续发展和城市建设，损害甚至破坏了丽江的城市面貌"②。

然而，城中村内呈现出的城市活力却并不逊色于旅游区。推动城中村活力的关键因素是什么？为什么在城市发展过程中，这些城中村的生活条件没有像旅游区那样得到改善？

本节旨在分析丽江城中村的社会空间动态，讨论其特殊的发展模式、行为主体的动机以及发展的经济和政策背景。

---

① 这一时期处于元朝初期。
② 云南省城乡规划设计研究院二所.庆云村环境提升改造项目［R］,2007.

一、旅游背后的城市图景

2005 年的丽江卫星照片显示,在大型城市街区的中心仍然有部分耕种的农田,地方政府或开发商的开发项目暂时没有触碰到这些区域。这些农用地归村委会①所有,按照村民的意愿发展,不受政府的支持。

丽江的城市化从建设道路网络开始,道路两侧用地迅速地建起不同类型的建筑,而中心地带的农用地则较少受到关注。随着街区与市中心的距离增大,农用地的范围也随之增大。城中村居民的生活方式逐渐远离农业耕种,但依旧保持农民户口。

1990 年代,城中村现象在广东省凸显,且在许多快速发展的城市中非常普遍,引起了地理学、城市规划学、经济学、社会学、人类学等不同学科研究人员的兴趣。这些专家分别从自己的角度对这一现象提出各自的定义。

城中村是当前土地征用和户籍制度下的特殊现象,同时存在城市和乡村特征。例如,城中村拥有较高的人口密度,但只保留了部分农业活动,因为大量农业用地被政府征用。村民只保留村集体用地,并用各种方式进行自发建设。部分居民获得了享有社会福利的城市居民身份,另一部分居民则继续保留农民身份②。城中村也具有城市的某些特征。例如,它受益于城市基础设施,居民逐渐向城市生活方式转变,但农村的思维方式和价值观念并未改变③。

城中村现象大多数情况是城市扩张背景下的百姓自发活动,而未纳入政府的统一规划和建设。丽江坝内有 36 个村庄受到城中村现象的影响,包括 16 000 名居民,30 个少数民族,涉及占地 10 平方千米,其中 6 平方千米用于城市建设④(图 4-28)。

征用土地经常使原有村庄及其耕地分割成几部分。例如,村落可能被新建道路穿过,或被新建住宅小区一分为二(图 4-29)。尽管村落被城市空间包围或切断,但村委会仍继续依法管理村务和财产。城中村的空间隐藏在城市建社区的背后,少有游客光顾。这些介于城乡之间的空间较少受到政府的关注,公共空间的卫生条件较差,很难得到改善。

在村落内部,新建筑取代了村民的传统民居,导致建筑密度增大,日照间距不足。同时,建筑密度的增大减少了绿地及公共空间。此外,空间形态的转变产生了供水、供电以及污水处理等问题。

所有这些问题都影响了世界遗产古城的风貌,也阻碍了当地城市设施的改善和生活质量的提升。特别是对于政府来说,城中村被认为是目前城市发展亟待解决的主要问题之一。城中村是一种中国式的城市消极空间,必须通过政府的介入,使之更好地融入城市。

---

① 村委会是基层群众性自治组织,村民委员会主任、副主任和委员由村民直接选举产生。中国共产党在农村的基层组织发挥领导核心作用。来源:中华人民共和国村民委员会组织法(1998 年 11 月 4 日施行)。
② 周大鸣.论都市边缘农村社区的都市化:广东都市化研究之一[J].社会学研究,1993,8(6):13-20.
③ 张建明,许学强.从城乡边缘带的土地利用看城市可持续发展:以广州市为例[J].城市规划汇刊,1999(3):15-19.
④ 云南省城乡规划设计研究院二所. 庆云村环境提升改造项目[R],2007:2.

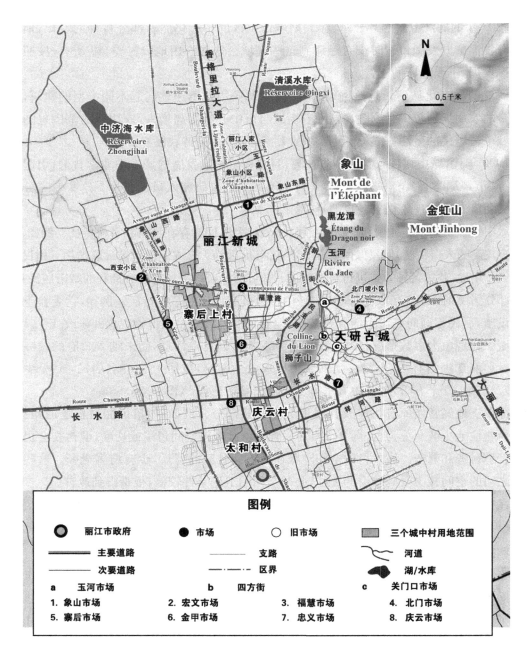

图 4-28　丽江政府指定的市场和三个试点城中村分布

（图片来源：李冰绘制）

1—传统建筑；2—福慧市场的主路

图 4-29　传统院落和现代建筑共存（福慧村）

（图片来源：李冰拍摄，2009 年）

二、生活方式和经济模式的转变

城中村是社会弱势群体的家园。社会弱势群体无法享有公共福利，却创造了巨大的城市活力。城中村的居民从当地城市建设和旅游发展中受益。两种社会群体在这里相互扶持谋生：一种是靠租金和村委会年终分红生活的农民；另一种是在城市谋生而住在低廉城市街区的农民工。在丽江，离开古城的纳西人也参与到城中村的日常生活，城中村提供了比大研古城更方便、更低廉的生活条件。新的生活空间由原有的村民和古城外迁的城市居民创造，例如宏文村和西安路小区（图 4-30）、玉河村和象山小区、寨后上村和玉泉苑小区。居民的生活方式随着生活环境的现代化而转变，但由于城乡二元体制，村民的户籍性质仍未改变。这些地区提供了各种低成本的生活服务，如小餐馆、旅馆、理发店、杂货店、洗衣店、裁缝店等。

由于部分或完全失去了耕地，城中村的农民找到了新的谋生方式。除了自己原来的住所，他们在宅基地建造房屋和附属设施，或进行室内改造，以便将其出租给农民工或赋予新

1—宏文村；2—西安路小区；3—宏文市场

图 4-30　宏文村及其周边的住宅区

（图片来源：谷歌地球，2010 年）

的功能，如餐厅、旅馆、游戏室等。"在失去耕地后，仅靠房租的收入，城市中心区域的城中村村民往往比丽江的大多数城市居民更富有。"①

（一）农家乐旅游

城中村的产生是因为它能满足外来人口的需求。市场上对廉租房的高需求租户包括学生、游客、农民工、外来商人和许多低收入年轻毕业生。城中村提供的服务距租户的工作场所很近，他们能够暂时定居于此，开始职业生涯，而不必支付高昂的住宿费用。因此，丽江城中村的大多数农民的收入来自出租公寓、商店或旅馆，或由村委会集体出租的市场或工厂。

一般情况下，城中村的道路交通体系很少变化，但由于农民业主对建筑的重建和改造，这里的城市形态发生了变化。新的农村旅店往往与传统的纳西建筑有很大不同：增大建筑体量以容纳走廊及其两侧的客房，取消四合院使房间布局更加紧凑，增加建筑层数以容纳更多的租户，通常由原有的一层或二层增加到三层或四层。传统的木构建筑不能满足住户

---

① 2006 年在丽江进行调查时，东巴文化博物馆馆长李锡先生接受访谈。

的使用和隔声需求，因此，大多数新建筑用混凝土和砖混合建造。

尽管如此，没有改造的传统民居仍然存在。业主为想体验传统纳西生活的游客提供住宿，将他们的房子改造成旅馆，并提供饮食、娱乐等服务。这类多功能旅游服务设施称作农家乐，是一种家庭规模的小型旅游接待场所，如客栈、餐厅、服务于游客或当地人的娱乐场所。与现代建筑相比，业主通常会保留他们的传统民居及纳西族建筑和文化特色。交通便利或环境景色优美的农家乐更易于经营。

（二）居民自发建造的街区服务设施

丽江政府对旅游和城市中心地带的关注要超过本地居民的居住地，不断扩大的城市与其周边的村落逐渐连接。市场通常设在沿街两侧或道路交叉口，服务于新区的城市居民，主要销售日常生活的农产品，由村集体和村民捐款建设，满足了周围居民的需求（图4-31）。

图4-31　金家市场

（图片来源：李冰拍摄，2009年）

作为村落土地的一部分，市场的位置通常为居住区核心地段或道路交叉口。通常以投资建设的村命名。市场及其周边的街区成为新的社区中心，主要服务于周边农民和城市居民。

不同集市的创建与城市的发展阶段相一致，并与当时的政策相关。在旅游业发展之前，丽江唯一的集市是四方街市场，主要服务于这个不到4平方千米的小城镇。1980年代改革开放之初，新老城区交界处的玉河广场建立了玉河市场。1981年关门口火灾后，丽江县政府在建筑烧毁的空地处新建市场以满足大研镇日益增加的日常生活需求。关门口市场于 1999 年搬迁，与大研古城南部的忠义市场合并，腾出空间原址建造剑南春酒店。这表明了大研正在逐渐向旅游景区转变。忠义市场成为满足古城内原住民生活的唯一市场。庆云市场成立于 1993 年，位于长水路南侧、狮子山以西，以同名村庄命名。2007 年汽车站搬迁之前，这里是丽江最重要、繁忙而有活力的地段。

1997 年地震后的重建使新城区的市场迅速兴起，1998 年有四个市场建成。它们被安置在大研古城西北方向的主要道路香格里拉大道、福慧路、象山路和长水路旁边。围绕这些新市民市场，新的城市活力区逐步形成。

丽江新城区的市场都是由村委会出资建造，而不是当地政府。它们相当简单，甚至有些破败，因此游客较少光顾。相邻市场间的距离大约 1 千米，这种均匀的分布为新城居民生活提供了便利。同时，丰富而廉价的产品满足了当地居民和农民工的需求。市场的租金收入是城中村的主要收入来源（图 4-32）。

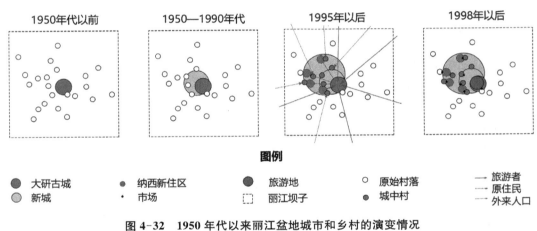

图 4-32　1950 年代以来丽江盆地城市和乡村的演变情况

（图片来源：李冰绘制）

三、为什么会出现城中村？

乡村和城市的空间混合很大程度上是当前经济形势与原有制度之间的冲突结果，原来的户籍制度延续了城乡差异，而经济形势则要求二者融合。同时，快速的城市发展带来了城市与乡村空间形态的混合，满足了农民、本地城市人口与外来人口之间的需求。城中村现象是国内的经济、社会与政策等因素复杂冲突的结果，这些因素主要为城乡二元制、过去 20 年的城市快速扩张、不同人群的住房需求和日常生活需求。

（一）城市快速增长下的土地二元制度

1958 年，农村土地私有制被公有制代替。城市建设用地属国家所有，农村用地属集体所有。然而，土地使用权可以转让给不同类型的所有者和出租人，他们虽然没有土地所有权但是拥有土地使用权①。根据《中华人民共和国土地管理法》，所有权的转让只能从集体所有转向国家所有。因此，市政府可以征用村集体所有的农业用地，而将国家所有转变为集体所有不具有合法性。

与其他城市一样，丽江将农村征地用于城市建设，这是将土地集体所有向国家所有转移的过程。政府将被征用的土地或者直接建设，或出售给开发商建设房地产项目。

农村用地主要包括两种类型：耕地和宅基地。耕地的征用相对容易且价格低廉，但宅基地的征用非常昂贵，因为必须重新安置原有居民并给予补偿。这两类土地之间的巨大价格差异使得地方政府优先征用耕地，而宅基地仍由原户主所有。因此，农村宅基地逐渐被附近耕地上的新建住宅小区所包围。

只要土地不被征用，村民就可以在宅基地上按照自己的需求自建房屋，而不必遵循城市总体规划中相关的城市建筑规定。在城乡二元体制尚未改变的情况下，村庄建设不受地方政府的控制。因此，耕地被征用以后，村民转为出租房屋谋生，在原有宅基地上建造更高大的建筑，致使原有传统村落的公共空间和建筑外观发生巨大改变。村里的建筑高度和密度逐渐加大，公共空间却逐渐减少，而且空间环境越来越差。

（二）廉租房的缺乏

1990年代中期开始，旅游业推动了丽江的城市发展，吸引了大量的外来人口，他们急需在工作附近寻找低成本的住房。而旅游地段附近的生活成本越来越高，当地居民也在寻找低成本的生活场所，以更适应他们的收入。但是由于多种原因，地方政府没有足够的动力提供廉价的住房。土地出让金是地方政府的重要收入来源之一，而建造廉租房则使得地方政府无法获得这一收入。此外，为了降低住房成本，地方政府必须免费或以低廉的费用将土地交给开发商，并支付建筑费用。与住房市场相比，以上的做法不会带来经济效益。

中国的土地出让收入是政府财政收入的重要组成部分。例如，从2001年到2003年，地方政府的土地出让收入为9 100亿元，占中国财政总收入的35%②。2004年的土地出让收入为5 894亿元，占总税收的47%。2005年起，许多地方政府的这一收入超过了总收入的50%③。廉租房的建设无法避免地导致商品房价格的降低，廉租房供应量增加5%，就会导致商品房的市场价格下降3%～4%，而征用的土地用于建设廉租房的比率增多意味着商品房的减少，仍然会导致政府收入的减少。目前，房地产的开发建设是构成中国国内生产总值（GDP）增长的重要因素。廉租房的建设会导致商品房价格的下降，直接影响到GDP的增长，而GDP是当时评价政府部门业绩的最重要指标。因此，地方政府没有采取有效的措施

① HUANG Q L. Une urbanisation hybride：métamorphose spatiale et sociale de Shipai：village urbain de Canton en Chine (1978—2008)[D]. Paris：Université Paris 8，2010.

② 袁剑.房地产套牢中国[EB/OL]. (2005-11-28)[2022-03-25]. http://www.sciencehuman.com/party/survey/survey2005/survey200511z22.htm.

③ 新浪博客.1.59万亿：中国巨额卖地收入究竟应归谁所有？[EB/OL]. (2011-02-18)[2022-03-25]. http://blog.sina.com.cn/s/blog_6c0240850100rmg3.html.

促进廉租房的建设,或对不建设廉租房的行为进行惩罚。

这种情况下,大量本地和外来人口聚居在非旅游城区,这里的公共空间通常相对没有旅游区那么光鲜,有的地方城市环境卫生条件也较差。

(三) 政府的反应

从地方政府角度来看,土地价格的上涨和城市密度的增高使得城中村越来越难以按照城市法规进行管控,公共空间环境差、建筑的密度高、劣质建筑的火灾隐患以及公共设施匮乏等问题愈发突出。

2006 年以来,政府开始发展农村,以工补农,以城带乡。这一政策措施被称为"社会主义新农村",由公共预算提供资金,旨在缩小城市和农村之间的公共服务差距。在政策上给予农民更丰厚的补助,用于农村的公共基础设施建设,其中包括保护农田免受快速城市化的影响、提供食物和供水、建设农业基础设施、提高农业科学水平。因此,太和村、庆云村和寨后上村三个城中村被指定为试点,启动"社会主义新农村"建设,2007 年由云南省城乡规划研究所制订规划方案。

2004 年,地方政府正在进行总体规划的道路建设,同步启动了这三个城中村的改造项目。在新建的雪山中路完工后,这几个村落的农业用地进一步减少,政府建造了集合住宅以解决农民的住房需求。但这些成就并没有改变城中村的混乱状况,无论是丽江还是在中国其他城市,城乡二元制的存在都使得城中村的居住环境很难有显著的改善。

四、小结

经过 40 多年的历史发展,中国的城乡二元体制仍然存在。即使农民在城市中生活,依旧保留着农民的身份,农业系统、管理模式、社会关系等依旧在城中村存在。2007 年的丽江城中村改造项目仅在改善物质环境和规划村庄空间方面进行了设计,改善工作集中在改造建筑外立面、完善公共基础设施、改变卫生状况方面,并未触及体制上的变革。村民依然保持农民身份,尽管他们过着城市生活,住在城市中心的地方,不再从事农业活动。地方政府没有为农民提供与城市居民同样的福利保障。在实施的过程中,农民正在抵制改造方案中的某些措施,因为这有可能减少他们的收入[①]。

目前的中国,耕地归国家或集体所有,农民不是耕地所有者。在与其他行为主体(地方政府、私人开发商)谈判时,农民很难维护他们的个人权利。在改变农业用地权属性质的过程中,地方政府制定的征用价格远远低于转卖给私人开发商的价格。这导致中国的城市急剧扩张进程中,农民既没有足够的手段,也没有足够的时间去适应城市的生活方式。因此,加建并出租房屋成为大多数农民的选择,它给城市的空间面貌带来的负面影响也体现了城市管理方面的不足。

反之,如果农民拥有土地的所有权,拥有与地方政府和私人开发商等同的地位,他们有

---

① 2009 年与时任丽江市规划局局长曹建中的访谈。

可能协商出符合自己利益的价格。地方政府和开发商将降低城市扩张的速度，城市化进程也会随之放缓。由于土地价格逐渐昂贵，政府和开发商会寻找更有效的方式，充分利用已经开发的土地。农民将获得更多的补偿和充足的时间来适应生活方式的变化，从而避免激进的城市扩张，也会给人们留出更多的时间来寻找城市化衍生问题的解决方案。

最后，农民们几乎别无选择，只能依靠租房过正常的生活。乡村和城市的空间混杂成为一种合乎逻辑的现象。对于地方政府来说，城中村是一种亟待解决的负面现象，这一特殊区域不受城市法规的有效控制。实际上，农民也找到了出路，不仅可以继续生活，还可以以农民的身份在一定程度上改善生活条件，但城中村的负面影响不会彻底消除。

图 4-32 展示了丽江古城与周围村落的城市化过程。在现代城市建立之前，原始村落和大研镇在丽江坝子中共存，没有现代交通网络。在计划经济时期，大研古城在西北侧开辟新城而得到了扩展。虽然一些村庄受到影响，但当时的政策允许农民将自己的身份转变为城市居民，并在城市里有一份工作。也就是说，他们拥有城市居民的所有优势，但被征用的①土地补偿却很少。这对农民来说更有吸引力，因为城市户口及其工作使他们拥有农民没有的生活保障。由于中华人民共和国成立后的前三十年的政策限制，由村庄新增的城市土地扩张速度较慢。

在城市现代化进程中，当地人总会找到创造性的想法来改善生活。在没有政府支持的情况下，当地人，特别是农民，用新型的自发经济模式，形成了城中村。这一特定的空间与活动适应了中国当前的政策，"未经批准"的建筑为外来人员和不富裕的本地居民提供廉价的住所，满足了本地居民和外来人员之间的相互需求。

同时，城市中的农民也找到了一种生活方式，使他们的生活水平甚至高于城市居民。这些都是以家庭或者村集体为单位的经济活动。由于缺乏必要的管理和资金，这些活动造成了建筑布局混乱、公共空间脏乱、老化建筑无人修缮等问题。但是，这些多样的活动使得城中村和丽江的旅游地段一样充满活力，直接服务于本地的旅游业发展②。

---

① 根据《国家建设征用土地办法》，从 1953 年到 1982 年，被征用土地对农民的补偿按被征用土地前几年的总产量确定，时间为 3～5 年。

② 原文题目为"Un développement local en dehors de la sphère d'influence gouvernemental？Les villages urbains de Lijiang dans la province du Yunnan"，发表于 Territoires de l'urbain en Asie：une nouvelle modernité?. Paris：CNRS Editions，2015：299-319。作者：李冰。文章在本书编辑过程中有所调整。

后　记

2000 年初,我的硕士毕业设计方向选定为历史城市文脉下的建筑设计,导师孔宇航先生推荐我将云南丽江作为设计选址。当时的我完全不了解丽江古城,对彩云之南纳西古城的好奇心开启了我的西南边陲之旅。这里是一个令人兴奋的世界,我完全沉浸在古城的研究与设计之中。硕士毕业设计的过程,使得我对历史城市、城市肌理、建筑遗产、传统民居、城市形态等方面的研究产生了浓厚的兴趣。

2003 年,我有幸成为中法交流项目"100 名建筑师在法国"的成员,远赴法国深造。在里尔建筑学院学习期间,兴趣使然,进入导师杰罗姆·马翰(Jérôme Marin)负责的圣-欧迈古城历史街区的形态研究工坊,开始接触欧洲的城市形态肌理分析方法与城市更新设计研究。法国的城市形态研究方法系统全面、逻辑缜密、逐级深入,是欧洲经典的城市形态学三大发源地之一,已经形成非常完善的教学体系,在建筑学校的课堂向学生系统传授,并且广泛应用于各个城镇的规划与设计实践中。

在法国的博士研究依旧与云南丽江古城紧密相关,不同的是研究视野从建筑扩展到城市,从欧洲的视角重新审视中国世界遗产古城的发展演变。将欧洲遗产古城和纳西古城相对比,更容易发现云南乃至于中国城市发展的特征。在法国求学的日子里,历史古城是假期旅行必去的参观地。学校的教学、事务所工作、博士研究以及现场感受,不同的视角转换,使得古城的研究贯穿于我的留学生涯。

从灿烂辉煌的法兰西回归东方故国,毫不犹豫地将自己的研究兴趣定为历史城市的形态学研究。辽宁本地现存的历史城镇遗产成为首选的研究对象。辽宁并不是历史遗产大省,甚至于有名气的古城也寥寥无几,这一研究方向似乎看不到什么希望。但是,同事的一句话使得我坚定了这一研究的意义——辽宁的历史城镇研究,赶紧进行吧,再不研究就没有了! 我们的祖国,我们的家乡,我们的祖先,其文明曾经辉煌灿烂,其遗产却处于尴尬境地。留存至今的古城遗迹大部分伤痕累累,它们静静地埋没在时间的尘埃中,逐步破败和消失,很少有人重视其价值,甚至包括本地人。回忆起做研究的日日夜夜,很多时候看不到希望。这些研究几乎不基于任何实际工程项目,年复一年,期待着这些努力能为某些历史城镇的保护提供些许助力。

许多欧洲的小镇也并不为人知,不是世界文化遗产,不一定列入重要的保护名单,但是,那里的建筑、山水、一草一木都散发着独有的特色与自信。与宁静如画而又充满活力的欧洲小镇相比,辽宁的古镇诉说着日渐衰败且沧桑的故事。我们的历史城镇本不应该消失,他们本应该健康地存在并且延续,即便它们不是名闻遐迩的世界级或者国家级遗产。

　　2017 年的一次机会，与法国开发署的山西祁县古城城市与建筑遗产研究结缘。这里的历史建筑遗产无论是数量，还是保存质量，都远超辽宁。当地人对自己的城市和建筑遗产的重视程度也令我动容，他们希望能够寻找技术和资金，拯救那些随处可见的古迹。在这里的研究经历自始自终令人激动不已，也让我更加深刻地认识到辽宁历史城镇基础研究的重要意义。我不希望这只是为垂垂老去的先人画像，尽管绘画的过程经常是无奈与煎熬，却必须继续。它们并不是注定要消逝的生命，而需要注入灵魂而重获生机。

　　本书收录了作者研究团队的研究成果。全书分 4 章，包括研究方法、辽宁历史城镇、山西祁县古城、云南丽江古城的相关研究。研究对象包括东北、中原、西南边陲 3 处不同地域不同保护类别的历史城镇。研究内容集中于历史城镇的形态分析、历史演变、建筑改造、古城选址、遗产现状、活力提升等领域。这三个地区面临着各自的问题和挑战，在一定程度上，是当下中国历史城镇的缩影。

　　本书的写作首先要感谢导师孔宇航先生。22 年前，他用自己的激情唤起学生的学习渴望，我由此开启了对丽江纳西古城的探索，并沉迷于这个领域，带着兴奋与众多的疑惑越走越远，以至于远赴万里之外的法兰西，希望找到困惑的解答。同样要感谢我的法国博士论文导师程若望（Thierry Sanjuan）教授，我们在法国巴黎第一大学地理系相识。他引导我从更全面的视角认知东方文明古国的历史和遗产。在一次次对谈和交流中，我的观念和视角不断拓展，逐渐跳出了建筑师的固有思维。从地理学和社会学的广袤视角重新认识中华遗产的曾经和当下，对建筑与城市形态背后的社会与文化逻辑认知也愈发清晰。另外，法国文化部遗产司"当代中国建筑观察站"负责人弗朗索瓦丝·兰德（Françoise Ged）女士给我提供了重要帮助。她是中国建筑和文化领域的专家。无论是在法国还是中国，和她交流总能发现独特的视角见解，收获真诚的鼓励和有益的建议。

　　身处异乡的研究期间，感谢法国朋友提供的无私帮助，他们是毕洁（Birgit BRUNSTERMANN）、玛丽·克劳德·达莉巴（Marie-Claude DALIBARD）、尼古拉·若塞（Nicolas JOSSE）、阿兰·勒克莱克（Alain LECLERC）、朱莉·甘纽·柯贝（Julie GANGNEUX KEBE）、达妮·林（Dany LIM）、贝内迪科特·玛尔奎（Bénédicte MALCUIT）和克雷芒·韦尔法伊（Clément VERFAILLIE）。

　　回国之后的古城研究离不开学生的参与，他们包括刘成龙、李彦巧、牛筝、杜楠华、邢振鹏、程磊、黄晓燕、李娜，感谢他们。特别感谢耿钱政对明代辽东卫城形态研究和山西古城的部分研究所作的贡献。感谢仇一鸣、许宏超、张琎、李宗净对书中插图的修改。

　　感谢在各地调研期间给予大力协助的前辈、同仁和朋友，包括原丽江市东巴文化博物院院长李锡、原丽江规划办主任年继伟、原丽江史志办主任李汝明，以及任点、杨国栋等。还要感谢辽宁省住房与城乡建设厅村镇建设处处长胡成泽、庄河青堆子镇的王玉发、营口历史博物馆馆长阎海、熊岳古城的陈镇殿、盖州市文物局的孙丽和孟丽、盖州国土资源局局长徐德旭、义县城乡建设局村镇处长陈振山、义县文物局局长王飞、辽宁省城乡建设规划设计院五所所长杨隆，他们的鼎力相助使我们获得了丰富的基础研究资料。另外，山西祁县的研究得益于祁县旅游局的闫殿政局长、林产工业规划设计院的陈叙图所长和大连理工大学张宇教授的大力支持。最后，感谢东南大学出版社的魏晓平编辑后期细腻的编辑工作。

本书是笔者研究团队出版的首部著作，受时间和水平的限制，无法尽善尽美，尚有不少有待提升的空间。恳请读者对本书的不足之处给予斧正，深感荣幸。

李　冰

2022 年 11 月于大连

传统入口

类型A：门楼

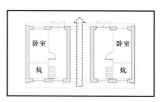

传统入口

类型B：门洞

囤顶门楼	坡顶门楼	特殊门楼	囤顶门洞	坡顶门洞

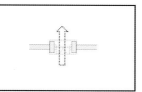

义县古城

复州古城

A 熊岳古城

义县古城　熊岳古城

开原古城

兴城古城

熊岳古城

B 青堆子古镇

义县古城　义县古城

盖州古城

图 1-36　院落入口判定法

（图片来源：邢振鹏绘制）

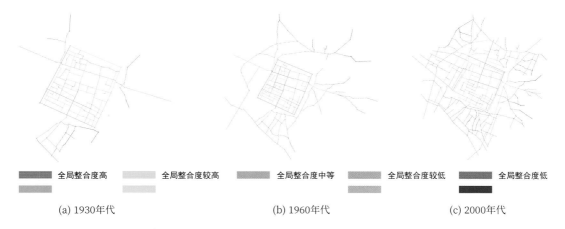

　全局整合度高　　　全局整合度较高　　　全局整合度中等　　　全局整合度较低　　　全局整合度低

(a) 1930年代　　　　　　　　　(b) 1960年代　　　　　　　　　(c) 2000年代

图 1-42　盖州古城各时期全局整合度轴线图

［图片来源：杜楠华绘制（Depthmap 软件生成）］

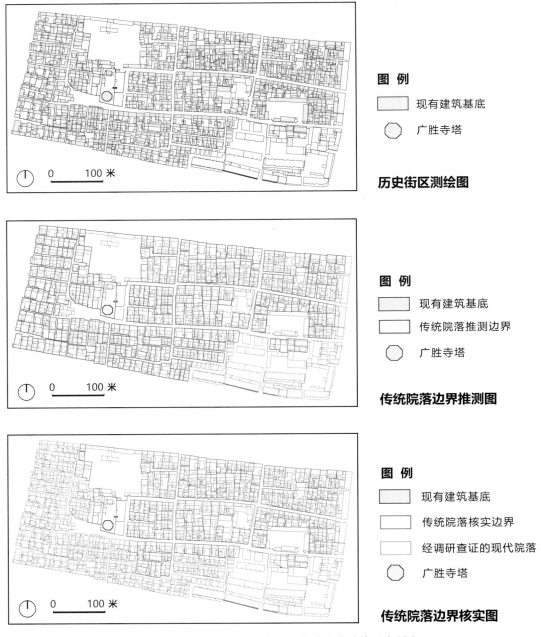

图 1-40　广胜寺塔周边历史街区传统院落地块形态判定

（图片来源：许宏超绘制）

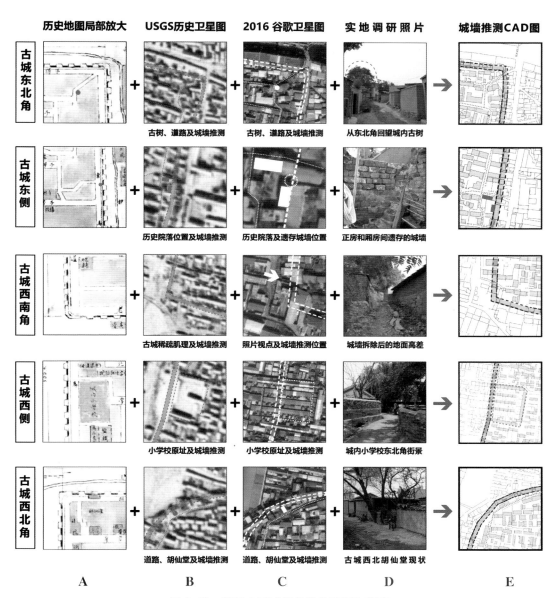

	历史地图局部放大	USGS历史卫星图	2016 谷歌卫星图	实 地 调 研 照 片	城墙推测CAD图
古城东北角	+	+	古树、道路及城墙推测	从东北角回望城内古树	→
古城东侧	+	历史院落位置及城墙推测	历史院落及遗存城墙位置	正房和厢房间遗存的城墙	→
古城西南角	+	古城稀疏肌理及城墙推测	照片视点及城墙推测位置	城墙拆除后的地面高差	→
古城西侧	+	小学校原址及城墙推测	小学校原址及城墙推测	城内小学校东北角街景	→
古城西北角	+	道路、胡仙堂及城墙推测	道路、胡仙堂及城墙推测	古城西北胡仙堂现状	→
	A	B	C	D	E

图 1-52　熊岳古城城墙位置的实证和判定

（图片来源：仇一鸣绘制）

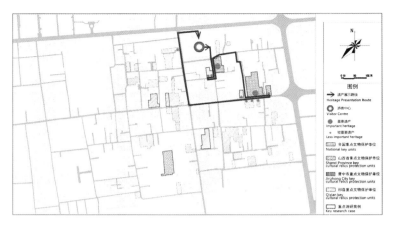

图 3-30　昭馀古城游览线路一:半天精致游览路线

（图片来源:底图祁县古城 CAD 测绘图由祁县旅游局提供,李彦巧改绘）

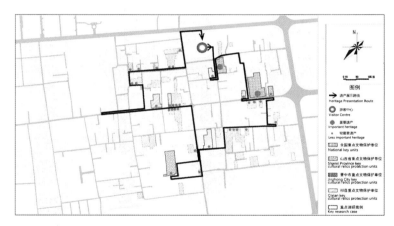

图 3-31　昭馀古城游览线路二:全天精品游览路线

（图片来源:底图祁县古城 CAD 测绘图由祁县旅游局提供,李彦巧改绘）

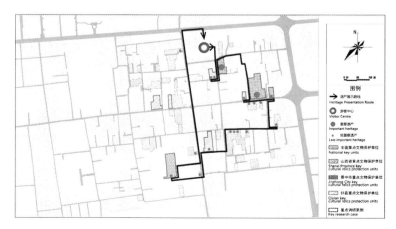

图 3-32　昭馀古城游览线路三:两天精细游览路线

（图片来源:底图祁县古城 CAD 测绘图由祁县旅游局提供,李彦巧改绘）

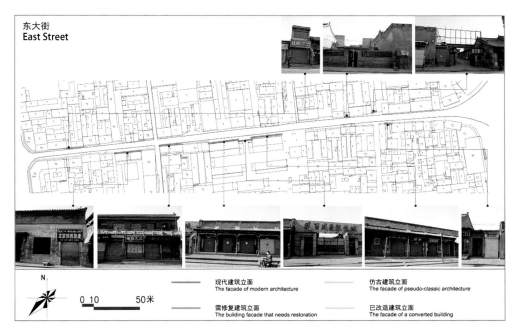

图 3-34 昭馀古城东大街立面评估

(图片来源:底图祁县古城 CAD 测绘图由祁县旅游局提供,牛筝改绘,图中照片为李冰、李彦巧拍摄,2017 年)

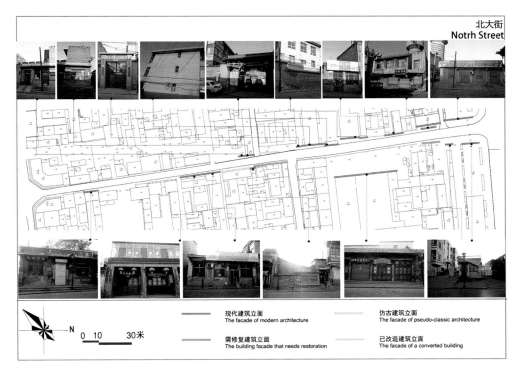

图 3-35 昭馀古城北大街立面评估

(图片来源:底图祁县古城 CAD 测绘图由祁县旅游局提供,牛筝改绘,图中照片为李冰、李彦巧拍摄,2017 年)

图 3-45　昭馀古城历史与现状土地利用

（图片来源：底图祁县古城 CAD 测绘图由祁县旅游局提供，李娜改绘）

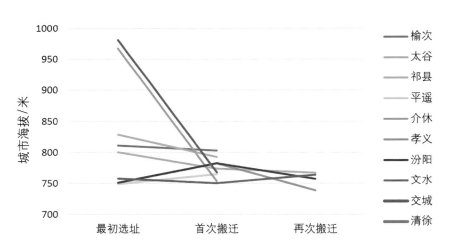

图 3-51　十座县城城址迁移高程变化统计

（图片来源：耿钱政绘）

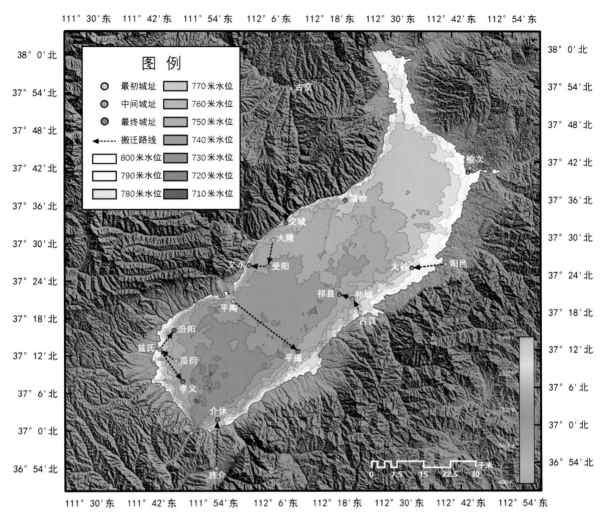

图 3-52 不同水位和年代条件下的山西盆地古湖与古城相对位置模拟

（图片来源：底图为腾讯地图地形，耿钱政改绘）

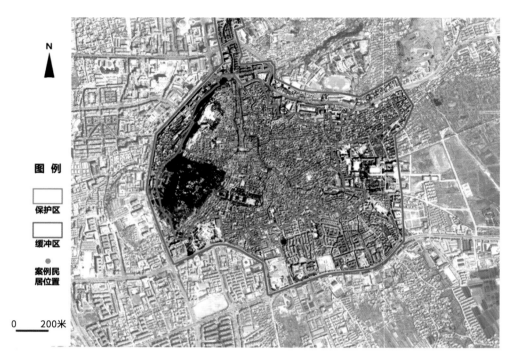

图 4-10　丽江大研古城保护区以及缓冲区范围

（图片来源：李冰根据两方面来源绘制。① Google Earth；② Jing Feng et Yukio Nishimura. Rapport de mission：vieille ville de Lijiang（Chine）（811）［M］. Paris：Comité du patrimoine mondial de l'Unesco，2008.）

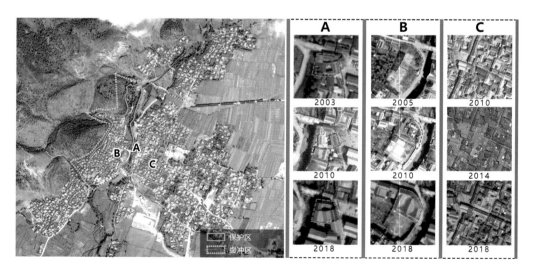

图 4-24　束河保护区内的重要改造工程

（图片来源：2003—2018 年的卫星照片）